기초부터 시작하는 수학

기초수학

기초부터 시작하는 수학

기초수학

오춘영 저

전남대학교출판부

머리말

고등학교의 교과과정상 어쩔 수 없이 기초를 좀 더 필요로 하는 우리 학생들을 위해 준비한 내용이었습니다. 하지만 대학수학을 공부하기 위해 기초를 필요로 하는 학생들을 위해 출판을 하고자 생각했습니다. 대학에서 실제 전공의 도구과목으로 수학을 적용하게 될 경우 또는 수학적 의미를 이해하기를 원하는 학생들에게 도움을 줄 수 있도록 하고자 가능한 노력을 기울였습니다.

특히 수학적인 원리를 생각하지 않고 무조건 문제만을 풀려고만 하는 학생들이 많습니다. 문제풀이 연습은 마라톤을 하기 위해 달리기 연습이 필요하고 당연한 일이듯 수학을 적용하기 위한 하나의 과정입니다. 하지만 "수학은 문제풀이다"라고만 생각하는 것은 곤란합니다.

수학은 여러 자연적, 사회적 현상을 수학으로 표현함으로 매우 쉽고 간단히 설명을 가능하게 합니다. 수학적인 원리를 생각하면서 학생들이 공부하도록 문제를 해결 할 수 있도록 상세하게 다루고자 노력했습니다. 하지만 책의 면수를 고려하지 않을 수 없는 어려움도 있었습니다.

미분과 적분을 시작하기 전에 기초를 좀 더 다지고자 하는 학생들은 1장에서 7장까지 공부를 하고 미분 적분과목으로 넘어갈 수 있도록 계획을 했습니다. 오늘날의 많은 경우 학문 영역의 구분이 없어지고 학문 간의 융합으로 인해 인문사회계열 학생들 역시도 수학적 지식이 꼭 필요합니다. 하지만 일반적인 미분적분학 책보다는 가볍게 읽을 수 있도록 만들고자 했습니다.

이 책 7,8,9장의 내용이 우리 학교를 포함 5개 대학에서 연합하여 썼던 책이 2002년도에 경문사에서 출판되었는데 이 책과 중복 되는 부분이 좀 있으나 경문사에서 출판을 허락 하여 주심에 감사드립니다.

이 책을 출판함에 있어 저자는 이 책이 필요로 하는 학생들이 있을 때까지는 부족한 점을 계속 보완하고자 합니다. 이 책으로 공부하는 모든 학생들에게 이 책이 조금이나마 도움이 된다면 매우 큰 보람이겠습니다. 이 책이 준비되는 지난 3년 동안 기초수학을 수강한 우리 학생들에게 감사의 마음을 전합니다. 완성되지 않은 강의록으로 수업을 하는 번거로움과 불편함을 감수하고 오타를 잡아주고 보완하여야 할 부분과 삭제해야 할 부분에 영향을 주었습니다. 또한 교정을 기꺼이 해주신 김선미 조교선생님께도 고마운 마음을 전하고자 합니다.

2010년 01월

글쓴이

목 차

제 1 장

집합과 실수

1.1 기호와 용어

집합의 개념은 사물의 모임이라 하는데 G. Cantor의 집합의 정의를 소개하면 : 우리들의 직관 혹은 사고의 대상물로써 서로 상이하고 또 내용 규정이 명확한 것의 모임을 **집합(set)**이라 한다. 즉, 구획이 명확하고 구획안의 원소들이 서로 구별이 가능한 두 가지 조건을 만족한다. 집합을 이루고 있는 각각을 **원소(원)**(element, member)라 한다. 예를 들어, 철수가족 집합으로 김철수씨 부인, 김철수씨, 철우, 철민이 등으로 생각할 수 있다. 그러한 용어들은 집합 개념의 일반적인 사용 언어인 가족, 팀, 그룹, 짝 등으로도 말할 수 있다.

집합을 표시하는 일반적인 기호는 보통 알파벳으로 쓰는데 집합은 대문자 $A, B, C, \ldots$ 등으로 표기하고 집합들의 원소들은 소문자 $a, b, c, \ldots, x, y, z$등 으로 나타낸다. 간단한 표시로 "a는 집합 A의 원소"라 하고 기호

$$a \in A$$

로 쓴다. 기호 "$\in$"은 원소를 나타낼 때 사용하는 기호이고 "a가 집합 A의 원소가 아니다"라는 기호는 $a \notin A$라 쓴다.

집합을 설명하거나 특징짓는 일반적인 방법으로는 집합의 원소를 일일이 나열하는 방법이 있다. 즉, a, b, c가 집합 A의 원소들이면

$$A = \{a, b, c\}$$

라 쓴다. 이와 같이 나타내는 방법을 **원소 나열법**이라 한다.

집합을 설명하기 위한 다른 방법으로 집합 원소들이 공유하는 특성들을 사용하는 것이다. 종종 대상 원소들이 매우 많을 경우, 집합의 모든 원소들을 집

합기호 { }안에 하나하나 나열하는 것이 실질적이지 않다. 예를 들면 기호로 $\{x|x$는 한국에 있는 대학교$\}$로 중괄호를 사용하여 표현하는데 이를 **조건제시법**이라 한다. 여기에서 x라는 문자를 사용하는 것에 대하여는 특별한 의미는 없고 알파벳의 어떠한 다른 문자로도 사용해도 된다. P가 어떠한 특성 즉, 조건을 나타낸다면 x라 하는 대상의 특성 P를 갖는다면 $P(x)$라 쓴다.

$$\{x|P(x)\}$$

즉, x가 어떤 특성 P를 갖는 대상들의 원소인 집합을 의미한다.

예제 1.1.1. x는 실수로서 $P(x)$가 $x^2 = 1$을 만족한다고 하자. 그러면

$$\{x|P(x)\} = \{x|x^2 = 1\} = \{1, -1\}$$

를 의미한다. □

정의 1.1.1. 두 집합 A, B가 **같다** 또는 **상등**(same or equal)이라는 것은 두 집합 A, B의 원소들 각각이 같다는 것을 의미한다.

집합 A가 집합 B와 같다는 것은 기호 "$A = B$"로 표현한다. 집합과 그의 원소들은 서로 다른 것이다. 8만을 원소로 가진 집합 즉, $\{8\}$은 8과 같지 않다. 일반적으로 $\{a\} \neq a$이다. 단지 한 개의 원소로 갖는 집합을 **단집합**(singleton)이라 부른다.

정의 1.1.2. 집합 B가 집합 A의 **부분집합**(subset)이라는 것은 B의 모든 원소들이 A의 원소임을 의미한다.

B가 A의 부분집합에 대해 "$B \subseteq A$"라고 쓴다. $B \subseteq A$이기 위한 필요충분조건은 B의 모든 원소가 A의 원소임을 의미한다. 즉,

$$B \subseteq A \Longleftrightarrow \text{모든 } x \in B \text{ 이면 } x \in A\text{이다.}$$

집합들이 같다는 정의와 부분집합의 정의로 부터

$$A = B \Longleftrightarrow A \subseteq B \text{ 이고 } B \subseteq A \text{ 이다.} \tag{1.1}$$

예제 1.1.2. $P(x)$는 "x는 삼각형이고 삼각형 내각의 합은 $180°$이다" 이라 하고 $Q(y)$는 "y는 유크리드 기하의 삼각형이다"이라 하자. 그러면 $A = \{x|P(x)\}$이고 $B = \{y|Q(y)\}$라면 $A = B$이다.

풀이. 위 식1.1를 사용하여 쉽게 설명될 수 있고 $A \subseteq B$이고 $B \subseteq A$이다. A의 모든 원소가 B의 원소이므로 $A \subseteq B$임은 분명한다. 또한 유클리드 기하에 있어서 모든 삼각형 내각의 합은 $180°$이므로, $B \subseteq A$이다. □

어떤 특성을 나타내는 $P(x)$가 집합을 정의한다면 원소를 가지지 않은 집합이 존재한다. 예를 들어, $P(x)$가 "x는 내각의 합이 $180°$ 보다 작은 삼각형이다"라고 하며 $\{x|P(x)$는$\}$는 유크리트 기하에서는 원소를 가지지 않는다.

원소를 가지지 않는 집합은 **공집합**(empty set)이라 부르고 "ϕ"의 기호를 쓴다. 부분집합의 정의로부터 임의의 집합 X에 대해 $\phi \subseteq X$이다. ϕ_1, ϕ_2가 공집합이라면 $\phi_1 \subseteq \phi_2$이고 $\phi_2 \subseteq \phi_1$이고 식 (1.1)에 의해 $\phi_1 = \phi_2$이다.

◇ 연습 문제

1. 다음 집합들의 각각의 원소들을 나열하라.

   (a) $\{y|y+1=10\}$
   (b) $\{a|2a-1=0\}$
   (c) $\{q|q$는5의 양의 약수이다$\}$
   (d) $\{m|m$은12의 양의 약수이다$\}$
   (e) $\{x|2x=0\}$
   (f) $\{b|(b-1)b=0\}$
   (g) $\{z|z^2-16=0\}$

2. 다음 명제들의 참과 거짓을 구분하여라.

   (a) $2\frac{1}{2} \in \{\frac{1}{2}, \frac{1}{2}, \frac{1}{2}\}$
   (b) $\{2\frac{1}{2}, 3\frac{1}{2}\} \subseteq \{0.25, 1.3, 2.5\}$
   (c) $\{2.5, \frac{2}{3}\} \subseteq \{x|x$는 양수$\}$
   (d) $\{y|y=2\} \subseteq \{x|x$는 짝수$\}$
   (e) $\{x|x=y^2, y \in \mathbb{R}\} \subseteq \{r|r$는 2보다 큰 실수$\}$

3. 좌표 평면에 Y라는 특별한 점을 찍고
   $A = \{c|c$는 원의 반지름이4, 6 또는 8 이고 중심은 Y이다$\}$
   $B = \{d|d$는 원의 반지름이4, 6 또는 8 이이고 중심이 Y이다$\}$라고 하자.

   (a) 집합 A의 원소의 개수는 몇개인가?

(b) 집합 B의 원소의 개수는 몇개인가?

(c) 명제 $A \subseteq B$, $B \subseteq A$, $A = B$ 중 참인 것은 어느 것인가?

4. 집합 W의 원소들은 알파벳 문자 $a, b, c, \ldots$ 을 의미한다. 그리고 V는 알파벳의 모음문자를 나타낸다고 하자.

(a) 다음 관계들 중 올바른 관계는 어느 것인가?
(i) $V \subseteq W$ (ii)$W \subseteq V$ (iii)$W = V$

(b) $Q = \{y | y$는"$algebra$"단어의 문자$\}$이면, 다음 관계를 설명하라. (i) $Q \subseteq V$ (ii) $Q \subseteq W$ (iii) $Q = \{r, g, l, b, e, a\}$

5. (a) $X = \{\varnothing, \{\varnothing\}\}$일때, 다음 관계를 설명하여라.
(i) $\varnothing \subseteq X$ (ii) $\varnothing \in X$ (iii) $\{\varnothing\} \in X$ (iv) $\{\varnothing\} \subseteq X$

(b) $X = \{\varnothing\}$일때, (a)에 있는 명제들을 설명하여라.

(c) $X = \varnothing$ 일때, (a)에 있는 명제들을 설명하여라.

6. W가 임의의 집합이면, $W \subseteq W$임을 증명하여라.

7. 다음을 설명하라.

(a) $A = \{1, 2\}$이면, A의 부분집합의 개수는 몇 개인가?

(b) $A = \{1, 2, 3\}$이면, A의 부분집합의 개수는 몇 개인가?

8. 부분집합의 정의로 부터, $a \in A$이면 $\{a\} \subseteq A$임을 보여라.

9. 임의의 집합 A, B, C에 대해,

(a) $A \subseteq B$이고 $B \subseteq C$이면, $A \subseteq C$임을 증명하라.

(b) $A \subseteq B$, $B \subseteq C$이고 $C \subseteq A$이면, $A = B = C$임을 증명하라.

10. $X \subseteq Y$인 두 집합 X, Y에 대해, $a \notin Y$이면 $a \notin X$임을 증명하라.

1.2 합집합, 교집합, 여집합

집합 A와 B는 때때로 새로운 집합들을 만들어낸다. 다음의 정의들을 살펴보자.

정의 1.2.1. 집합 A와 B에 대해,
(a) A와 B의 **합집합**(union)은 $\{y \mid y \in A$ 또는 $y \in B\}$이고,
(b) A와 B의 **교집합**(intersection)은 $\{q \mid q \in A$ 이고 $q \in B\}$이다.

합집합 정의에서 사용된 "또는"이라는 용어는 그 집합 자체가 포함되는 것을 의미이다. 일반적으로 사용되는 합집합과 교집합의 기호는 각각 "$\cup$"와 "$\cap$"이다. 즉,

$$A \cup B = \{t \mid t \ \in A \text{ 또는 } t \in B\}$$

이고

$$A \cap B = \{r \mid r \ \in A \text{ 이고 } r \in B\}$$

이다.

예제 1.2.1. 집합 $A = \{1, 2, 3\}$, $B = \{3, 4, 5\}$일 때, $A \cup B$을 구하여라.

풀이. $1 \in A$ 또는 $1 \in B$이기 때문에 $1 \in (A \cup B)$이다. 유사하게, $2 \in (A \cup B)$, $3 \in (A \cup B)$, 그리고 $4 \in (A \cup B)$이다. 합집합의 정의로부터

$$A \cup B = \{1, 2, 3\} \cup \{3, 4, 5\} = \{1, 2, 3, 4, 5\}$$

이다. 교집합의 정의로부터 $A \cap B = \{1, 2, 3\} \cap \{3, 4, 5\} = \{3\}$이다. □

집합 A와 원소 a에 대해서 "$a \in A$"가 참이고, 집합 B에 대해 "$a \in A$ 또는 $a \in B$"가 참인 명제라고 하자. 이것은 $a \in A$가 참이면, 합집합의 정의에 의해 $a \in (A \cup B)$이다. 그러므로 부분집합의 정의로부터

집합 A, B에 대해 $A \subseteq (A \cup B)$이다.

같은 방법으로

집합 A, B에 대해 $B \subseteq (A \cup B)$이다. – $(*)$

어떠한 조건 아래에서 집합 A, B의 합집합은 A와 B 모두와 다른 집합일 수 있다.
예를 들어, $A \cup B = A$라 하면 $B \subseteq A$이다. 이는 B의 원소 각각은 A의 원소가 되는 것을 필요로 한다. 그러므로 $(*)$에 의해 $x \in B$이면, $x \in (A \cup B)$이다. $A \cup B = A$이므로 $x \in A$이여야 한다. 즉, $x \in B$이면 $x \in A$이다. 이러한 이유들로 인해 $B \not\subseteq A$ 이고 $A \not\subseteq B$라면, 합집합 $A \cup B$은 A와 B 모두와 서로 다른 집합이 될 수 있다.

정의 1.2.2. 집합 X, Y에 대해, X에 대한 Y의 **차집합**(difference)은 기호로 $X - Y$를 사용하고 $X - Y = \{p \mid p \in X$ 이고 $p \notin Y\}$이다. (X 마이너스 Y로 읽는다)

정수들의 집합을 $\mathbb{Z}$로, 짝수인 정수들의 집합을 X로 놓자. 이때 "$x \in \mathbb{Z}$이고 $x \notin X$"이기 위한 필요충분 조건은 $\mathbb{Z}$가 정수이고 X는 짝수가 아니다. 따라서 $\mathbb{Z} - X$가 홀수인 정수 집합이다.
임의의 집합 X, Y에 대해

$$X \cup Y = Y \cup X \text{이고} \quad X \cap Y = Y \cap X$$

이다. 이것은 합집합과 교집합이 교환법칙이 성립한다는 것이다. 그러나, 합집합과 교집합의 교환법칙이 차집합에서는 성립하지 않는다. 즉, 집합 X, Y에 대해

$$X - Y \neq Y - X.$$

$X = \{1, 2, 3\}$이고 $Y = \{3, 4, 5\}$라 하자. 이 때 차집합의 정의에 의하면

$$X - Y = \{1, 2\} \text{ 이고 } Y - X = \{4, 5\}$$

가 된다. 그러므로, $X - Y \neq Y - X$ 이다.

집합 U는 일반적으로 전체집합이라 부르고, 아래 집합들은 전체집합 U의 부분집합이다. 집합 $U - A$을 간단하게 "A의 **여집합**(complement)"이라 읽고 $A^C = \{x \mid x \notin A\}$라고 쓴다. 임의의 원 $x \in U$에 대해 A^C와 집합 A의 각각은 집합 U의 부분집합이다.

예제 1.2.2. A^C의 정의로부터 $x \notin A$이기 위한 필요충분조건은 $x \in A^C$이다. 그러므로 $X - A$를 다음과 같이 표현할 수 있다.

$$X - A = \{t \mid t \in X \text{이고 } t \notin A\} = \{t \mid t \in X \text{이고 } t \in A^C\} = X \cap A^C.$$

□

◇ 연습 문제

1. $X = \{7, 8, 11, 13, 4\}, Y = \{2, 4, 8, 17, 9\}, Z = \{1, 7, 5, 11, 19\}$이면, 다음의 집합들을 구하여라.

(a) $X \cup Y$ (d) $X \cap Y$ (g) $X - Y$ (j) $Z - X$

(b) $X \cup Z$ (e) $X \cap Z$ (h) $Y - X$ (k) $Y - Z$

(c) $Y \cup Z$ (f) $Y \cap Z$ (i) $X - Z$ (l) $Z - Y$

2. 모든 자연수들의 집합 $\mathbb{N} = \{1, 2, 3, \ldots\}$에 관하여 다음을 계산하여라.

(a) $\{\frac{1}{2}, 3, 5\} \cup \{2, 7\}$ (d) $\{2, 4, 6, 8\} \cap \{3, 6, 9\}$

(b) $\{\frac{1}{2}, 3, 5\} \cap \{2, 7\}$ (e) $\{3, 6, 9\} \cup \{2, 4, 6, 8\}$

(c) $\{\frac{1}{2}, 3, 5\} - \{2, 7\}$ (f) $\{3, 6, 9\} - \{2, 4, 6, 8\}$

(g) $\{s \mid s = 2m$ 일 때 $m = 2, 3, 4\} \cap \{p \mid p = 3x$ 일 때 $x = 1, 2, 3, 4\}$

(h) $\{a \mid a = 2b$ 일 때 $b = 1, 2, 3, 4, 5, 6\} \cap \{c \mid c = 3d$ 일 때 $d = 1, 2, 3, 4, 5, 6\}$

(i) $\{1, 2, 3, 4, 5, 6\}^c$

(j) $\{1, 2, 5, 6\}^c$

(k) $\{m \mid m$ 은 4보다 큰 정수$\}$

3. 다음의 주어진 집합들에 대하여 다음을 계산 하여라. 예를 들어, $\{1, a\} \subseteq \{1, 2, 3\}, a \neq 1$이 주어지면, $a = 2$ 또는 $a = 3$이다.

(a) $X \subseteq \{1, 2\}$일 때 (e) $X \cup \{5, 4\} = \{2, 3, 4, 5\}$

(b) $X \subseteq (1, 2\}$ 이고 $\{1, 2\} \subseteq X$일 때 (f) $M \cap \{1, 2\} = \{1\}$

(c) $X \cup Y \subseteq Y$일 때

(d) $A \subseteq \phi$ (g) $a \in \{1, 2, 3\} \cap \{2, 3, 4\}$

1.3 관계와 함수

1.2절에서, 두 집합의 합집합, 교집합, 차집합의 연산을 소개하였다. 이 절에서는 다른 종류의 집합을 소개하고자 한다. 새로운 집합의 정의를 하기 위해서, **순서쌍**(ordered pair)의 개념을 소개하고자 한다.

순서쌍은 일종의 집합으로 순서쌍 (a, b)에서 a는 첫번째 원소이고 b는 두번째 원소임을 의미한다. a, b에 대한 특별한 언급이 없는 경우 $(a, b) = (b, a)$는 성립하지 않는다. 순서쌍은 다음과 같은 특징을 갖는다.

$$(a, b) = (c, d) \text{ 이면 } a = c \text{ 이고 } b = d \text{ 이다.}$$

순서쌍의 집합에서 항등원의 의미는 $(a,b)=(b,a)$이다.

정의 1.3.1. 집합 X, Y에 대하여, X, Y의 **데카르트 곱**(Cartesian product) 또는 **곱집합**은 $\{(a,b)|a\in X,\ b\in Y\}$이다. 곱집합의 기호는 $X\times Y$ 라고 쓴다. 즉,

$$X\times Y=\{(a,b)|a\in X, b\in Y\}.$$

예제 1.3.1. $X=\{4,3,8\}$ 이고 $Y=\{1,a\}$ 라면, 데카르트 곱집합은 아래와 같다:

$$\begin{aligned}
X\times Y&=\{(4,a),(4,1),(3,a),(3,1),(8,a),(8,1)\}\\
Y\times X&=\{(a,4),(1,4),(a,3),(1,3),(a,8),(1,8)\}\\
X\times Y&=\{(4,4),(4,3),(4,8),(3,4),(3,3),(3,8),(8,4),(8,3),(8,8)\}\\
Y\times Y&=\{(a,a),(a,1),(1,a),(1,1)\}
\end{aligned}$$

□

두 집합 $X=\{a,b,c\}, Y=\{x,y,z\}$에서 곱집합 $X\times Y$의 기하학적 으로 살펴보면 두직선 L_1과 L_2의 교차점(그림1.1를 참조)인 각각의 L_1과 L_2 위에 표시된 X와 Y의 원소들을 통해 얻을 수 있다. 이 때 X의 원들을 나타내는 직선 L_1 과 Y의 원소들을 나타내는 L_2가 그림1.1에서 이러한 다양한 직선들의 교차하는 점들을 가리키는 곱집합 $X\times Y$의 원소들을 나타낸다.

정의 1.3.2. 집합 X, Y에 대해, 곱집합 $X\times Y$의 부분집합 G를 X에서 Y로의 **관계**(relation)라고 부른다. G의 정의역은 집합

$$\mathfrak{D}(G)=\{x|\text{어떤 } y\in Y \text{ 에 대해 } (x,y)\in G\}$$

이고 G의 치역은 집합

$$\Re(G)=\{z|\text{어떤 } t\in X\text{에 대해 } (t,z)\in G\}$$

이다.

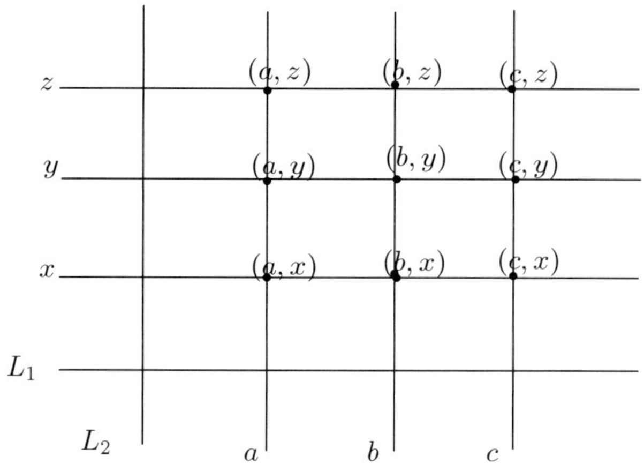

그림 1.1: $X = \{a, b, c\}, Y = \{x, y, z\}$에서 곱집합 $X \times Y$

일반적으로 사용하는 순서쌍의 정의는 단순하다.
예를 들어, $X = \{1, 2, 3\}, Y = \{1, 2, 3\}$이면, 곱집합

$$X \times Y = \{(1,1), (1,2), (1,3), (2,1), (2,2), (2,3), (3,1), (3,2), (3,3)\}$$

이다. "∼ 와 같다"라는 표현를 생각해 보자. 이 표현는 "∼ 와 같다"는 관계를 의미하는데 기호를 사용하여 그 집합을 정의하면

$$M = \{(x, y) | x \in X,\ y \in Y,\ x\text{와 } y\text{는 같다}\}.$$

이다. 이것은 곱집합 $X \times Y$의 부분집합 $M = \{(1,1), (2,2), (3,3)\}$이고 "$x$와 y가 같다"는 관계이다. M을 나타내는 집합의 정의역이 X와 같다.
또한 "∼ 보다 작다"라는 집합 관계를 생각해 보자. 집합 $X = \{1, 2, 3\}$와 함께, $L = \{(x, y) | x \in X,\ y \in Y,\ x\text{는 } y \text{ 보다 작다}\}$라고 하자. 그러면 곱집합 $X \times X$의 부분집합 $L = \{(1,2), (1,3), (2,3)\}$이다. 모든 관계가 이러한 예들과 유사하다고 할 수는 없다. 집합 $\{(1,1), (2,1), (2,2), (3,3)\}$은 정의에 의해 관계가 있으나, 이미 앞의 두 예들과 비슷하지 않다. 관계에서 주요한 관심사는 함수라고 부르는 어떠한 관계에 관한 것이다.

정의 1.3.3. G가 $(a, b) \in G$ 이고 $(a, c) \in G$일 때 $b = c$ 라는 관계를 가진 집합이라 하자. 이 때 G를 **함수**(function)라고 부른다.

예제 1.3.2. $X = \{1, 2, 3\}$에 대해 X에서 Y로의 관계 $F = \{(1,1),(2,2),(3,3)\}$는 함수이고, $G = \{(1,1),(1,2)\}$는 함수가 아니다.

풀이. 순서쌍 집합 G의 관계 첫 번째 정의역 원소 1이 두번째 원소인 치역에 각각 1과 2의 두 원소들로 짝지워 졌기 때문에 정의에 의해 함수가 아니다. 두 가지 다른 방법인 그림1.2에서 이들의 두 순서쌍을 설명한다. □

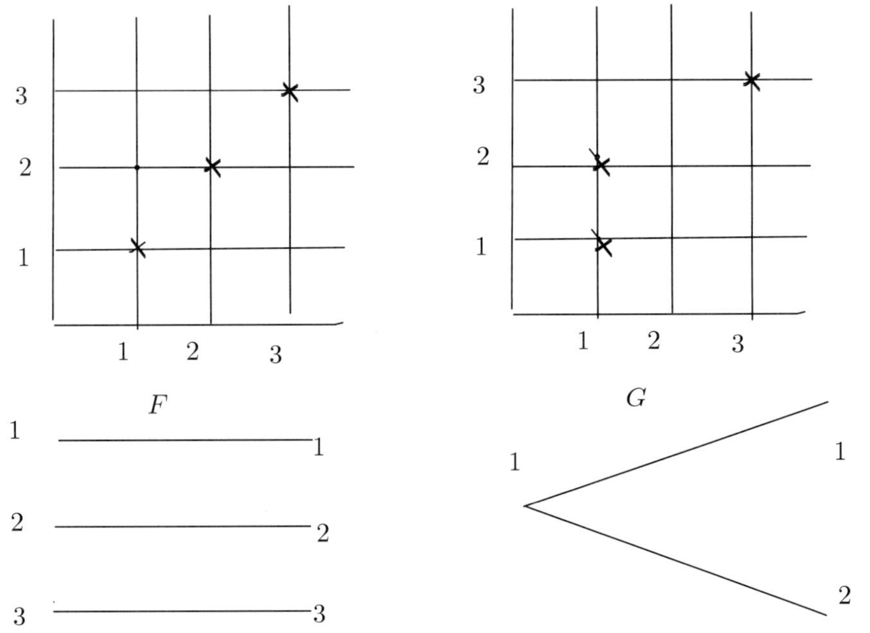

그림 1.2: $X = \{1, 2, 3\}$에 대해 관계 F, G

예제 1.3.3. $X = \{a, b, c, d\}$와 $Y = \{7, 4, 9\}$라고 하자. 다음의 $F.G.H$관계는 정의역 X에서 Y로의 함수이고 J는 함수가 아님을 설명하여라.

$$F = \{(a,7),(b,4),(c,9),(d,9)\}.$$
$$G = \{(a,7),(b,7),(c,7),(d,7)\}.$$
$$H = \{(a,9),(b,7),(c,9),(d,4)\}.$$
$$J = \{(a,9),(b,9),(a,7),(c,4),(d,4)\}.$$

F가 함수이고 $(x, y) \in F$이면, 통상적으로 $y = F(x)$라고 쓴다. 달리 표현하면, 첫번째 원소는 x이고 순서 쌍의 두번째 원소 $F(x)$로 설명되곤 한다. $F(x)$는

F의 함수값 또는 x에서의 F의 값이라고 말한다. 예제(1.3.3)에서

$$\begin{array}{lllll} 7 = F(a), & 4 = F(b), & 9 = F(c) & \text{이고} & 9 = F(d). \\ 7 = G(a), & 4 = F(b), & 9 = G(c) & \text{이고} & 7 = G(d). \\ 9 = H(a), & 7 = H(b), & 9 = H(c) & \text{이고} & 4 = F(d). \end{array}$$

관계 J의 $9 = J(a)$이고 $7 = J(a)$이기 때문에 J는 함수가 아니다. □

이제 역관계를 살펴 보자. 집합 X, Y에 대하여 함수 관계인 R이 곱집합 $X \times Y$의 부분집합이라 하자. 관계 R과 역관계는 R^{-1}라고 쓰고 이는$---R$의 **역함수**라고 부르고 $---$곱집합 $Y \times X$의 부분집합이다. 집합

$$R^{-1} = \{(w, z) \mid (z, w) \in R\}$$

라고 정의한다. 다른 표현으로, $(w, z) \in R^{-1}$이기 위한 필요충분 조건은 $(z, w) \in R$이다.

예제(1.3.3)로 부터,

$$\begin{aligned} F^{-1} &= \{(7, a), (4, b), (9, c), (9, d)\}. \\ G^{-1} &= \{(7, a), (7, b), (7, c), (7, d)\}. \\ H^{-1} &= \{(9, a), (7, b), (9, c), (4, d)\}. \end{aligned}$$

함수의 정의로부터, F^{-1}은 $c = d$가 아니면 함수가 아니라는 것을 알 수 있다. G^{-1}은 $a = b = c = d$가 아니면 함수가 아니고 H^{-1}는 $a = c$가 아니면 함수가 아니다.

R이 함수이고, 위에 설명된 표현을 사용하면

$$(w, z) \in R^{-1} \text{ 이기 위한 필요충분 조건은 } w = R(z)$$

라고 쓴다. 또한 R과 R^{-1} 모두 함수라면

$$z = R^{-1}(w) \text{ 이기 위한 필요충분 조건은 } w = R(z)\text{이다.}$$

R이 정의역 X에서 Y로의 함수이면, R^{-1}이 함수인지 아닌지에 대한 질문을 생각해 볼 수 있다. R^{-1}이 함수이면,

$$(w, z_1) \in R^{-1} \text{ 이고 } (w, z_2) \in R^{-1} \text{ 이면 } z_1 = z_2$$

임을 의미한다. R^{-1}의 함수의 정의를 이용하면 다음의 조건

$$(z_1, w) \in R\text{이고 } (z_2, w) \in R\text{이면 } z_1 = z_2 \qquad (**)$$

를 의미한다.

정의 1.3.4. 함수 R은 **일대일 함수**이기 위한 필요충분조건은 R이 위 식의 (∗∗)로 표현된다.

순서쌍의 용어에서 *함수 R이 일대일 이기 위한 필요충분조건은 정의역 R의 각각의 원소가 치역 R 원소에 있는 단지 하나의 원소와 짝을 갖는 것이다.* R^{-1}이 함수인지 아닌지에 대한 질문으로 돌아와서, R^{-1}은 함수이기 위한 필요충분조건은 R이 일대일 이라는 것이다. 역관계는 역 함수와 관련이 있는데 이는 5장에서 좀 더 자세히 공부 할것이다.

◊ 연습 문제

1. 집합 $V = \{\frac{1}{2}, 3, 7\}, W = \{8, 3\}, X = \{2, 7, 4\}$에 대해 계산을 해보자. 예를 들면, $V \times W = \{(\frac{1}{2}, 8), (\frac{1}{2}, 3), (3, 8), (3, 3), (7, 8), (7, 3)\}$.

   (a) $V \times X$
   (b) $V \times V$
   (c) $W \times V$
   (d) $X \times V$
   (e) $W \times X$
   (f) $(V \times W)^{-1}$
   (g) $(X \times V)^{-1}$
   (h) $(W \times X)^{-1}$

2. 다음 R의 각각에 대해 $\mathfrak{D}(R), \Re(R)$ 그리고 R^{-1}을 계산하여라. 예를 들면, $R = \{(1, 2), (0, \frac{1}{3})\}$이라고 놓으면, $\mathfrak{D}(R) = \{1, 0\}, \Re(R) = \{2, \frac{1}{3}\}$, $R^{-1} = \{(2, 1), (\frac{1}{3}, 0)\}$ 이다.

   (a) $R = \{(10, 7), (a, 5), (a, b)\}$
   (b) $R = \{(14, -1), (\frac{3}{8}, \frac{7}{6}), (x, 3), (-10, 1)\}$
   (c) $R = \{(x, 2) \mid x\text{는 모든 수이다}\}$
   (d) $R = \{(t, p) \mid t\text{는 삼각형이고 } p\text{는 } t\text{의 면적이다.}\}$.

3. 다음 관계의 각각이 함수인지 결정하어라.

   (a) $\{(1, 1), (1, 2)\}$
   (b) $\{(1, 2), (7, 6)\}$
   (c) $\{(1, 4), (2, 4)\}$
   (d) $\{(2, 5), (2, 6)\}$
   (e) $\{(0, b), (0.5, 7), (9, 0.7)\}$

(f) $\{(a,b) \mid b = 2$이고 a는 모든 수이다$\}$

(g) $\{(a,b) \mid a = 2$이고 a는 모든 수이다$\}$

4. 다음을 구하시오.

(a) 만약 $g = \{(1,4),(2,4),(5,6)\}$이면, $g(1), g(2), g(5)$는 무엇인가?

(b) 만약 $h = \{(0,b),(0.5,7),(9,0.7)\}$이면, $h(0), h(0.5), h(9)$는 무엇인가?

(c) 만약 $i = \{(a,b) \mid a$는 모든 수이고 $b = 2\}$이면, 실수 x에 대한 $i(x)$는 무엇인가?

(d) 만약 $k = \{(n, n+1) \mid n$은 모든 수$\}$이면, 임의의 원 y에 대한 $k(y)$는 무엇인가?

1.4 함수 표기법

1.3절에서 관계를 나타내는 순서쌍 집합에 대하여 이 $(a,b) \in \mathbf{R}$와 $(a,c) \in \mathbf{R}$은 $b = c$이면 $\mathbf{R}$이 함수를 의미하였다. 앞 절에서처럼, 이 정의를 바꾸어 말해보자: $\mathbf{R}$은 순서쌍의 첫번째 원소가 같으면 순서쌍의 두번째 원소도 같아야 한다. 즉, $\mathbf{R}$은 각각의 정의역 원소에 대하여 $\mathbf{R}$의 치역에서 단지 하나의 원소를 가짐을 의미한다. $\mathbf{R}$의 그래프에 의하여, $(a,b) \in \mathbf{R}$이고 $(a,c) \in \mathbf{R}$이면, $b \neq c$라는 조건 에서 그림1.3과 같이 y축에 평행한 어떤 직선에 의해 그것의 그래프가 한번 이상 잘려진다면 관계 $\mathbf{R}$은 함수가 아니라는 것이다.

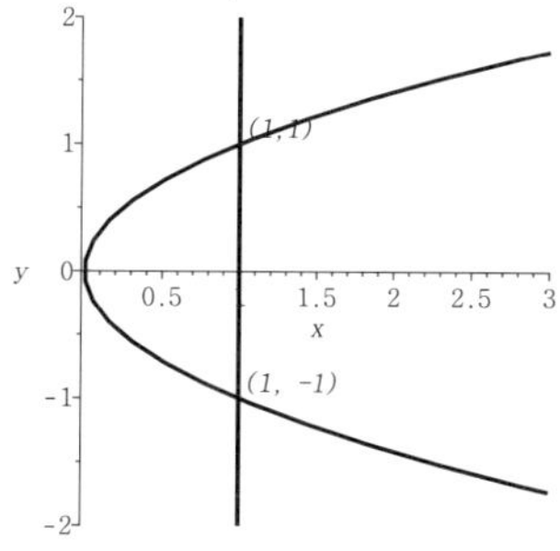

그림 1.3: $x = 2, x = 1 + y^2$그래프

독자는 함수라는 용어에 익숙할 것이다. 그렇다면 실제로 우리 주변에 있는 함수란 어떠한 것을 의미할까? 예를 들면 여수가 300m 높이인 도서관 옥상에서 땅을 향하여 공을 놓았다고 하자. 공에게 어떠한 일이 일어 나겠는가?

물론 공이 땅으로 떨어질 것이다. 공이 옥상으로 부터 떨어진 거리는 옥상에서 공을 놓친 시점에서 시간에 따라 달라 질것이다. 일반적으로 정확히 그 공이 언제 땅에 닿을지는 모른다. 이것이 일반적인 상황이다. 하지만 여수는 공이 언제 땅에 닿을것인지가 궁금했다. 여기서 필요한 것이 규칙인데 그 규칙은 그 공이 땅에 닿는 시점은 그 공의 위치와 관련이 있다. 이 사건에서는 시간과 거리와의 관계를 발견하기 위한 규칙을 함수라고 한다. 여기서는 거리를 시간의 함수라고 말한다. 이러한 규칙이나 함수를 더 잘 이해하기 위하여 그래프를 그리거나 표를 만든다. 그래프는 공이 얼마나 멀리 그리고 얼마나 빨리 떨어지는가를 시각적으로 쉽게 보여줄 수 있기 때문이다.

독자는 함수가 왜 중요한지를 알게 될 것이다. 예를 들어 어떤 물리학자는 경과 시간에 대해 거리를 안다면 총알이 언제 땅에 닿을지를 예측할 수 있고, 어떤 생물학자는 어떤 환경에서 시간에 따라 박테리아수가 얼마나 증가할지를 안다면 어떠한 장래에 박테리아 수를 예측할 수 있을 것이다. 따라서 함수는 우리 생활과 매우 밀접하게 사용되고 있다. 여기에서 보다 일반적이고 익숙한 함수를 정의하고자 한다.

정의 1.4.1. **함수** f란 어떤 집합 X, Y가 집합이고, 모든 $x \in X$에 대해 f는 단지 하나의 $y \in Y$에 관련 되는 규칙으로 X에서 Y로의 함수라고 말한다. 여기서 X를 **정의역**이라 하고 Y를 **공역**, 그리고 함수값들의 모임을 **치역**이라 한다.

예를 들어, f를 다음과 같이 정의되는

$$f(x) = 2x + 1$$

를 함수라고 하자. 이러한 경우 집합의 순서쌍들 $(x, 2x+1)$을 고려하자. 일반적으로 정의역은 실수로 이해한다. 함수 $f(x) = 2x+1$에 대한 치역은 어떠한 수에 2배가 증가되고 1을 더하기 때문에 모든 실수집합이다. 함수 $f(x) = 2x+1$에서는 $f(x)$는 x값에 따라 어떠한 값을 갖는지를 정확히 보여준다. 이러한 이유로 x는 **독립변수**(independent variable) $f(x)$는 **종속변수**(dependent variable)라고 말한다.

함수에 대한 이해를 좀더 정확하게 부여주기 위해서는, 어떻게 값 x가 다른 것에 종속되는지 설명하는 것도 한가지 방법이다. 예를 들면, 정사각형의 면적 A은 한변의 길이 s에 종속된다. 이 공식

$$A = s^2 \quad \text{이고} \quad A(s) = s^2$$

로도 쓴다.

예제 1.4.1. 자동차는 시간당 $60km$의 속도로 일정하게 달린다. 한 시간 동안 자동차는 $60km$로 이동했다. 두시간 동안 $120km$로 이동했다고 한다. 자동차가 정확히 시간(시간당)의 주기로 이동한 거리를 가리키는 아래의 표를 만들 수 있다. 표에서 t는 시간을 나타내고 d는 이동한(km당) 거리를 나타낸다.

t(시간)	0	1/2	1	3/2	2	5/2	3	7/2	4	9/2	5
d(거리)	0	30	60	90	120	150	180	210	240	270	300

위 표는 단지 정돈된 순서쌍 $(0,0),(\frac{1}{2},30),(1,60),(1\frac{1}{2},90)$등을 쓴 다른 표현이다. 표에서 주어진 모든 정보는 공식(규칙)

$$d(t) = 60t$$

로 좀 더 쉽고 간단히 표현할 수 있다. 즉, 거리를 $d(t)$라고 나타내고, 시간 t의 함수이다. □

예제 1.4.2. 농부가 $100km$의 철망으로 직사각형의 땅을 둘러막기를 원한다고 가정하자. 이 직사각형의 면적을 A라고 나타내면 관계식을 나타내어라.

풀이. 직사각형에서 w는 가로, h는 세로라 하면 $A = wh$. 그러나 A는 w와 h의 함수로 이 식 하나로는 문제를 풀 수 없다. 철망을 $100km$만 사용할 수 있기 때문에, $2w + 2h = 100$ 또는 $w + h = 50$이라고 한다. 그러므로, h의 함수로서 w, 또는 w의 함수로서 h를 다음과 같이 쓸 수 있다:

$$w = 50 - h \text{ 와 } h = 50 - w.$$

$A = wh$의 공식으로 치환하면

$$A = (50 - h)h \text{ 또는 } A = w(50 - w)$$

를 갖는다. 직사각형의 한 변의 길이의 함수로서 A는 이들 두가지 공식으로 나타낸다. □

◇ 연습 문제

1. h가 함수 $h(x) = x^2 + 1$라고 하자.

   (a) h의 정의역은 무엇인가?

(b) $x = 0, 1, -1, \frac{1}{2}, 5, t+1$일때 $h(x)$를 계산하여라.

풀이. (a) 어떤 수의 제곱에 1을 더할 수 있기 때문에 h의 정의역은 모든 수들의 집합이다.
(b) $h(0) = 0^2 + 1 = 1, \quad h(1) = 1^2 + 1 = 2,$
$h(-1) = (-1)^2 + 1 = 2, \quad h(\frac{1}{2}) = (\frac{1}{2})^2 + 1 = \frac{5}{4},$
$h(5) = 5^2 + 1 = 26, \quad h(t+1) = (t+1)^2 + 1 = t^2 + 2t + 2.$

2. 함수 f가 $f(x) = 2/x$라고 하자.

   (a) f의 정의역은 무엇인가?

   (b) $x = 1, -1, \frac{1}{2}, 5, t+1 (t \neq -1)$일 때 $f(x)$를 계산하여라.

3. 함수 g가 $g(x) = x/(x-1)$라고 라고 하자.

   (a) g의 정의역은 무엇인가?

   (b) $x = 0, 2, -1, \frac{1}{2}, 5, t+1 (t \neq 0)$일 때 $g(x)$를 계산하여라.

4. 함수 F가 $F(m) = \sqrt{m}$라고 라고 하자.

   (a) F의 정의역은 무엇인가?

   (b) $m = 0, 4, \frac{1}{4}, 16, 100$일 때 $F(m)$을 계산하여라.

5. 함수 k가 $k(t) = t/(t+1)(t-2)$라고 하자.

   (a) k의 정의역은 무엇인가?

   (b) $t = 0, 1, \frac{1}{2}, 5, 3, m-1 (m \neq 0, m \neq 3)$일 때 $k(t)$를 계산하여라.

6. 원의 반지름을 r이라 하면 면적 A를 함수로 표현하라.

7. 직각이등변 삼각형의 높이를 h라 하면 면적 A를 함수의 표현하라.

8. 정육면체의 모서리를 w라 하면 부피 V를 함수의 표현하라.

9. 한변의 길이를 w라 하면 직사각형 면적 A를 함수의 표현하라.

1.5 함수의 연산

함수 $f(x) = x^2 + x$라고 하면, 함수들 x^2과 x의 합으로서의 f를 생각하는 것은 당연하다. 이제 함수들의 연산을 정의 하고자 한다.

정의 1.5.1. 함수 g, h는 보통 정의역 X를 갖는다고 하자. 이때 $g+h$, $g-h$, $g \cdot h$ 그리고 g/h는 다음과 같이 정의한다.

$$(g+h)(x) = g(x) + h(x) \quad \text{단, 모든} \quad x \in X.$$
$$(g-h)(x) = g(x) - h(x) \quad \text{단, 모든} \quad x \in X.$$
$$(g \cdot h)(x) = g(x) \cdot h(x) \quad \text{단, 모든} \quad x \in X.$$
$$(g/h)(x) = g(x)/h(x), \quad h(x) \neq 0 \quad \text{단, 모든} \quad x \in X$$

함수 $g+h$, $g-h$, $g \cdot h$, g/h는 함수 g, h의 각각의 합, 차, 곱 그리고 나누기이다.

예제 1.5.1. $g(x) = x^2$이고 $h(x) = x$일 때, $f(x) = x^2 + x = g(x) + h(x)$이고 f는 g와 h의 합이다. □

예제 1.5.2. 정의역이 $\{0, 1, 2, 3, 4\}$인 g, h를 함수에 대해 다음의 함수를 가정해 보자:

$$g(x) = x + 1, \quad h(x) = 1 - x.$$

함수 $g+h$, $g-h$, $g \cdot h$, g/h를 아래의 표에 작성 한다.

x	0	1	2	3	4
$g(x)$	1	2	3	4	5
$h(x)$	1	0	-1	-2	-3
$(g+h)(x)$	2	2	2	2	2
$(g-h)(x)$	0	2	4	6	8
$(g \cdot h)(x)$	1	0	-3	-8	-15
$(g/h)(x)$	1	정의 불가	-3	-2	-5/3

□

예제 1.5.3. $g(x) = 2x + 5$와 $h(x) = 2 - x$일 때, 함수 $g+h$와 $g \cdot h$를 구하여라.

풀이. $(g+h)(x) = g(x) + h(x) = (2x+5) + (2-x) = x + 7$
$(g \cdot h)(x) = g(x) \cdot h(x) = (2x+5)(2-x) = 10 - x - 2x^2$. □

> **정의 1.5.2.** $\Re(h) \subseteq \mathfrak{D}(g)$를 만족하는 함수를 g, h라고 한다면, 이 때 h에 의한 g의 **합성함수**(composition function)는
>
> $$\{(x, y)|y = g(h(x))\}$$
>
> 이다. h에 의한 g의 합성함수의 기호는 $g \circ h$로 쓴다.

$g \circ h$의 정의에 의해 g와 h의 합성에 의해 만들어진 새로운 함수는 합성의 순서가 매우 중요하다. 또한 x가 $g \circ h$의 정의역의 원소라면 기호와 정의는 아래와 같다.

$$g \circ h(x) = g(h(x)).$$

예제 1.5.4. $h(x) = x^2$이고 $g(x) = x + 2$이면, h의 정의역은 모든 실수의 집합이기 때문에 g의 범위는 h의 정의역을 포함한다. 공식에 의해 $h \circ g$는 다음과 같이 주어졌다:

$$h \circ g(x) = h(g(x)) = h(x + 2) = (x + 2)^2 = x^2 + 4x + 4.$$

□

예제 1.5.5. $S = \{1, 2, 3\}$이고 정의역 S인 함수 h, g를 다음과 같이 정의하자:

$$h(1) = 2, \quad g(1) = 1, \quad h(2) = 3, \quad g(2) = 3, \quad h(3) = 1, \quad g(3) = 2$$

이 때, 합성함수 $g \cdot h$는

$$h \circ g(1) = h(g(1)) = h(1) = 2,$$
$$h \circ g(2) = h(g(2)) = h(3) = 1,$$
$$h \circ g(3) = h(g(3)) = h(2) = 3.$$

□

예제 1.5.6. $T = \{1, 3, 5\}$이고 정의역 T인 함수 h, g를 다음과 같이 정의 되었다고 하자:

$$h(1) = 5, \quad g(1) = 7, \quad h(3) = 3, \quad g(3) = 8, \quad h(5) = 1, \quad g(5) = 9$$

이 때 $\Re(h) = \{1, 3, 5\}, \Re(g) = \{7, 8, 9\}$이다. 그러므로 $\{7, 8, 9\}$는 T의 부분집합이 아니고, $h \circ g$는 다음과 같이다.

$$g \circ h(1) = g(h(1)) = g(5) = 9$$
$$g \circ h(3) = g(h(3)) = g(3) = 8$$
$$g \circ h(5) = g(h(5)) = g(1) = 7$$

□

관계 T가 주어지고 T의 역관계를 만들어 보자. T의 역관계 T^{-1}은 T의 순서쌍의 첫번째 항과 두번째 항을 바꾸는 것이다. $T = \{(x, y)|y = 2x + 3\}$이면, 역관계 정의에 의해

$$T^{-1} = \{(y, x)|y = 2x + 3\}$$

이 된다. 이것은 $y = 2x + 3$으로부터 y의 식에서 x에 대한 식는 $x = \frac{1}{2}(y - 3)$이다. 따라서

$$T^{-1} = \{(y, x)|x = \frac{1}{2}(y - 3)\}$$

이다. $T(x)$−표기법으로,

$$T(x) = 2x + 3$$

이고

$$T^{-1} = \frac{1}{2}(x - 3)\text{이다.}$$

합성함수 $T \circ T^{-1}$와 $T^{-1} \circ T(x)$를 계산하면

$$T \circ T^{-1}(x) = T(T^{-1}(x)) = T(\frac{1}{2}(x - 3)) = 2(\frac{1}{2}(x - 3)) + 3 = (x - 3) + 3 = x$$
$$T^{-1} \circ T(x) = T^{-1}(T(x)) = T^{-1}(2x + 3) = \frac{1}{2}(2x + 3 - 3) = x.$$

이와 같이,

$$T \circ T^{-1}(x) = x \quad \text{이고} \quad T^{-1} \circ T(x) = x\text{이다.}$$

이것은 $T \circ T^{-1}$ 와 $T^{-1} \circ T$ 경우에 각 x는 x에 관련된 함수임을 보여준다. J의 정의역의 각 실수 x가 x와 관련된 함수 J를 **항등 함수**(constant function)라고 부르며, J가 항등 함수라면,

$$J(x) = x$$

(단 모든 $x \in \mathfrak{D}(J)$)이다.

$T \circ T^{-1}$와 $T^{-1} \circ T$가 항등함수라는 사실은 위의 예제가 유일한 것은 아니다. T^{-1}가 함수인 T가 함수이면, $y = T(x)$이기 위한 필요충분조건은 $x = T^{-1}(y)$이다. 그러므로

$$y = T(T^{-1}(y)) \quad \text{와} \quad x = T^{-1}(T(x))$$

이다. 함수 T가 $1-1$함수이면 $T \circ T^{-1}$와 $T^{-1} \circ T$이 항등함수이다.

예제 1.5.7. $h(x) = 3 - 5x$이면, h는 $1-1$함수이고 합성함수 $h \circ h^{-1}$를 사용해서 h^{-1}를 계산하여라.

풀이. $1-1$함수의 정의에 따르면 $h(x) = h(y)$이면 $x = y$임을 보여야만 한다. 그래서 $h(x) = h(y)$은, $3-5x = 3-5y$이므로 $x = y$이다. 그러므로 h은 $1-1$함수이다. 역함수 h^{-1}를 계산하기 위하여 $x = h \circ h^{-1}(x) = h(h^{-1})(x) = 3-5(h^{-1}(x))$이다. $h^{-1}(x)$에 대하여 풀면

$$h^{-1}(x) = (1/5)(3-x)$$

이다. □

예제 1.5.8. $x \neq 1$에 대해 $f(x) = 1/(1-x)$라 하자. f는 $1-1$이라고 가정하고, $f^{-1}(x)$를 계산하라.

풀이. $x = f \circ f^{-1}(x) = f(f^{-1}(x)) = 1/(1-f^{-1}(x))$. 그러면 $1-f^{-1}(x) = 1/x$ 또는 $f^{-1} = 1-1/x$이다. □

◇ 연습 문제

1. 다음과 같은 함수 h, g의 각 쌍에 대해서 $h \pm g, g \cdot h, h/g, h \circ g, g \circ h$를 계산하여라.

   (a) $h(x) = 2x,\ g(x) = 5+x$

   (b) $h(x) = -x,\ g(x) = x^2+1$

   (c) $h(x) = 1-x,\ g(x) = 1+x$

   (d) $h(x) = 7x^2-1,\ g(x) = 3-x$

   (e) $h(x) = x^2+x+1,\ g(x) = 4-x+x^2$

2. 각 함수 f에 대해, $f = h \circ g$인 함수 h, g를 찾아라. 예를 들어, $f(x) = (x^3+1)^7$이면, $h(x) = x^7$와 $g(x) = x^3+1$을 찾을 수 있다. 이 때 $h \circ g(x) = h(g(x)) = (g(x))^7 = (x^3+1)^7 = f(x)$이다.

   (a) $f(x) = \sqrt{7x+5}$

   (b) $f(x) = x^3+1$

   (c) $f(x) = x^3+2x^6+7x^9$

   (d) $f(x) = 1/x+2/x^2+3/x^3, x \neq 0.$

3. 다음의 각 함수가 $1-1$함수 임을 보여라.

(a) $h(x) = 2x$

(b) $h(x) = 1 - x$

(c) $h(x) = 5 + x$

(d) $h(x) = -x$

(e) $h(x) = 7(4 - 5x)$

(f) $h(x) = 1/x, x \neq 0$

(g) $h(x) = 4/(x+2), x \neq 2$

4. 위 (3)번의 각 함수 h에 대해 h^{-1}을 계산하라.

1.6 실수의 체의 공리

이 절과 다음 절에서는 실수의 성질을 다루고자 한다.

정수의 집합은

$$\cdots, -4, -3, -2, -1, 0, 1, 2, 3, 4, \cdots$$

으로 이루어진 수들로 구성되어 있다. 이 정수의 집합은 $\mathbb{Z}$로 표현한다. 집합 $\{1, 2, 3, 4, ...\}$은 자연수 또는 양의 정수라 하고 $\mathbb{N}$으로 표현한다. 이것은

$$\mathbb{N} \subset \mathbb{Z}$$

임이 분명하다. **합**, **차**, 그리고 **곱**의 연산은 $\mathbb{Z}$의 원소에 대한 연산에 대해 닫혀 있다.

$$a, b \in \mathbb{Z} \text{ 이면 } \quad a + b \in \mathbb{Z},\ a - b \in \mathbb{Z},\ a \cdot b \in \mathbb{Z}$$

이다. 예로서, $-8, 10 \in \mathbb{Z}$에서 $-8 + 10 = 2 \in \mathbb{Z}$, $-8 - 10 = -18 \in \mathbb{Z}$, $(-8) \cdot 10 = -80 \in \mathbb{Z}$이다. 하지만, $\mathbb{Z}$는 나눗셈에 대하여 닫혀있지 않다. 예를 들면, $1 \in \mathbb{Z}$와 $2 \in \mathbb{Z}$이나 $1 \div 2 = \frac{1}{2} \notin \mathbb{Z}$이다. 이러한 이유로 새로운 수의 집합으로 합, 차, 곱과 관련된 것 뿐만 아니라 0이 아닌 수들에 의해 나눗셈을 할 수 있는 수의 새로운 집합을 필요로 한다.

이와 관련하여 유리수들의 집합 $\mathbb{Q}$가 있다:

$$\mathbb{Q} = \{a/b | b \neq 0,\ a \in \mathbb{Z} \text{ 와 } b \in \mathbb{Z}\}.$$

$\mathbb{Q}$는 합, 차, 곱, 나눗셈의 정의를 고려하자.

$$\begin{aligned} \text{모든 } a, b, c, d \in \mathbb{Z},\ b \neq 0,\ d \neq 0\text{에 대하여} \\ \mathbb{Q}\text{에서 합}: \ a/b + c/d = (ad + bc)/bd \\ \mathbb{Q}\text{에서 차}: \ a/b - c/d = (ad - bc)/bd \\ \mathbb{Q}\text{에서 곱}: \ (a/b) \cdot (c/d) = (ac)/(bd) \\ \mathbb{Q}\text{에서 나누기}: \ c \neq 0, (a/b) \div (c/d) = (ad)/(bc) \end{aligned}$$

n이 어떤 임의의 수라면, $n/1 = n$이다. 특히, $n \in \mathbb{Z}$이면, $n/1 \in \mathbb{Q}$이므로 $\mathbb{Z} \subset \mathbb{Q}$를 뜻한다. 따라서 다음과 같다:

$$\mathbb{N} \subset \mathbb{Z} \subset \mathbb{Q}.$$

유리수 $\mathbb{Q}$의 체계에서 방정식의 해를 구할 수 있다. $2x + 3 = 0$를 만족하는 $x \in \mathbb{Q}$은 $2x = -3$과 $x = -3/2$임을 뜻한다. 주어진 방정식에 $x = -3/2$을 대입하면 $2x + 3 = x(-3/2) + 3 = -3 + 3 = 0$이다. 따라서 $-3/2$는 방정식의 해이고 유리수이다.

이제 $x^2 - 2 = 0$ 또는 이와 비슷한 $x^2 = 2$인 수 $x \in \mathbb{Q}$를 발견할 수 있는지 생각하자. 즉, $x^2 = 2$라는 유리수 x가 없다. 이것은 간접증명 방법을 사용함으로써 해를 구할수 있다.

정리 1.6.1. $x^2 = 2$와 같은 $x \in \mathbb{Q}$는 없다.

Proof. $x^2 = 2$을 만족하는 수 $x \in \mathbb{Q}$가 있다고 생각해 보자. 이 가정이 모순임을 보이려고 한다. $x \in \mathbb{Q}$라면 $\mathbb{Q}$의 정의에 의해, $x = a/b$와 같은 원소들 $a, b \in \mathbb{Z},\ b \neq 0$가 존재한다. 여기서 a/b는서로 소이다. 그러므로 $x^2 = 2$ 이고 $x = a/b$이므로

$$(a/b)^2 = 2 \text{ 또는 } \frac{a^2}{b^2} = 2\text{이다.}$$

방정식 $a^2 = 2b^2$로 부터 a^2이 짝수임을 의미한다. a^2이 짝수이면, a는 짝수여야 한다. 그러므로, a는 짝수이고 $a = 2k$를 만족하는 어떤 정수 k가 존재한다. 그러면 $a^2 = 4k^2$가 된다. 그래서

$$4k^2 = 2b^2 \text{ 또는 } 2k^2 = b^2\text{이다.}$$

이로부터 b^2은 짝수이고, 따라서 b도 짝수이다. 따라서 a와 b 모두 짝수이다. 그러나 이것은 a/b가 서로 소라는 사실에 모순이다. 이는 가정이 모순임을 의미한다. □

정리(1.6.1)은

$$x^2 - 2 = 0$$

이라는 방정식에 대한 풀이는 유리수들의 집합 이외의 수가 필요함을 보여준다. 다행히 $\mathbb{R}$로 표시하는 실수 집합에서 위 문제의 해를 구할수 있다. 실수의

정의는 수들의 십진법을 사용하며 표현 할 수 있을 것이다. 숫자 1.152는 십진법의 예로 다음의 표기법처럼 간단하고 편리한 방법이다.

$$1+\frac{1}{10}+\frac{5}{100}+\frac{2}{1000}$$

즉, 정의에 의해

$$1.152=1+\frac{1}{10}+\frac{5}{100}+\frac{2}{1000}.$$

이 수는 유한소수의 예이다. 이것은 소수점 이하의 수가 정확하게 유한하거나 막연히 계속되는 것이 아님을 의미한다. 유한소수의 다른 예들로

$$32.1, -3.25, 0.3, 0.00053425$$

등이 있다. 유한소수의 반대로, 무한소수가 있다. 예를 들어, $8.292929\cdots$는 숫자 2, 9(차례로)가 막연히 계속되는 것이다. 이것은 또한 순환소수(숫자 2, 9가 끝이 없이 계속 반복되기 때문)의 예이다. 편리한 기수법은 순환소수를 나타내기 위한 방법으로 반복되는 부분 위에 "선" 또는 "막대"로 표기한다. 이 표현 방법을 사용함으로, 그 수 위에

$$8.292929... = 8.\overline{29}$$

로 표현될 수 있다. 몇개의 다른 순환소수들은

$$262.17\overline{15},\ \ -94.\overline{112},\ \ 0.005\overline{244},\ \ 1,1259\overline{4}$$

등이 있다. 순환하는 무한소수 이외에 순환하지 않은 무한소수가 있다. 이러한 수는 분명히 소수점 아래 모든 숫자들을 표시할 수 없다. 그러나, 그것은 순환소수에서 처럼 반복이 발생하지 않는 수라 한다면 $-3.76152538\cdots$이 그러한 수임을 나타낼 수 있다. 모든 유한과 순환소수들은 유리수들이다.
예를 들어, 1.23은

$$1+2/10+3/100=100/100+20/100+3/100=123/100$$

와 같다.

따라서, $1.23\in\mathbb{Q}$이다. 지금 순환소수 $8.\overline{29}$를 생각해 보자. 이 수는 유리수임을 알 수 있다. $x=8.\overline{29}$라고 놓으면 $100x=829.\overline{29}$이고

$$99x=100x-x=829.\overline{29}=821.000\cdots=821$$

이다.

x를 풀면 $x=821/99$이고 이는 $8.\overline{29}\in\mathbb{Q}$를 의미한다. 이것은 모든 유한소수와 순환소수가 이러한 방법으로 유리수임을 보여 준다. 또한, 모든 유리수

는 유한소수 또는 순환소수이다. 예를 들면, $\frac{1}{2} = 0.5$, $-(3/2) = -1.5$, 그리고 $1/3 = 0.\overline{3}$이다. 소수로서 주어진 유리수를 나타내기 위해, 일반적인 긴 나눗셈을 하면 된다. 실수 $\mathbb{R}$을 모든 10진수들의 집합으로 정의한다면 다음의 관계를 가진다:

$$\mathbb{N} \subset \mathbb{Z} \subset \mathbb{Q} \subset \mathbb{R}.$$

이제 실수의 특성을 정리를 하고자 한다. 실수의 특성으로 **체의 공리**가 있다. 이러한 공리를 공부하므로 실수의 많은 특성을 알 수 있다.

A1. (*닫힌공리*)임의의 두 실수 a, b에 대하여 $a + b \in \mathbb{R}$, $\quad ab \in \mathbb{R}$.

A2. (*교환법칙*) 실수 a, b에 대하여

$$a + b = b + a, \quad ab = ba.$$

A3. (*결합법칙*) 실수 a, b, c에 대하여

$$a + (b + c) = (a + b) + c, \quad a(bc) = (ab)c.$$

A4. (*분배법칙*) 실수 a, b, c에 대하여

$$a(b + c) = ab + ac.$$

A5. (*항등원공리*)

a. **(덧셈에 관한 항등원)** 각 실수 a에 대하여 $a+0 = 0+a = a$을 만족 시키는 $0 \in \mathbb{R}$이 존재한다.

b. **(곱셈에 관한 항등원)** 각 실수 $a(a \neq 0)$에 대하여 $a(1) = (1)a = a$을 만족 시키는 $1 \in \mathbb{R}$이 존재한다.

A6. (*역원공리*)

a. **(덧셈에 관한 a 의 역원)** 각 실수 a에 대하여 $a+(-a) = (-a)+a = a$을 만족 시키는 $-a \in \mathbb{R}$이 존재한다.

b. **(곱셈에 관한 역원)** 각 실수 $a \neq 0$에 대하여 $a(a^{-1}) = (a^{-1})a = 1$을 만족 시키는 $a^{-1} \in \mathbb{R}$이 존재한다.

◇ 연습 문제

1. a/b 형태에서 $a, b \in \mathbb{Z}$와 $b \neq 0$인 각각 다음의 수들을 나타내라. 예를 들어, $1/2 + 1/3$이 주어졌다면, $1/2+1/3 = (3\cdot 1+2\cdot 1)/2\cdot 3 = 5/6$이 된다.

(a) $1/2 - 1/4$
(b) $(2/3) \cdot (5/8 + 7/6)$
(c) $(2/3) \div (7/8)$
(d) $(21/10) \cdot (4/7)$
(e) $(3/2 - 8/5) \div (1/5)$
(f) 2.5
(g) 0.01
(h) $1.12 \div 10^3$
(i) $(1/2 + 0.25)^2$

2. 유한소수 또는 순환소수로서 다음의 유리수들을 나타내라. 예를 들어 $3/8$이 주어졌다면, $4/8 = 0.375$가 된다.

(a) $21/10$
(b) $5/3$
(c) $27/3$
(d) $14/99$
(e) $111/23$
(f) $-5132/999$
(g) $1/438$
(h) $231/2$
(i) $-756/11$

3. 이 연습문제는 몇몇의 $k \in \mathbb{Z}$이면 $n = 2k$이기 때문에 정수 n이 짝수임을 상기시킨다. $k \in \mathbb{Z}$이면 $n = 2k + 1$이기 때문에 n은 홀수이다.

(a) 두 짝수의 합이 짝수임을 보여라.
(b) 두 홀수의 합이 짝수임을 보여라.
(c) 홀수와 짝수의 합은 홀수임을 보여라.
(d) 짝수의 제곱은 짝수임을 보여라.
(e) 홀수의 제곱은 홀수임을 보여라.

1.7 실수의 순서공리

이 절에서는 실수의 또 다른 특징으로 순서 공리를 기억할 수 있기를 바란다.

(순서 공리) 실수의 부분 집합으로 다음의 특성들을 가진 집합 P를 **양수**라고 부른다:
(*a*) $a \in P$이고 $b \in P$이면, $(a + b) \in P$이고 $(ab) \in P$이다.
(*b*) a가 실수이면, 단지 다음의 하나가 성립한다.

$$a \in P, \quad \text{또는} - a \in P, \quad \text{또는} a = 0.$$

명제 (*a*)는 "양수의 합과 곱은 양수이다"를 의미한다.

명제 (*b*)는 0이 아닌 임의의 수가 양수이거나 그 수의 음수는 음수이고 또는 둘 다는 아님을 의미한다.

정의 1.7.1. 실수 a는 실수 b보다 적다는것은 $a < b$으로 표기한다. 나타난다. $a < b$이기 위한 필요충분조건은 $(b - a) \in P$이다.

위 정의는 임의의 두 실수 a와 b는

$$a < b,\ b < a,\ a = b$$

중 이 하나가 참이다. 실수 $a - b$를 생각하자. 순서공리에 의해, 다음 관계 중 하나가 참이다:

$$(a - b) \in P.\ -(a - b) \in P.\ a - b = 0.$$

앞에서 말한 세가지 특성들은: (1) 임의의 실수를 부등식의 양변에 더할 수 있고, 그 결과 부등식은 참이다. (2) 부등식의 양 변에 같은 양수를 곱해도, 그 부등식은 참이다. (3) 부등식의 양 변이 참이면 같은 음수를 곱하면 부등식의 부등호는 바뀌게 되고, 그 부등식은 참 이다. 다음의 정리로서 이러한 형식으로 나타내고 그 중 (2)에 대한 증명을 하고자 한다.

정리 1.7.2. $a < b$ 이면 $a + c < b + c$ 이다.

Proof. $a < b$이면 부등식의 정의에 의해 $b - a \in P$이고 $c - c = 0$이다.

$$b - a = b - a + c - c = b + c - a - c = (b + c) - (a + c) \in P$$

이다. 부등식의 정의에 의해 $a + c < b + c$이다. □

정리 1.7.3. (a) $a < b$이고 $c < 0$이면 $bc < ac$이다.
(b) $a < b$ 와 $b < c$ 이면 $a < c$ 이다.
(c) $a < b$ 이고 $0 < c$이면 $ac < bc$ 이다.

Proof. 연습문제에 남긴다. □

부등식 “$a > b$”는 “a는 b보다 크다”라고 읽고 그것은 b가 a보다 적다는 것을 의미한다. “$<$”에 의한 모든 결과들은 “$\le$”에 대해 성립한다.

예제 1.7.1. $2x - 7 < 0$을 만족하는 모든 실수 x를 구하여라.

풀이. x가 $2x - 7 < 0$을 만족하고, 정리1.7.2에 의해 $(2x - 7) + 7 < 0 + 7$ 또는 $2x < 7$이 된다. 정리1.7.3에 의해 $0 < \frac{1}{2}$, $\quad \frac{1}{2}\cdot(2x) < \frac{1}{2}\cdot 7$ 또는 $x < \frac{7}{2}$이 된다. x가 $2x - 7 < 0$을 만족하면, $x < \frac{7}{2}$이다. 또한 $x < \frac{7}{2}$이면, $2x < 7$이고 $2x - 7 < 0$이다. 이는 x가 $\frac{7}{2}$보다 적다는 것을 보여준다. 즉, 해집합은$\{x \mid x < \frac{7}{2}\}$이다. □

예제 1.7.2. 부등식 $\dfrac{(3x-5)}{x} < 2$의 해집합을 구하라.

풀이. 부등식 $\dfrac{(3x-5)}{x} = \dfrac{3x}{x} - \dfrac{5}{x} = 3 - \dfrac{5}{x}$이기 때문에 부등식 $(3x-5)/x < 2$는 $3-5/x < 2$이다. $1 - \dfrac{5}{x} < 0$이고 따라서 $1 < \dfrac{5}{x}$이다. 여기서 부등식은 $x = 0$ 또는 $x < 0$이면 성립하지 않는다. 그러므로, $x > 0$과 $1 < \dfrac{5}{x}$로부터 $x < 5$라는 것을 알 수 있다. x가 부등식 $\dfrac{(3x-5)}{x} < 2$ 만족시키는 것이라면 $0 < x$이고 $x < 5$라는 것을 보여준다. 따라서, $\dfrac{(3x-5)}{x} < 2$의 해집합은 $\{x \mid 0 < x$ 와 $x < 5\}$이다. 그러므로 주어진 해 집합은 $\{x \mid 0 < x < 5\}$이다. □

> **정의 1.7.4.** 실수 a의 **절대값**(absolute value)은 $|a|$라고 나타내며 다음과 같이 정의한다:
>
> 1. $|a| = a \ge 0$ 이면 a이다.
> 2. $|a| = a < 0$이면 $-a$이다.

다음의 예제들은 이 정의을 이용하여 해를 구한다.

예제 1.7.3. $-3 < 0$이기 때문에 $|-3| = -(-3)$이다. 따라서 $|-3| = 3$이다. □

예제 1.7.4. $|x| = 3$을 만족하는실수 x를 구하여라.

풀이. $x \ge 0$이면, $|x| = x$이고, $|x| = 3$가 $x = 3$이 된다. $x < 0$이면 $|x| = -x$이기 때문에, $|x| = 3$은 $-x = 3$ 또는 $x = -3$이 된다. 절대값의 정의에 의해 $|\pm 3| = 3$임을 알 수 있고, 따라서 $\{x \mid |x| = 3\} = \{3, -3\}$이다. □

정리 1.7.5. (a) a가 실수라면, $|a| \geq 0$이다.
(b) $a > 0$인 실수 a, x라 하자. 이때

$$|x| < a \text{ 이기 위한 필요충분 조건은 } -a < x < a\text{이다.}$$

Proof. (a) 임의의 실수 a에 대해 $a \geq 0$ 또는 $a < 0$이다. $a \geq 0$이라면 절대값 정의에 의해 $|a| = a$이다. 따라서 $|a| \geq 0$이다. $a < 0$이면 정의에 의해 $|a| = -a$이다. 그러나 $-a > 0$인 경우에도 $|a| \geq 0$이다.
(b) 먼저 $|x| < a$이면 $-a < x < a$임을 보이자.
경우 1. $x \geq 0$이면 $|x| = x$이다. 그래서 $|x| < a$이면, $x < a$이므로 $0 \leq x < a$이다. 그러나 $a > 0$이면 $-a < 0$이기 때문에

$$-a < x < a$$

이다.
경우 2. $x < 0$이면 정의에 의해 $|x| = -x$이다. 그래서 $|x| < a$, $-x < a$ 또는 정리(1.7.3(a))에 의해 $-a < x$가 된다. $x < 0$과 $0 < a$, $x < a$이므로 $-a < x < a$가 된다.
이제 $-a < x < a$일 때 $|x| < a$임을 증명하기 위해,
경우(a). $x \geq 0$이면 $|x| = x$가 된다. 그래서 $-a < x < a$이면 $x = |x| < a$이 된다. 경우(b). $x < 0$이면 $|x| = -x$가 된다. 그래서 $-a < x < a$일때 정리(1.7.3(a)) 또는 $-x = |x| < a$에 의해 $-x < a$가 된다. 이 두 경우에서 $-a < x < a$이면 $|x| < a$가 됨을 알 수 있다. □

예제 1.7.5. $|2x + 3| < 4$를 만족하는 x를 구하여라.

풀이. $2x + 3$에 정리(1.7.5(a))을 이용한다. 정리(1.7.5(b))에 따르면 $|2x + 3| < 4$이면 $-4 < 2x + 3 < 4$가 된다. 즉, 이는 $-7 < 2x < 1$ 또는 $-\frac{7}{2} < x < \frac{1}{2}$이다. □

예제 1.7.6. $|x - 3| \geq 7$을 만족하는 x를 구하여라.

풀이. $|x - 3| > 7$이 어떤 $|x - 3| < 7$을 제외한 모든 실수 x에 대해 참이라면, 정리(1.7.5(b))을 다시 사용할 수 있다는 것을 알 수 있다. 지금 $|x - 3| < 7$이면 $-7 < x - 3 < 7$ 이고, 따라서 $-4 < x < 10$이 된다. 주어진 부등식의 해는 $-4 < x < 10$을 만족하는 것을 제외한 모든 실수 x이다. 따라서 해는 $x \leq -4$ 또는 $x \geq 10$이다. □

a가 어떠한 실수라면 직선 L에 A의 오른쪽의 한 점과 A의 왼쪽의 한점인 두 점을 표시한다.그림(1.4)에서 이 점들에서 점 A로부터 거리 $|a|$를 나타낼 수 있다. 이때 $a > 0$이라면 A의 오른쪽 점을 a라고 나타낸다. $a < 0$이면 A의 왼

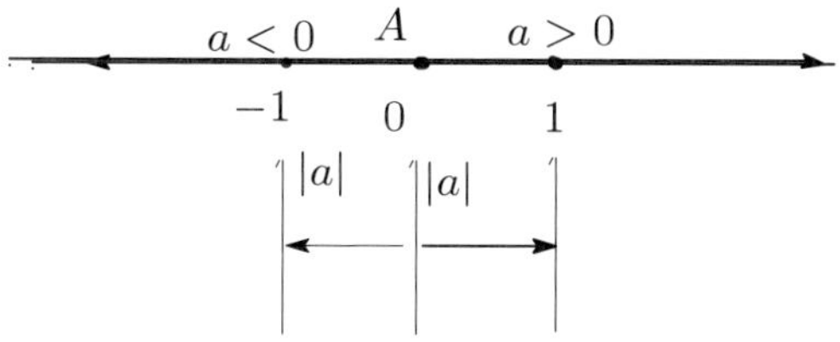

그림 1.4: $|a|$의 거리

쪽점을 a라고 나타낸다. P가 직선위의 점이고 그 수 a를 P에 의해 나타낸다면 A와 P 사이의 거리는 $|a|$가 된다고 하자.

정리 1.7.6. (*a*) $a, b \in \mathbb{R}$이고 $0 < a \leq b$이면 $a^2 \leq b^2$이다.
(*b*) $a, b \in \mathbb{R}$ $a, b > 0$이고 $a^2 < b^2$이면 $a < b$이 된다.

Proof. (*a*) $0 < a$이고 $a \leq b$이기 때문에 양변에 a를 곱하면 $a^2 \leq ab$가 된다. 또한, 부등식 $a \leq b$의 양변에 b을 곱하면 $ab \leq b^2$이 된다. 이때 $a^2 \leq ab$와 $ab \leq b^2$으로 부터 $a^2 \leq b^2$이 성립한다.
(*b*) 두 실수 a, b에 대하여 $a <$b 또는 $b \leq a$이다. $b \leq a$이면 (a)에 의해 $b^2 \leq a^2$이 되고, 이것은 가정 $a^2 < b^2$에 모순이다. 따라서 $a < b$이다. □

◇ 연습 문제

1. 다음의 각각의 숫자들의 절대값을 구하여라:
   $4,\ 0.5,\ -12,\ -1.2,\ 1+99,\ 1-99,\ -21\frac{1}{2}$.

2. 다음의 각각의 문제들에서 주어진 정보로부터 가능한 최고의 결론을 나타내도록 하여라.

   (a) $a > 0$이 주어질때, $-a$에 대한 설명을 하라.

(b) $-a > 0$이 주어질때, a에 대한 설명을 하라.

(c) $a < 0$이 주어질때, $-a$에 대한 설명을 하라.

(d) $x = 5$이 주어질때, $-x$에 대한 설명을 하라.

(e) $y = -2$이 주어질때, $-y$에 대한 설명을 하라.

(f) $x > 2$이 주어질때, $x - 2$에 대한 설명을 하라.

(g) $w < 1$이 주어질때, $1 - w$에 대한 설명을 하라.

(h) $u > 3$이 주어질때, $u + 1$에 대한 설명을 하라.

(i) $u < 3$이 주어질때, $2u$에 대한 설명을 하라.

(j) $k > 0$이 주어질때, $|k|$에 대한 설명을 하라.

(k) $k < 0$이 주어질때, $|k|$에 대한 설명을 하라.

(l) $-k > 0$이 주어질때,$|-k|$에 대한 설명을 하라.

(m) $-k < 0$이 주어질때, $|-k|$에 대한 설명을 하라.

(n) $\frac{1}{2} > w$이 주어질때, $|\frac{1}{2} - w|$에 대한 설명을 하라.

(o) $x > 0$이고 $y < 0$이 주어질때, $|xy|$에 대한 설명을 하라.

3. 다음의 부등식을 풀어라.

(a) $4x + 7/8 \geq 0$

(b) $3 - (5x)/4 < 0$

(c) $(1 + 3x)/2 - 9 > 0$

(d) $(8 + x)/4 - x/8 \leq 0$

(e) $(3x + 7)/9 \leq 12$

(f) $0.1x - 5 \leq 1/10$

4. 다음의 조건을 만족시키는 모든 실수 x의 집합을 나타내라. 예를 들면, $x + 1 > 0$과 $x - 1 > 0$이 주어졌을 때, $x + 1 > 0$이면 $x > -1$이고 $x - 1 > 0, x > 1$이 된다. $x > 1$이면 $1 > -1$ 때문에 $x > -1$이 된다. 이와 같이 어떤 $x + 1 > 0$과 $x - 1 > 0$에 대한 수 x는 $x > 1$이 된다. 해집합은 $\{x|x > 1\}$이다.

(a) $x + 1 < 0$과 $x - 1 < 0$

(b) $x + 1 > 0$과 $x-$

(c) $x + 1 < 0$과 $x - 1 > 0$

(d) $1 \leq 3x - 1 \leq 7$

(e) $-6 < 1 - x \leq 0$

(f) $x + 8 \leq 3x - 19 < 5$

(g) $x + 1 \leq 2x < 12$

5. 다음의 방법으로 방정식을 풀어라. $|2x| = 4$가 주어졌을 때 절대값의 정의에 의해

$$|2x| = \begin{cases} 2x & (2x \geq 0) \\ -2x & (2x < 0) \end{cases}$$

그러므로, 이 방정식은 $2x \geq 0$이면 $2x = 4$이고
$2x < 0$이면 $-2x = -4$이다. $2x = 4,$이면 $x = 2$이고 $-2x = 4,$이면 $x = -2$이다. 이와같이 단지 가능한 해들은 $2, -2$이다. 이러한 수들의 모두는 $|2 \cdot 2| = |4|$이고 $|2 \cdot (-2)| = |-4| = 4$가 된다. 이 해집합은 $\{-2, 2\}$이다.

(a) $|x| = 0$
(b) $|x - 1| = 0$
(c) $|x/2| = 5$
(d) $|7x + 2| = 5$
(e) $|y - 2| = 0.9$
(f) $1 - 4|x| = 0$

6. 아래 방정식의 각각의 쌍에 대한 해집합을 찾아라.
예를 들면 $|x| = 1$과 $|3 - x| = 2$를 취한다. $|x| = 1$이면 $|x|$의 정의에 의해 $x = 1$ 또는 $x = -1$이다.
$|3 - x| = 2$이면 $3 - x \geq 0$에 대해 $2 = |3 - x| = 3 - x$이고 $3 - x < 0$에 대해 $2 = |3 - x| = -(3 - x) = x - 3$이다. $2 = 3 - x$로 부터 $x = 1$이다. $2 = x - 3$로부터 $x = 5$이다. 그러므로, 방정식을 만족시키는 양수는 $x = 1$이다.

(a) $|x| = 1$과 $|x + 2| = 1$
(b) $|x + 7| = 10$과 $|x - 3| = 20$
(c) $|1 + x| = 13$과 $|18 - x| = 32$
(d) $|3x - 2| = 4$와 $|x| = x$

7. 각 방정식에 대한 해집합을 구하라.

(i) $x \geq 0$에 대해 $|x| = x$
(ii) $x < 0$에 대해 $|x| = -x$
(iii) $x + 2 \geq 0$ 또는 $x \geq -2$에 대해 $|x + 2| = x + 2$
(iv) $x + 2 < 0$ 또는 $x < -2$에 대해 $|x + 2| = -(x + 2) = -x - 2$

아래 직선 위의 집합 $A = \{x | x < -2\}$, $B = \{x | -2 \leq x < 0\}$ 그리고 $C = \{x | x \geq 0\}$을 가리킨다. 모든 수 x는 이들의 세 영역 중 하나다. $x \in A$이면 $x < -2$이고 $x < 0$ 뿐만 아니라 $-2 < 0$때문이다. 따라서 $x \in A$이면 (ii) 그리고 (iv)를 생각한다. 원래 방정식 $|x| = |x + 2|$는 이 경

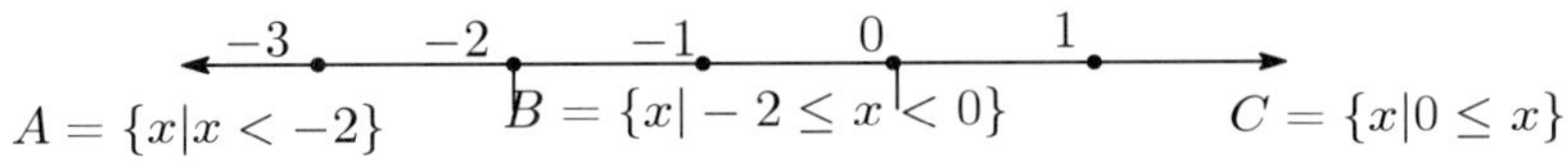

우에 $-x = -x-2$와 같고 이 방정식은 풀이가 없다. 이것은 $|x| = |x+2|$가 만일 $x < -2$라면 x를 풀 방법이 없다는 것을 말한다. $x \in B$이면 (ii)와 (iii)를 고려하면 $-2 \le x < 0$이 된다. 이 경우에 방정식 $|x| = |x+2|$는 숫자 -1이다. -1은 $|-1| = |1+2|$이므로 참이다.

(a) $|x-1| = |x+2|$
(b) $|2x| = |x-10|$
(c) $|2x-3| = |x+1|$
(d) $|x| = |x+1| + 1$

8. 다음의 부등식들의 각각의 해집합을 찾아라. 예: $|5-x| \le 1$.
(풀이) 정리(1.7.5(a))에 의해, $|5-x| \le 1$이기 위한 필요충분 조건은 $-1 \le 5-x \le 1$이다. 두번째 부등식으로부터 5를 빼는 것은 $-6 \le -x \le -4$를 준다. 이때 -1을 곱하면 $6 \ge x \ge 4$이다. 따라서, 해집합은 $\{x|4 \le x \le 6\}$이다.

(a) $|x+2| < 4$
(b) $|4x-1| \le 12$
(c) $|1-5x| \le 0.5$
(d) $|x+1| > 1$
(e) $|2x+3| > 2$
(f) $|10x-7| \ge \frac{1}{2}$

9. 다음의 부등식들을 풀어라.
예: $|x-1| \le |x-2|$.
(풀이) 정리(1.7.5(a))에 의해 $|x-1| \le |x-2|$이기 위한 필요충분 조건은

$$-|x-2| \le x-1 \le |x-2|$$

또는 $x-2 \ge 0$에 대해 $-(x-2) \le x-1 \le x-2$이다. 그러면

$$-x+2 \le x-1 \le x-2 \quad \text{이고} \quad -2x+2 \le -1 \le -2\text{이다.}$$

$-1 \le -2$은 참이 아니므로 $x-2 \ge 0$ 또는 $x \ge 2$에 대한 해가 없다. $x-2 < 0$ 또는 $x < 2$이면 위의 부등식들은 $[-(x-2)] \le x-1 \le -(x-2)$ 또는 $x-2 \le x-1 \le -x+2$이고 $-2 \le -1 \le -2x+2$이다. 부등식 $-1 \le -2x+2$로 부터 $-3 \le -2x$ 또는 $x \le 3/2$를 얻는다. $x \le 3/2$인 x와 같은 어떠한 수라면, 그 바로 앞의 단계들은 $-|x-2| \le x-1 \le |x-2|$이 됨을 보여줄 수 있고, 이는 $\{x|x \le 3/2\}$가 부등식 $|x-1| \le |x-2|$의 해집합임을 보여준다.

(a) $|x+2| < |5-x|$

(b) $|2x+1| \leq |2x-1|$

(c) $|x-1| < |x+1| + 1$

10. 실수 x에 대해 다음을 보여라.

(a) $-|x| \leq x \leq |x|$

(b) $|x|^2 = x^2$

11. a가 실수라면,

$$\sqrt{a^2} = |a|$$

임을 보여라. [힌트: x는 실수이고 $x \geq 0$이면, $\sqrt{x}$는 음수가 아닌수 x임을 뜻한다.]

12. 다음을 증명하여라.

(a) $x \neq 0,\ x^2 > 0$

(b) $x^2 + 1 = 0$인 실수는 없다

(c) $x \leq y,\ -y \leq -x$

(d) $0 < x < y,\ 0 < 1/y < 1/x$

(e) $x < y,\ w < z$이면$x + w < y + z$

(f) $x < y,\ x < 1/2(x+y) < y$

(g) $x < y < z,\ x < 1/3(x+y+z) < z$

제 2 장

실수관계, 함수와 그래프

2.1 좌표계와 좌표축에서의 거리

직선의 각 점과 관련한 좌표를 설명하고, 직각 좌표축를 공부할 것이다. 직각 2차원 좌표는 직각으로 교차하는 두 직선(1차원 좌표)으로 정하는 것이다. 두 직선 중 수평한 직선 하나와 수직인 직선, 그리고 0에 대응하는 교차점을 선택한다. 반면에 단위점들은 그림2.1에서 나타낸 것처럼 한다. 이 평면은 그

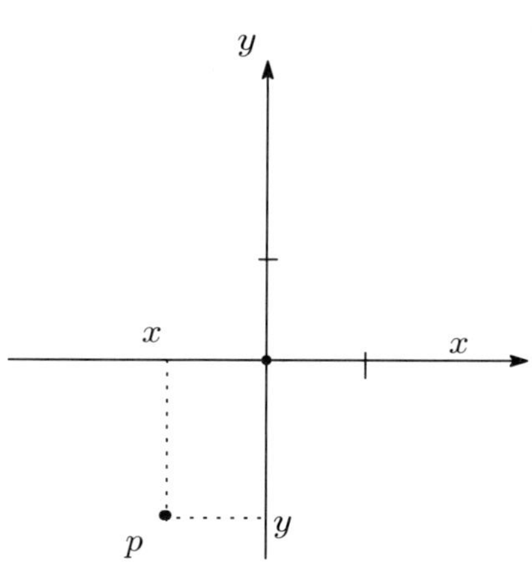

그림 2.1: 직교좌표축

림2.1에서 나타낸 것처럼 사분면이라 부르는 네부분으로 나눈 것이다. 수직선 위의 단위 점은 0에 대응하는 점 위에 있고 수평선 위 오른쪽에 있다. 평면의 각 점 P는 실수의 순서쌍 (x, y)와 관련되어 있다.

무엇보다 첫째, 이 평면에서 점 P가 주어지면, 어떻게 순서쌍 (x, y)가 P에 속해 있다고 알 수 있는가? 그림2.1에 나타나 있듯이, 순서쌍 (x, y)를 결정하는 x는 점P와 관련이 있다. 수평선의 x는 순서쌍 (x, y)의 첫 번째 항이고, 수직선의 y는 순서쌍의 두 번째 항임을 명심해야만 한다. 두 직선 x, y축이 직각으로 만나므로 **직각(교)좌표계**라 한다.

수평선에 대응하는 점의 숫자들을 문자 "x"로 명명하여 사용하고, 수직선에 대응하는 점의 숫자들을 문자 "y"로 명명하여 사용하는 것이 표준이 되었다. 그러므로, 이러한 직선들을 "x축"과 "y축"이라 부른다. 만약 순서쌍 (a, b)가 점 Q에 대응한다면, 우리는 a를 첫 번째 또는 Q의 x좌표 그리고 b를 두 번째 혹은 Q의 y좌표라고 말한다.

예제 2.1.1. 직교좌표에서 다음을 쉽게 설명 하여라.

(i) 점F가 1사분면의 좌표 (a, b)의 점이면, $a \geq 0$이고 $b \geq 0$이다.

(ii) 점S가 2사분면의 좌표 (a, b)의 점이면, $a \leq 0$이고 $b \geq 0$이다.

(iii) 점T가 3사분면의 좌표 (a, b)의 점이면, $a \leq 0$이고 $b \leq 0$이다.

(iv) 점F가 4사분면의 좌표 (a, b)의 점이면, $a \geq 0$이고 $b \leq 0$이다.

□

예제 2.1.2. 직선 m은 좌표 점$(0, 0)$을 지나가고(이 점은 원점이라 부른다) 2사분면과 4사분면을 그림2.2에서 나타내는 것처럼 이등분한다. m의 모든 점 P는 2사분면 또는 4사분면이고 P는 y축과 x축으로부터 같은 거리이다. m의 점 P가 좌표 (a, b)를 갖는다면 $b = -a$임을 설명해 보아라.

풀이. 점 P는 x축과 y축으로부터 같은 거리에 있다. 그러므로, $|a| = |b|$이다. P가 2사분면에 있으면 예제(2.1.1)의 (ii)에 의해 $a \leq 0$ 또는 $b \geq 0$이다. 그때 $|a| = -a$이고 $|b| = b$이고 $b = -a$라고 준다. P가 4사분면에 있다면 예제 2.1.1의 (iv)에 의해 $a \geq 0,\ b \leq 0$이다. 이 경우에, $|a| = a,\ |b| = -b$이고 다시 $b = -a$이다. 이 직선 위의 모든 점의 좌표 합은 0이다. □

다음 문제를 생각해 보자. K와 L이 좌표 (a, b)와 (c, d)를 갖는 평면위의 점이라고 가정하자. K과 L 사이의 거리는 a, b, c, d에 의해 표현할 수 있는가? 다음 그림2.3에 그려진 점 K과 L의 두 점이 가능한 위치는 여러가지 중 단지 하나다.

K에서 직선이 y축에 평행하게 그려졌고 L에서 직선이 x축에 평행하게 그려졌다면, 이러한 직선들은 좌표 (a, d)가 나타난 점 P에서 직각으로 교차한다.

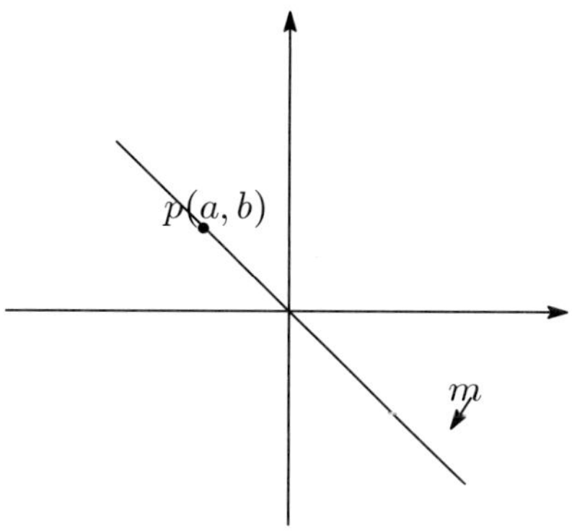

그림 2.2: 기울기 m인 직선

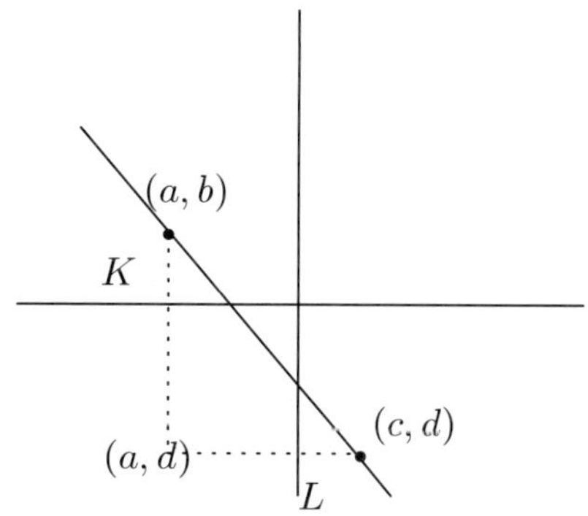

그림 2.3: 선분KL의 거리

직각을 형성하는 짧은 쪽의 길이는 $|b-d|$와 $|a-c|$이다. 여기의 K와 L사이의 신분 KL의 길이를 피타고라스의 정리를 사용하여

$$|a-c|^2+|b-d|^2=t^2$$

을 구할 수 있다. $|a-c|^2=(a-c)^2$이고, $|b-d|^2=(b-d)^2$이므로

$$t^2=(a-c)^2+(b-d)^2$$

이다. t는 길이이기 때문에 음수가 아닌

$$t=\sqrt{(a-c)^2+(b-d)^2}$$

이다. K과 L의 좌표가 점(a,b)와 (c,d)이므로 K과 L사이의 거리는

$$\sqrt{(a-c)^2+(b-d)^2}$$

이다. 이러한 표현을 두점 사이의 **거리 공식**(distance formula)이라 한다.

예제 2.1.3. 두 점의 좌표가 $(-1,\sqrt{2})$와 $(\frac{1}{2},1)$일 때, 이 두 점 사이의 거리는 거리 공식으로 다음과 같이 구해진다.

$$\begin{aligned}\sqrt{(-1-\frac{1}{2})^2+(\sqrt{2}-1)^2} &= \sqrt{\frac{9}{4}+(3-2\sqrt{2})}\\ &= \sqrt{\frac{21}{4}-2\sqrt{2}}\\ &= \sqrt{(\frac{1}{4})(21-8\sqrt{2})}\\ &= \frac{1}{2}\sqrt{21-8\sqrt{2}}.\end{aligned}$$

□

예제 2.1.4. 원점으로 부터 점(a,b)까지의 거리는 $\sqrt{a^2+b^2}$임을 보여라.

풀이. 원점은 $(0,0)$이므로 (a,b)와 $(0,0)$까지의 거리는

$$\sqrt{(a-0)^2+(b-0)^2}=\sqrt{a^2+b^2}$$

이다. □

예제 2.1.5. S는 점(x,y)의 집합이고 좌표 $(1,1)$과 $(-1,-1)$으로 부터 같은 거리에 있다고 하자.

$$W=\{(x,y)|y=-x\}$$

라고 하면 $W=S$이다.

풀이. $(x,y)\in W$라고 하자. $y=-x$이고 (x,y), $(1,1)$의 거리와 (x,y), $(-1,-1)$의 거리는

$$\begin{aligned}\sqrt{(x-1)^2+(y-1)^2}&=\sqrt{(x-1)^2+(-x-1)^2}\\&=\sqrt{(x-1)^2+(x+1)^2}\end{aligned}$$

과

$$\begin{aligned}\sqrt{(x+1)^2+(y+1)^2}&=\sqrt{(x+1)^2+(-x+1)^2}\\&=\sqrt{(x+1)^2+(x-1)^2}\end{aligned}$$

이다. 이것은 (x,y), $(1,1)$사이의 거리가 (x,y), $(-1,-1)$사이의 거리가 같다는 것을 보여준다. 그러므로, S의 정의에 의해 $(x,y)\in S$이고 이것은 W의 모든 원소는 S의 원소이거나 $W\subseteq S$임을 보여준다.
(x,y)가 S의 원소이라면 S의 정의와 거리 공식에 의해

$$\sqrt{(x-1)^2+(y-1)^2}=\sqrt{(x+1)^2+(y+1)^2}$$

를 갖는다. 따라서 이 방정식은

$$\begin{aligned}(x-1)^2+(y-1)^2&=(x+1)^2+(y+1)^2\\x^2-2x+1+y^2-2y+1&=x^2+2x+1+y^2+2y+1\\-4y&=4x\\y&=-x.\end{aligned}$$

그러므로 이것은 $(x,y)\in W$이고 $S\subseteq W$임을 보여준다. 따라서 $S=W$이 된다. □

거리 공식은 점의 좌표에 의해 원을 설명하는데 매우 유용하다. **원**은 중심 D와 반지름 r을 갖는 평면으로부터 같은 거리에 있는 점의 집합을 의미한다. 각 점들은 점 D로 부터 거리 $r(>0)$의 위치에 있다. 다른 표현으로, 원주상의 점 P는 반지름 r과 중심이 D이며, P와 D사이의 거리는 r임을 의미한다. P가 좌표 (x, y)를 갖고 D가 좌표 (a, b)를 갖는다면, P와 D사이의 거리는 거리 공식에 따라

$$\sqrt{(x-a)^2+(y-b)^2}$$

이 된다. 그러므로, P가 원의 점이기 위한 필요충분 조건은

$$\sqrt{(x-a)^2+(y-b)^2}=r$$

이거나

$$(x-a)^2+(y-b)^2=r^2 \text{ 이다.}$$

원은 반지름 r과 중심 $D(a, b)$ [1]의 집합 $\{(x, y)|(x-a)^2+(y-b)^2=r\}$일 것이다.

예제 2.1.6. 원점이 중심이고 반지름 2인 원은

$$\{(x, y)|(x-0)^2+(y-0)^2=2^2\} \text{ 또는 } \{(x, y)|x^2+y^2=4\}$$

이다. □

예제 2.1.7. $x^2+y^2+2x+4y=0$는 $[x-(-1)]^2+[y-(-2)]^2=(\sqrt{5})^2$와 같으므로 집합 $\{(x, y)|x^2+y^2+2x+4y=0\}$은 원의 중심은 $(-1, -2)$이고 반지름은 $\sqrt{5}$이다.
$\{(x, y)|x^2+y^2+2x+4y=0\}=\{(x, y)|(x-(-1))^2+(y-(-2))^2=(\sqrt{5})^2\}$.
□

◇ 연습 문제

1. 다음 좌표점위에 같은 단위 길이로 된 직각 좌표축를 구성하라.

   (a) $(0, 0)$ (c) $(0, -1)$ (e) $(\frac{1}{2}, -4)$ (g) $(2.75, -8)$

   (b) $(0, 1)$ (d) $(-1, 0)$ (f) $(-3, 3)$ (h) $(0, \frac{5}{8})$

---

[1] 이것은 보통 표시법이고 D의 의미는 좌표의 점이 (a, b)임을 나타낸다.

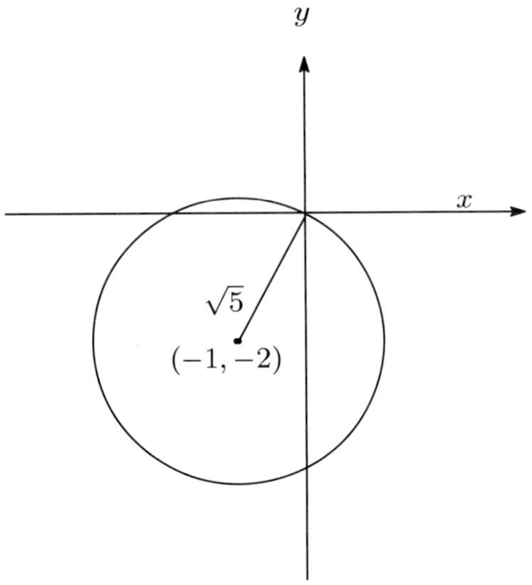

그림 2.4: 중심이 $(-1,-2)$이고 반지름은 $\sqrt{5}$인 원

2. 다음을 각각 증명하여라:

   (a) 만일 n이 오른쪽으로 2만큼 이동한 직선이고 y축에 평행인 n위의 좌표점(a,b)는 이며 $a=2$이다.

   (b) m이 왼쪽으로 d만큼 이동한 직선이고 y축에 평행인 좌표점(a,b)는 m위의 좌표이며 $a=-d$이다.

   (c) k가 위로 t만큼 이동한 직선이고 x축에 평행인 좌표점(a,b)는 k위의 좌표이며 $b=t$이다.

3. W, X는 x축 위의 두 점들로 a가 W점이고, b는 X점이다. W와 X 사이의 거리는 $|a-b|$임을 보여라.

4. m이 원점을 지나가고 1사분면과 3사분면으로 이등분하는 직선이라고 하자. a가 m의 점 P좌표가 (a,b)이면 $b=a$임을 보여라.(예제(2.1.2)참조)

5. t가 좌표 $(0,1)$과 $(1,0)$의 두 점을 지나가는 직선이라고 하자. Q가 t의 좌표 (c,d)를 갖는 점이라면 $c+d=1$임을 보여라.

6. 좌표 위에 다음의 집합을 각각 그려라:

   (a) $S_1=\{(x,y)|x=2\}$

(b) $S_2 = \{(x, y)|y = 0\}$

(c) $S_3 = \{(x, y)|x = 1$과 $y \geq 0\}$

(d) $S_4 = \{(x, y)|x = -\frac{3}{2}$와 $|y| \leq 1\}$

7. 좌표 위에 다음 집합을 각각 그려라:

(a) $T_1 = \{(x, y)|y = -1$과 $x < 3\}$

(b) $T_2 = \{(x, y)||x| \leq 1$과 $|y| = 2\}$

(c) $T_3 = \{(x, y)||x| > 1$과 $y = -3\}$

8. 다음의 두점 사이의 거리를 계산하라.

(a) $(1, 1)$. $(1, 2)$

(b) $(0, 0)$. $(7, 9)$

(c) $(\frac{1}{4}, -5)$. $(-1, 0)$

(d) $(-\sqrt{2}, 1)$. $(1, -\frac{1}{8})$

9. 다음 두점 사이의 거리를 계산하라.

(a) $(a, 1)$과 $(1, 1)$

(b) $(a, 1)$과 $(2, 2)$

(c) $(a, 2)$과 $(2, b)$

(d) $(b, -a)$과 $(-b, a)$

10. 집합 용어에서 다음에 대해 각각 설명하여라:

(a) 중심 $(0, 0)$과 반지름 1인 원

(b) 중심 $(0, 1)$과 반지름 1인 원

(c) 중심 $(-1, 0)$과 반지름 1인 원

(d) 중심 $(-1, -1)$과 반지름 2인 원

(e) 중심 $(3, -7)$과 반지름 $2/3$인 원

(f) 중심 $(-1, -2)$과 반지름 $3/8$인 원

(g) 중심 $(\sqrt{2}, -4)$과 반지름 $\frac{1}{2}$인 원

(h) 중심 $(-8/9, 0.6)$과 반지름 $\sqrt{6}$인 원

11. 다음의 점을 따라 삼각형을 그리고 삼각형의 면적을 구하라.

$$(-2, 0),\ (0, 2),\ (5, 0)$$

12. 다음의 집합이 원인지 아닌지 결정하여라. 원이라면 중심과 반지름을 구하라.

(a) $\{(x, y)|x^2 + y^2 = 1\}$

(b) $\{(x, y)|x^2 + y^2 = 0\}$

(c) $\{(x, y)|(x - 1)^2 + y^2 = -1\}$

(d) $\{(x, y)|(s - 1)^2 + (t - 1)^2 = 4\}$

(e) $\{(x, y)|a^2 - 4 = b^2\}$

(f) $\{(x, y)|(p + 8)^2 + (m + 5)^2 = \sqrt{2}\}$

(g) $\{(x, y)|4(p^2 + p) + 4(m^2 - 2m) = -1\}$

13. 삼각형의 꼭지점 $(-3, -1)$, $(2, 5)$와 $(4, \frac{10}{3})$은 삼각형임을 보여라.[힌트: 피타고라스 정리의 역을 사용]

14. (a) (x, y)와 $(2, 2)$ 사이의 거리가 (x, y)와 $(-1, -3)$ 사이의 거리와 같다고 한다면 x와 y는 어떠한 관계가 있는가? (풀이).(x, y)와 $(2, 2)$ 사이의 거리는 $\sqrt{(x-2)^2 + (y-2)^2}$이고, (x, y)와 $(-1, -3)$ 사이의 거리는 $\sqrt{(x+1)^2 + (y+3)^2}$이다. 그러므로, 만일 우리에게 이러한 거리들이 같다고 주어진다면, 우리는

$$\sqrt{(x-2)^2 + (y-2)^2} = \sqrt{(x+1)^2 + (y+3)^2}$$

로 결론내리거나 제곱해서, $(x-2)^2 + (y-2)^2 = (x+1)^2 + (y+3)^2$이 된다. 이 마지막 방정식은 가리킨 용어들의 제곱에 의해 다음과 같이 쓸 수 있다.

$$x^2 - 4x + 4 + y^2 - 4y + 4 = x^2 + 2x + 1 + y^2 + 6y + 9$$

또는 $6x + 10y = -2$
이 마지막 방정식을 2로 나누면 $3x + 5y = -1$이다. 그러므로, $3x + 5y = -1$이므로 x와 y는 일차함수 관계이다.

(b) A가 모든 점들의 집합 (x, y)가 $(2, 2)$로 부터의 거리로 $(-1, -3)$과 (x, y)사이의 거리와 같고 $B = \{(x, y)|3x + 5y = -1\}$이면, A, B에 대한 결론을 어떻게 결론내릴 수 있겠는가?

(c) A, B 가 위의 (b)루 정의되었다면, $B \subseteq A$를 보어리.

(d) $A = B$임을 보이고 좌표 체계 위에 집합 A와 B를 해석해라.

15. (a) 숫자 x, y에 대해서 만일 (x, y)와 $(4, 5)$ 사이의 거리가 (x, y)와 $(0, 0)$ 사이의 거리와 같다고 주어진다면 어떻게 결론내릴 수 있는가?

(b) 만일 X가 모든 점들의 집합 (x, y)와 $(4, 5)$와 $(0, 0)$로 부터의 같은 거리에 있고 $Y = \{(x, y)|8x + 10y = 41\}$일 때, X, Y에 대해 어떻게 결론내릴 수 있겠는가?

(c) $Y \subseteq X$임을 보이고 좌표 체계 위에 집합 X와 Y를 해석해라.

2.2 실수관계의 그래프

관계의 그래프는 점들의 집합을 의미하고 오로지 관계를 가진 순서쌍에 대응한 평면상의 점들이다. 예를 들면, 그림2.5의 원의 그래프는

$$\{(x, y) \mid x^2 + (y-1)^2\} = 4$$

이다.

1.7절로 부터 1차원의 좌표축에서는 아래 표에서 처럼 구간의 가능한 형태을 생각할 수 있다.

구간	기호	집합표시
개구간	(a, b)	$\{x\|a < x < b\}$
폐구간	$[a, b]$	$\{x\|a \le x \le b\}$
반개구간	$[a, b)$	$\{x\|a \le x < b\}$
반개구간	$(a, b]$	$\{x\|a < x \le b\}$
개구간	(a, ∞)	$\{x\|a < x\}$
반개구간	$[a, \infty)$	$\{x\|a \le x\}$
개구간	$(-\infty, b)$	$\{x\|x < b\}$
반개구간	$(-\infty, b]$	$\{x\|x \le b\}$
개구간	$(-\infty, \infty)$	$\mathbb{R}$

예제 2.2.1. $\{(x, y) \mid x \in [-1, 1]\}$의 그래프를 그려라.

풀이. 이 관계의 어떤 (x, y)도 반드시 $x \in [-1, 1]$ 또는 $-1 \le x \le 1$이 되어야 하므로, 우리는 그림2.6의 어두운 부분이 이 관계의 그래프가 된다. 다른 한편으로는 (x, y)가 어두운 부분의 점이라면, $-1 \le x \le 1$과 (x, y)는 관계의 부분이 된다. $\mathbb{R}$이 실수 집합인 것에서 이 관계가 데카르트 곱 $[-1, 1] \times \mathbb{R}$이라는 것이다. □

예제 2.2.2. 관계 $\{(x, y) :\mid x \mid\le 1\}$의 그래프를 그려라.

풀이. $-1 \le x \le 1$이기 위한 필요충분조건은 $|x| \le 1$이므로 $\mid x \mid\le \{(x, y) :\mid x \mid\le 1\} = \{(x, y) : -1 \le x \le 1\}$임이 분명하다. 따라서 $\{(x, y) :\mid x \mid\le 1\}$의 그래프는 그림2.6에 의해 주어진다. □

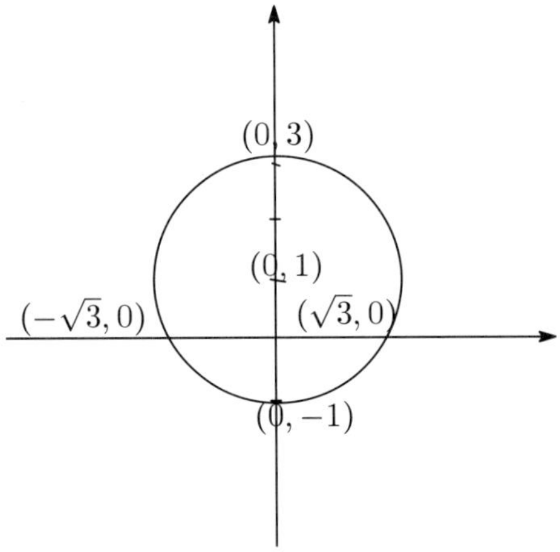

그림 2.5: 중심이 $(0, 1)$이고 반지름이 2인 원

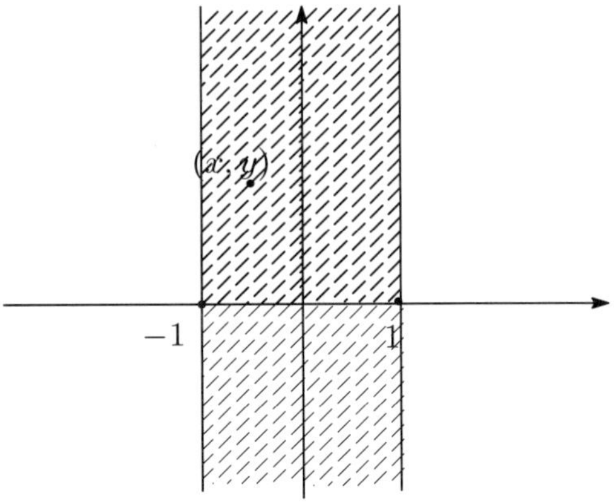

그림 2.6: $[-1, 1] \times \mathbb{R}$

예제 2.2.3. (a) 관계 $\{(x, y) \mid y = -x\}$의 그래프를 그려라.
(b) 관계 $\{(x, y) \mid x < y\}$의 그래프를 그려라.
관계 $\{(x, y) \mid x < y\}$의 그래프는 그림2.7(d)의 어두운 부분이다. □

특히 중요한 것은 A, B, C가 실수이고 A, B모두 0이 아니라는 조건에서

$$\{(x, y) \mid Ax + By = C\}$$

를 **일차관계** 혹은 **선형관계**(linear relation)라고 부른다. 이제 일차관계의 그래프에 대해 조사하고자 한다. 만일 $B = 0$이면 (A, B 모두 동시에 0이 아니므로) $A \neq 0$이고

$$\begin{aligned}\{(x, y)|Ax + By = C\} &= \{(x, y)|Ax = C\} \\ &= \{(x, y)|x = C/A\}.\end{aligned}$$

$C/A > 0$이면, 일차관계의 모든 (x, y)는 y축과 y축의 오른쪽으로 부터 $\mid x \mid = \mid C/A \mid = C/A$가 된다. 따라서, 모든 (x, y)는 y축과 y축의 오른쪽으로 C/A단위에 평행한 직선에 놓이게 된다. 반대로 이 직선의 모든 점은 y축과 오른편으로부터의 C/A단위이고 $x = C/A$에서 쌍 (x, y)를 나타낸다. $C/A < 0$이면, y축의 왼쪽을 향하는 직선이 제외되는 유사한 경우도 가진다.

$B \neq 0$이고 $A = 0$인 경우는 $\{(x, y) \mid Ax + By = C\} = \{(x, y) \mid y = C/B\}$이고, 이 경우는 위와 유사하게 y축 대신에 x축과 평행한 직선이 제외된다. $B \neq 0$이면, 순서쌍$(0, C/B)$는 방정식 $Ax + By = C$를 만족시킨다, 즉

$$A \cdot 0 + B \cdot (C/B) = C.$$

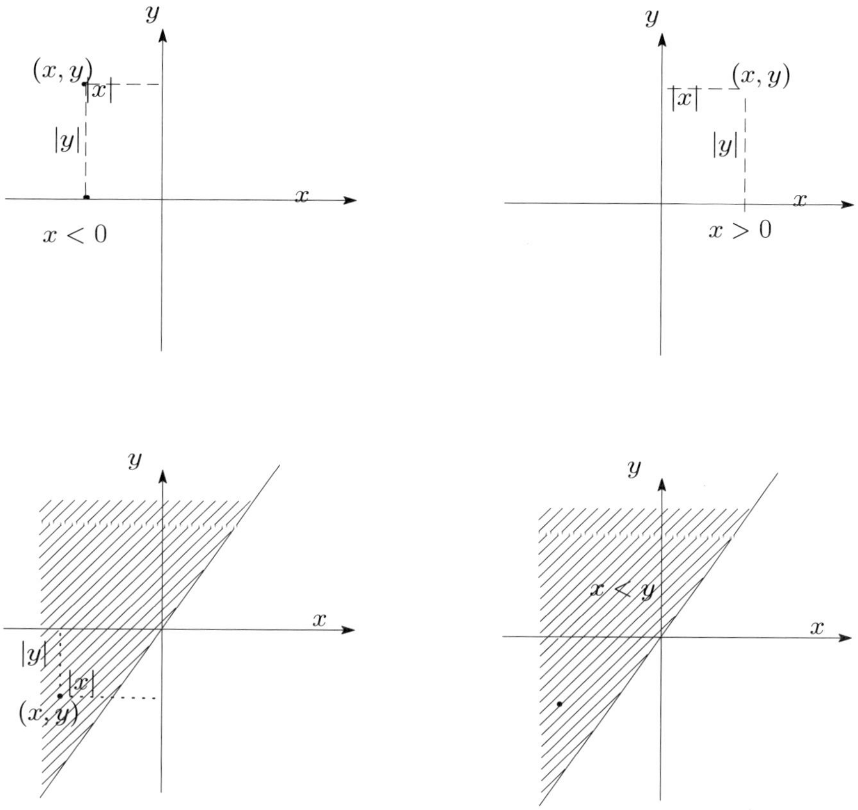

그림 2.7: $x < y$의 그래프

이것은 $(0, C/B) \in \{(x, y) \mid Ax + By = C\}$를 암시한다. 같은 방법으로 $A \neq 0$이면, $(C/A, 0) \in \{(x, y) \mid Ax + By = C\}$임을 알 수 있다. 점 $(0, C/B)$를 **y-절편**(y-intercept)이라 부르고 점 $(C/A, 0)$을 일차관계의 **x-절편**(x-intercept)이라 부른다. 결국 $C \neq 0$이면 이 경우의 직선은 $\{(x, y) \mid Ax + By = C\}$의 그래프라는 결과가 된다.

예제 2.2.4. 관계 $\{(x, y) \mid y = x + 1\}$의 그래프를 그려라.

풀이. 방정식 $y = x + 1$은 $x + (-1)y = -1$과 같이 쓰여질 수 있다. 이 관계는 그러므로 $A = 1$, $B = -1$ 그리고 $C = -1$인 일차관계이다. 일차관계의 그래프는 직선이라는 위의 논쟁에서 보여졌다. 직선은 그것 위의 두 점에 의해서 결정이 되므로 그래프를 얻기 위해서 두개의 점이 필요하다. 점 $(0, 1)$과 $(-1, 0)$ 둘다 방정식 $y = x + 1$을 만족함을 알 수 있고 이 섬들이 관세의 그래프 위의

점이라는 것을 쉽게 알 수 있다. 그래프는 그림2.8에서 주어졌다. □

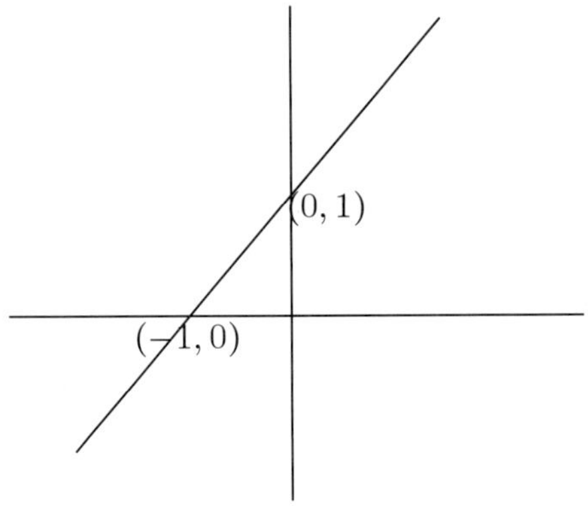

그림 2.8: $y = x + 1$의 그래프

◇ 연습 문제

1. 다음의 각각의 관계의 그래프를 그려라.

   (a) $\{(x, y) \mid y = x + 2\}$
   (b) $\{(x, y) \mid y = 2x\}$
   (c) $\{(x, y) \mid y = -2x\}$
   (d) $\{(x, y) \mid y = 2x - 1\}$

2. 다음의 각각의 관계의 그래프를 그려라:

   (a) $\{(x, y) \mid y = x + 1, x \geq 0\}$
   (b) $\{(x, y) \mid y = 2x, x < 0\}$
   (c) $\{(x, y) \mid y = -2x, x > 0\}$
   (d) $\{(x, y) \mid y = 2x - 1, x \leq 0\}$

3. 다음의 각각의 관계의 그래프를 그려라:

   (a) $\{(x, y) \mid x + y = 1\}$
   (b) $\{(x, y) \mid x + y > 1\}$
   (c) $\{(x, y) \mid x + y < 1\}$

4. 다음의 관계의 그래프를 그려라:

   (a) $\{(x, y) \mid y \leq x + 1, x \geq 0, y \geq 0\}$
   (b) $\{(x, y) \mid y > 2x - 1, x \leq 0\}$

5. 다음의 각각의 관계의 그래프를 그려라.

(a) $\{(x, y) \mid y \leq \mid 2.5 \mid\}$

(b) $\{(x, y) \mid x^2 + y^2 = 1\}$

(c) $\{(x, y) \mid x^2 + y^2 < 1\}$

(d) $\{(x, y) \mid x^2 + y^2 > 1\}$

(e) $\{(x, y) \mid (x+1)^2 + (y-1)^2 = 1$와 $\mid y \mid < 1\}$

(f) $\{(x, y) \mid (x+1)^2 + (y-1)^2 < 1$와 $\mid y \mid = 1\}$

(g) $\{(x, y) \mid (x+1)^2 + (y-1)^2 > 1$와 $\mid y \mid > 1\}$

6. 관계 $\{(x, y) \mid Ax + By = 0\}$의 그래프가 직선임을 보여라.[힌트:두 점 $(0, 0)$과 $(B, -A)$를 고려하여라.]

2.3 함 수

이제 함수인 실수 관계를 고려해 볼 것이다. 1장에서의 함수의 정의를 기억해 보자: **R**은 순서쌍에서 첫번째 원소가 같으면 두개의 순서쌍은 두번째 원도 같음을 의미한다. **R**은 각각의 정의역 원소에 대하여 **R**의 치역에서 단지 하나의 원소을 갖는다.

R의 그래프에 의하여 $(a, b) \in \mathbf{R}$이고 $(a, c) \in \mathbf{R}$이면, $b \neq c$라는 조건 하에서 그림2.9에서 보여진 것과 같은 상황을 얻는다. 그림2.9에서 중요한 것은 $b \neq c$이면, $(a, b) \neq (a, c)$이고 두 점 (a, b), (a, c)는 y축으로부터 같은 거리에 있다. 따라서 y축에 평행한 직선 위에 놓이게 된다. 이것으로 부터 y축에 평행한 어떤 직선에 의해 그것의 그래프가 한번 이상 잘려진다면 관계 **R**은 함수가 아님을 의미한 다.

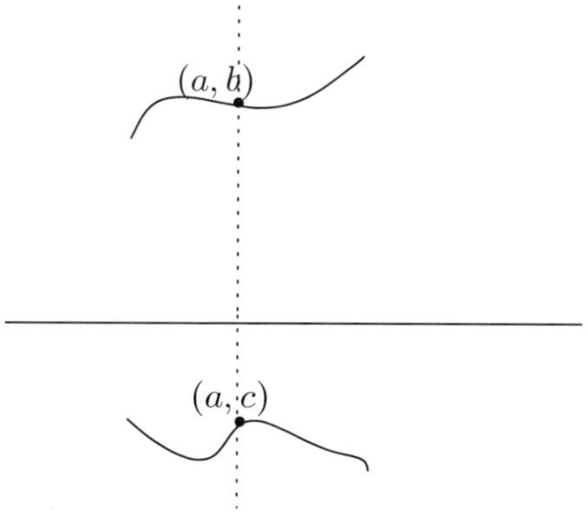

그림 2.9: 함수가 아닌 예

예제 2.3.1. 원은 y축에 평행한 직선이 그 원을 두 점에서 자르므로 함수가 아니다.(그림2.10(a)참조.) 그러나 원은 함수의 그래프를 가지는 두 함수의 합으로 바꾸어 표현 할 수 있다. 예를 들면,

$$\{(x,y)|x^2+y^2=1\}=\{(x,y)|x^2+y^2=1, x\geq 0\}\cup\{(x,y)|x^2+y^2=1, y\leq 0\}.$$

그림2.10(b)에서 보여진 것처럼 위의 합집합의 첫번째 요소는 x축 위쪽의 반쪽이고 두번째 요소는 원의 x축 아래쪽 반쪽이다. 위쪽의 반쪽의 쌍(x,y)에 대하여 $y\geq 0$이고 $x^2+y^2=1$ 또는 $y^2=1-x^2$이다. 따라서, $y=\sqrt{1-x^2}$ 이다. (x,y)가 아래쪽 원에 속하는 정리된 쌍이라면, $x^2+y^2=1$이고 $y\leq 0$ 또는 $y^2=1-x^2$이다. 이 경우에서 $y=-\sqrt{1-x^2}$인 양이 아닌 수이다. 그러면

$$\{(x,y)|x^2+y^2=1\}=\{(x,y)|y=\sqrt{1-x^2}\}\cup\{(x,y)|y=-\sqrt{1-x^2}\}$$

와 같이 쓸 수 있다.(그림2.10(c),(d)참조.)

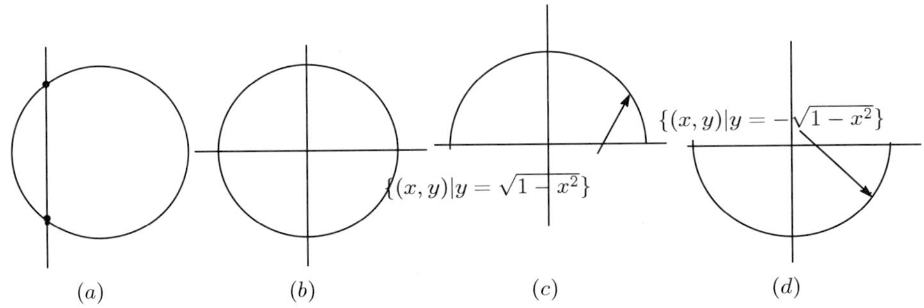

그림 2.10: 원과 반원의 그래프

□

예제 2.3.2. 관계 $F=\{(x,y)|y=x^2\}$는 $(a,b)\in F$ 이고 $(a,c)\in F$이면, $b=a^2$ 이고 $c=a^2$ 이다. 따라서 $b=c$이므로 함수이다. □

예제 2.3.3. 관계 $G=\{(x,y)|x=y^2\}$은 $(1,1)\in G$이고 $(1,-1)\in G$이므로 함수가 아니다. G는 위의 예제2.3.2에서 함수의 역관계 임에 주의 한다. 즉, $G=F^{-1}$이다. G의 그래프는 그림2.11에서 보여진다. □

예제 2.3.4. 관계 $A=\{(x,y)|y=|x|\}$는 그것의 그래프가 그림2.12에서 보여진 함수이다. 그래프는 절대값의 정의를 이용함으로써 쉽게 표현할 수 있다:

$$y=|x|=\begin{cases} x, & (x\geq 0)\\ -x, & (x<0)\end{cases}$$

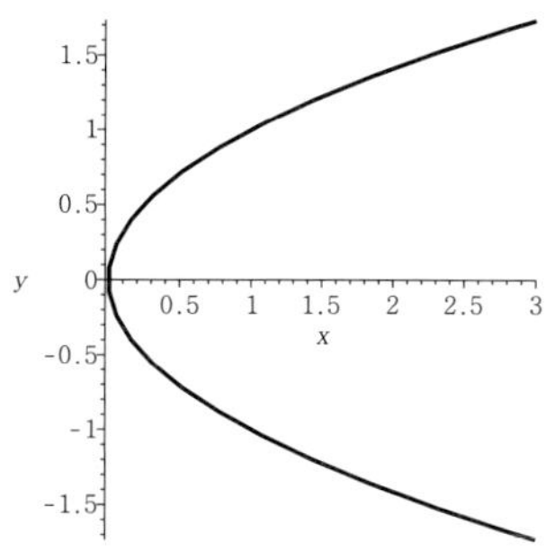

그림 2.11: $G = \{(x, y)|x = y^2\}$의 그래프

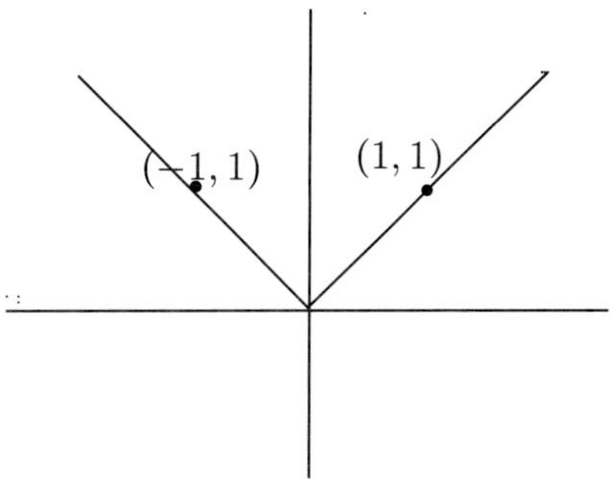

그림 2.12: $A = \{(x, y)|y = |x|\}$

따라서

$$A = \{(x, y)|y = x \text{ 그리고 } x \geq 0\} \cup \{(x, y)|y = -x \text{ 그리고 } a < 0\}.$$

따라서, A는 두 일차함수의 합집합이다. □

$G = \{(a, b)|a - 1 < b \leq a$ 인 a는 실수이고 b는 정수이다$\}$를 정의하여라. G는 **최대 정수** 또는 **가우스**(Gauss)함수라고 부른다. b는 a보다 크지 않은 최대 정수이다. 이 함수에 대하여 표준 기호는 "[ ]"이다. 즉, $b = G(a)$라고 쓰는 대신에 $b = [a]$라 쓴다. 이 표기법에서 반 개구간 $[-2, 3)$에서 가우스 함수는 다음과 같이 설명된다:

$$x \in [-2, -1)\text{인 모든 } x\text{에 대해 } [x] = -2$$
$$x \in [-1, 0)\text{인 모든 } x\text{에 대해 } [x] = -1$$
$$x \in [0, 1)\text{인 모든 } x\text{에 대해 } [x] = 0$$
$$x \in [1, 2)\text{인 모든 } x\text{에 대해 } [x] = 1$$
$$x \in [2, 3)\text{인 모든 } x\text{에 대해 } [x] = 2$$

이 가우스 함수는 **계단함수**(step function)라고 알려진 함수의 한 종류이다. 이 구간은 그림2.13에서 주어진 그래프처럼 정의된다. 함수의 정의역과 치역이 함수의 그래프로부터 쉽게 볼 수 있는데, 정의역은 첫번째 좌표이고 치역은 두번째 좌표의 집합이라는 것을 기억하자.

◇ 연습 문제

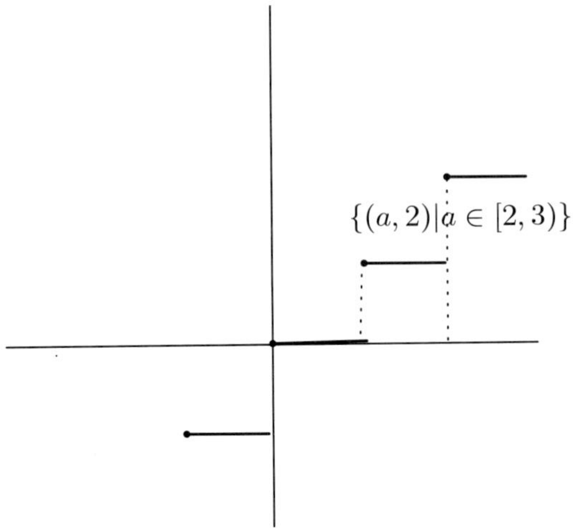

그림 2.13: $b = [a]$인 계단함수

1. 그림2.14에서 주어진 그래프는 실수 관계의 그래프이다. 어떤것이 함수의 그래프인가?

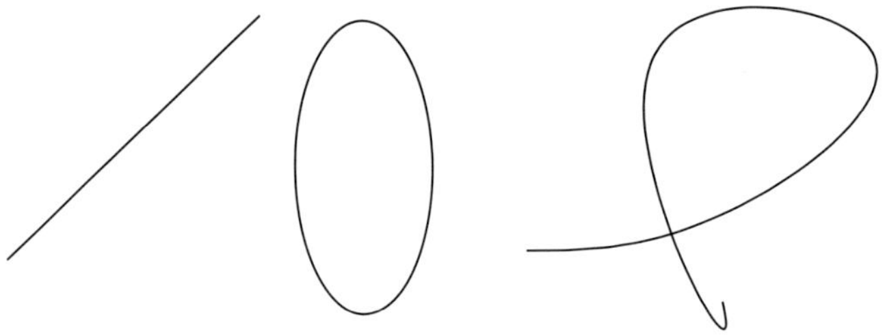

그림 2.14: 실수 관계의 그래프

2. 다음의 각각의 함수의 그래프를 도시하고 그들의 정의역과 치역을 알아내어라.

   (a) $\{(a,b)|b = a^2 + 1\}$
   (b) $\{(x,y)|y = x^2 - 5, x \in [-6,-5]\}$
   (c) $\{(c,d)|d = \sqrt{c}\}$
   (d) $\{(p,q)|q = \sqrt{8-p}\}$

3. $f(x)$표기법으로 위의 (연습)문제 2에서 처럼 각각의 함수를 써라.

4. 아래에 주어진 각각의 함수의 그래프를 그려라.

(a) $f(x) = 5x$ (c) $f(x) = x^2$ (e) $g(x) = x^2 - 1$
(b) $f(x) = 4x - 2$ (d) $g(x) = -x^2$

5. 아래의 각각의 함수의 그래프를 그려라.

(a) $f(x) = \sqrt{x}$ (c) $f(x) = \sqrt{1 - x^2}$
(b) $f(x) = \sqrt{1 - x}$ (d) $f(x) = \sqrt{1 + x^2}$

31. 아래에 주어진 각각의 관계의 그래프를 그리고 어떤 것이 함수인지 결정하여라.

(a) $\{(x, y) | x = \sqrt{y}\}$ (d) $\{(x, y) | x = \sqrt{-y}\}$
(b) $\{(x, y) | x = |y|\}$ (e) $\{(x, y) | y = \sqrt{-x}\}$
(c) $\{(x, y) | y = |x|\}$ (f) $\{(x, y) || y| = x^2\}$

6. 다음의 각각을 풀어라: 예를 들어, $[2x] = 0$. 가우스 함수의 정의에 의해서 $[2x]$는 $2x$보다 크지 않은 최대 정수를 의미한다, 즉, $[2x]$는 정수이고

$$[2x] \leq 2x < [2x] + 1.$$

이 경우에 $[2x] = 0$ 이므로 따라서 $0 \leq 2x < 1$ 또는 $0 \leq x < \frac{1}{2}$. 따라서, x가 방정식 $[2x] = 0$에 대한 답이라면, $x \in [0, \frac{1}{2})$. 반대로, $x \in [0, \frac{1}{2})$ 이면, $0 \leq x < \frac{1}{2}$이고 $0 \leq 2x < 1$. $2x \in [0, 1)$이므로 0이 $2x$보다 크지 않은 최대 정수라는 것을 알 수 있다. 이것은 $[2x] = 0$을 의미한다. 따라서, 방정식 $[2x] = 0$에 대한 해답은 $[0, \frac{1}{2})$이다.

(a) $[2x] = 1$ (c) $[x/5] = 2$ (e) $[x] = x$
(b) $[x + 1] = 0$ (d) $[x] < 0$ (f) $[x] = -x$

7. 다음의 각각의 함수의 그래프를 그려라.

(a) $f(x) = [x + 1],\ x \in (-\frac{1}{2}, 1\frac{1}{2})$

(b) $f(x) = [x - 1],\ x \in (-1.5, 2.3)$

(c) $g(x) = [2x],\ x \in (-3, 2]$

(d) $g(x) = x + [x],\ x \in [-4, 4]$

(e) $h(x) = |x| - [x],\ x \in [-4, 4]$

8. 다음의 각각의 그래프를 그려라.

(a)

$$f(x) = \begin{cases} x, & x \le 0 \\ 2x, & x > 0 \end{cases}$$

(b)

$$f(x) = \begin{cases} 1 - x, & x < 0 \\ 1, & x \ge 0 \end{cases}$$

(c)

$$f(x) = \begin{cases} x/2, & x \in [-5, -1] \\ x^2, & x \in [0, 5] \end{cases}$$

(d)

$$f(x) = \begin{cases} \sqrt{1 - x^2}, & |x| < 1 \\ x - [x], & x \ge 1 \end{cases}$$

9. 가우스 함수의 다음의 특성들을 증명하여라.

(a)

$$[|x|/x] = \begin{cases} 1, & x > 0 \\ -1, & x < 0 \end{cases}$$

(b)

$$[1/x] = \begin{cases} = 0, & x > 1 \\ \ge 1, & 0 < x \le 1 \end{cases}$$

(c)

$$[\sqrt{1 - x^2}] = \begin{cases} 0, & |x| < 1,\ x \ne 0 \\ 1, & x = 0 \end{cases}$$

(d) $[x + 1] = [x] + 1$

제 3 장

다항함수

3.1 다항함수의 정의와 해

2장에서 일차관계를 다음과 같이 정의하였다.

$$f = \{(x, y)|Ax + By = C\}.$$

여기서 A, B, C는 실수이고 A, B 모두는 0이 아니다. 이러한 관계들의 그래프는 직선이고, 함수가 아닌 선형관계들은 y축에 평행한 직선이다. 그래프가 y축에 평행하면 $B = 0$이다. 따라서 $B \neq 0$이면, f는 함수이고 다음과 같이 쓸 수 있다.

$$\{(x, y)|y = C/B - (A/B)x\}$$

또는 $f(x)$를 사용한 기호로 $y = f(x) = C/B - (A/B)x$ 이다. 이 경우처럼 표현되는 다항식 f를 **일차다항함수**(polynomial function)라고 부른다.

정의 3.1.1. P가 n차 **다항 함수**(polynomial function of degree n))이기 위한 필요충분조건은 P의 정의역인 모든 x에 대하여

$$P(x) = a_n x^n + ... + a_2 x^2 + a_1 x + a_0 \quad a_n \neq 0,\ n \geq 0$$

로 표현되는 실수 $a_0, a_1, a_2, ..., a_n$(P의 **계수**들(coefficients of P))이 있다는 것을 의미한다.

예제 3.1.1. 일차함수$f(x) = C/B - (A/B)x$에서

$$n = 1,\ a_0 = C/B \text{ 이고 } a_1 = -A/B\text{이다.}$$

□

0차의 다항함수

$$P(x) = a_0, \quad a_0 \neq 0$$

는 일반적으로 **상수함수**(constant function)라고 부른다. 이것을 **영함수 또는 차수가 없는 다항함수**라고 한다.

예제 3.1.2. 함수

$$f(x) = x^3 - 8x^2 - \sqrt{2}x + 9, \quad x \in [1, 3]$$

는 삼차 다항함수이다. □

예제 3.1.3. 절대치함수

$$A(x) = |x|, \quad x \geq 0$$

는 $A(x) = x$이기 때문에 차수가 1인 함수이다. 그러나 $A(x) = |x|$에 대해 정의역이 $[-2.5, 1]$이면 이것은 다항 함수가 아니다. 한편으로는,

$$A(x) = \begin{cases} |x| = -x, & x \in [-2.5, 0] \\ |x| = x, & x \in [0, 1] \end{cases}$$

□

이 함수는 조각함수들로 이루어진 함수이다.

> **정의 3.1.2.** q를 다항함수라 하고 c를 q의 정의역의 원소라 하자. 그러면 c가 q의 해 이기 위한 필요충분 조건은 $q(c) = 0$ 이다.

예제 3.1.4. 0이 아닌 상수 함수

$$P(x) = a, \qquad a \neq 0$$

는 해를 갖지 않는다(임의의 c에 대하여 $P(c) = 0$은 $a = 0$이어야 하기 때문이다). 그러나 영함수의 정의역에서의 모든 수에 대한 함수값의 해는 0이다. □

예제 3.1.5. $Q(x) = x^2 - 2$이면 $Q(\sqrt{2}) = (\sqrt{2})^2 - 2 = 0$. 그러므로 $\sqrt{2}$는 Q의 해이다. $-\sqrt{2}$ 또한 Q의 해이다. □

예제 3.1.6.

$$G(x) = [x], \qquad x \in [-2, 8]$$

라 하자. $0 \leq x < 1$인 모든 x에 대하여,

$$G(x) = 0.$$

$x \notin [0, 1)$이면 $G(x) \neq 0$. 그러므로 구간 $[0, 1)$에 속하는 모든 수는 G의 해이고, 그것 외에는 G의 해는 없다. □

주어진 다항함수 P에 대하여 실수 c에 대해 $P(c) = 0$이 되면 그러한 c들이 있다면 얼마나 있고 이것들은 어떻게 구할 수 있겠는가?

정리 3.1.3. 차수가 n인 다항함수는 많아야 n개의 해를 갖는다.

위의 정리와 관련된 예로 다항식 $P(x) = x^2 + 20$과 $Q(x) = x^3 - 6x^2 + 11x - 6$을 생각해 보자. c가 P의 해이면 $P(c) = c^2 + 20 = 0$이고 $c^2 = -20$이다. 그러나 $c^2 < 0$인 실수 c는 없다. 따라서, P는 실수의 해를 가질 수 없다. 반면에,

$$Q(x) = x^3 - 6x^2 + 11x - 6 = (x - 1)(x - 2)(x - 3)$$

이므로 $Q(x) = 0$에 대해 $1, 2, 3$이라는 해를 가진다. 해의 수는 Q의 차수와 같다.

정리 3.1.4. P를 다항식 함수라 하고 a, b를 $P(a) < P(b)$인 실수라고 하자. k가 $P(a) < k < P(b)$인 실수라면, $P(c) = k$인 수 c가 a와 b사이에 있게 된다.

다항함수의 해를 구하는 데 이 정리를 이용한다. 다항식 P에 대하여 $P(a)$는 음수이고 $P(b)$는 양수인 수 a, b를 찾을 수 있다. 그러면 $P(a) < 0 < P(b)$이고 이 정리는 a와 b사이에 놓이는 $P(c) = 0$인 실수c가 존재한다는 것을 암시한다.

예제 3.1.7. 다항식 $P(x) = x^4 + 3x^3 - x^2 + 12x - 5$가 0과 1사이에서 해를 갖음을 보여라.

풀이. $P(0)$와 $P(1)$을 계산한다. $P(0) = -5$임을 쉽게 알 수 있다. $P(1)$은 3.4절의 조립제법을 이용하여 구하면 $P(1) = 10$이고 정리(3.1.3)에 의해서 P는 0과 1 사이에서 해를 가진다 □

다음 정리를 보기 전에 필요한 정수의 몇가지 특성을 재고해볼 필요가 있다.

정의 3.1.5. a, b가 정수라고 할때, $a \cdot k = b$인 정수 k가 있다면 a를 b의 **인수**라 부른다(또는 a는 b를 나눈다). (a) 정수 m이 두 정수 a와 b의 인수라면 m을 a, b의 **공통인수**(common factor)라고 한다. (b) a, b의 양의 공통인수가 오직 1밖에 없으면 정수 a, b를 **서로소**(relatively prime)라고 한다.

정리 3.1.6. $P(x)$를 다항함수 $P(x) = a_0 + a_1x + \cdots + a_nx^n, a_i \neq 0$라고 하자. 단 $i = 0, 1, 2, \ldots, n$은 정수이다. 그러면 a/b가 P의 유리수인 해이고 a, b가 서로소인 정수이면, a는 a_0의 인수이고 b는 a_n의 인수이다.

Proof. a/b가 P의 해 이므로, $P(a/b) = 0$ 또는

$$a_0 + a_1(\frac{a}{b}) + a_2(\frac{a}{b})^2 + \cdots + a_{n-1}(\frac{a}{b})^{n-1} + a_n(\frac{a}{b})^n = 0$$

이다. 다음을 얻기 위해 이 등식에 b^n을 곱한다.

$$b^na_0 + b^{n-1}a_1a + b^{n-2}a_2a^2 + \cdots + ba_{n-1}a^{n-1} + a_na^n = 0. \tag{3.1}$$

그러면 이것으로부터 다음을 얻는다.

$$b^na_0 = (-b^{n-1}a_1 - b^{n-2}a_2a - \cdots - a_na^{n-1})a.$$

그러나 이것은 a가 b^na_0의 인수임을 의미하고 a, b가 서로소이므로, a, b^n또한 그러하다. 그러면 a는 a_0의 인수이다. b가 a_n의 인수임을 보이기 위해서 등

식(3.1)을 $a_n a^n = (-b^{n-1}a_0 - b^{n-2}a_1 a - \cdots - a_{n-1}a^{n-1})b$와 같이 쓸 수 있다. 그러면 b는 $a_n a^n$의 인수이고 b, a^n이 서로소이기 때문에 b는 a_n의 인수가 된다. □

함수의 해가 존재한다면 함수의 그래프를 그리는 데 있어 유용하다. 함수 f의 각각의 해는 x축을 지나는 f의 그래프에서 점 $(c, f(c)) = (c, 0)$을 결정한다. 일차함수의 경우에서

$$f(x) = a_0 + a_1 x,$$

x절편은 그 함수의 유일한 해를 결정한다. $a_1 \neq 0$이면,

$$f(-\frac{a_0}{a_1}) = a_0 + a_1(-\frac{a_0}{a_1}) = a_0 - a_0 = 0.$$

그러면 x절편은 점 $(-\frac{a_0}{a_1}, 0)$이다. 여기서 $-\frac{a_0}{a_1}$은 $a_0 + a_1 = 0$의 인수이다. n차 방정식

$$a_n x^n + a_{n-1}x^{n-1} + \cdots + a_1 x + a_0 = 0$$

의 인수는 $\frac{a_0\text{의 인수}}{a_n\text{의 인수}}$에서 구할수 있다. 차수가 2차인 다항함수를 **이차함수**(quadratic function)라고 부른다:

$$Q(x) = a_0 + a_1 x + a_2 x^2.$$

이차함수 $f(x) = x^2$의 그래프는 매끄럽고 구멍이나 틈이 없다. 일반적으로, 함수의 그래프는 정의역이 끊김이 없이 틈이 없는 것과 같은 곡선이다. 정의역 $x \in [-1, 1]$에서 $f(x) = x^2$의 치역은 $[0, 1]$이다. 이 두 영역이 모두 끊기거나 틈이 없다. 그러나 정의역을 정하는 데 있어서 끊김의 구간을 만든다면, 끊김의 구간이 있는 그래프를 얻게 될 것이다. 그림3.1은 다음과 같이 정의역을 주면,

$$f(x) = x^2, \quad x \in [-1, 0] \cup [\frac{1}{2}, 2].$$

이 함수가 0과 $\frac{1}{2}$사이의 정의역의 끊김은 그래프 곡선에서의 끊김을 만든다.

예제 3.1.8. 함수 $P(x) = x^5 - 5x + 1$의 그래프를 그려보자.

풀이. $-2, -1, -\frac{1}{2}, 0, \frac{1}{2}, 1, 2$에 상응하는 그래프의 점들을 계산한다. 그러넌 나

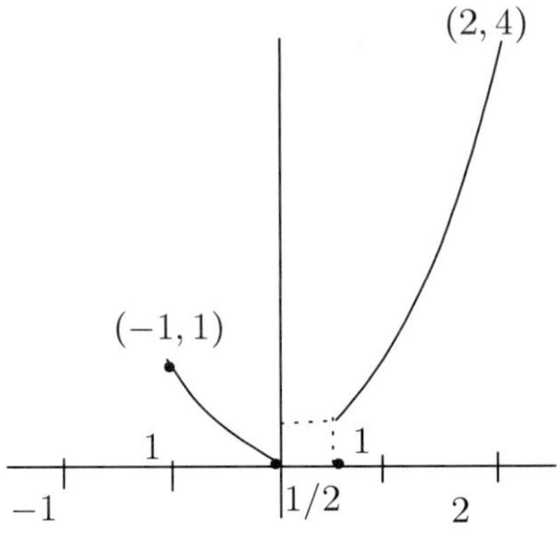

그림 3.1: 정의역$x \in [-1,0] \cup [\frac{1}{2},2]$에서의 $f(x)=x^2$그래프

음과 같다.

$$\begin{aligned}
P(-2) &= 1-5(-2)+(-2)^5 = -21 \\
P(-1) &= 1-5(-1)+(-1)^5 = 5 \\
P(-\frac{1}{2}) &= 1-5(-\frac{1}{2})+(-\frac{1}{2})^5 = 3+\frac{15}{32} \\
P(0) &= 1 \\
P(\frac{1}{2}) &= 1-5(\frac{1}{2})+(\frac{1}{2})^5 = -\frac{47}{32} \\
P(1) &= 1-5(1)+(1)^5 = -3 \\
P(2) &= 1-5(2)+(2)^5 = 23
\end{aligned}$$

따라서 점 $(-2,-21),(-1,5),(-\frac{1}{2},3+\frac{15}{32}),(0,1),(\frac{1}{2},-\frac{47}{32}),(1,-3),(2,23)$ 을 직교좌표에 연결하면 일반적인 그래프를 그릴 수 있다. □

◇ 연습 문제

1. 다음 함수들의 각각의 차수를 구하여라.

   (a) $f(x)=x^2+x-18, \quad x \in [-9,8]$

   (b) $g(x)=12x+9x^2-x^5, \quad x \in [0,12]$

   (c) $h(x)=13+2x, \quad x \geq 0$

   (d) $p(x)=12, \quad x < -1$

(e) $f(x) = (x-1)(x-2)(x-3)$

(f) $b(x) = 1 + 2x + 3x^2 + ... + 100x^{99}$

(g) $q(x) = 1 + x + x^2 + x^3 + ... + x^k$

2. 다음이 함수인지 아닌지 결정하여라. 만약 함수라면 차수를 정하여라.

(a) $f(x) = \sqrt{2}x$

(b) $g(x) = (x+2)(x-2)$

(c) $h(x) = [x]$

(d) $p(x) = [x], \quad x \in (0,1)$

(e) $R(x) = 7x^5 - 4x + \sqrt{7}x^3 - x^9 - 8$

(f) $f(x) = \begin{cases} x^2 + 2x + 5, & x \in [-1, 0] \\ -x^2 + 2x + 5, & x \in [0, 1] \end{cases}$

(g) $g(x) = \begin{cases} x^2 + 2, & x \leq 0 \\ x + 2, & x > 0 \end{cases}$

3. 다음 함수들의 각각의 해를 결정하라. 예 : $f(x) = x^2 - 1$. 정의에 의하면, 이 함수의 해는 $f(x) = 0$ 또는 $x^2 - 1 = 0$인 x값이다. $x^2 - 1$ 을 $(x-1)(x+1)$로 인수분해하면 $x^2 - 1 = 0$이 $x - 1 = 0$ 또는 $x + 1 = 0$을 암시한다는 것을 알 수 있다. 그러므로, $x = 1$ 또는 $x = -1$. 따라서 1과 -1이 함수 f를 0으로 만드는 유일한 수라는 것을 알 수 있다. 이 두 수가 해이다. $f(1) = 1^2 - 1 = 0$
$f(-1) = (-1)^2 - 1 = 0$.

(a) $g(x) = [x] + 1, \quad x \in (-5, 10)$

(b) $h(x) = [x] + 1, \quad x \geq 0$

(c) $k(x) = [x - 2]$

(d) $k(x) = 5 - 4x$

(e) $m(x) = x/2 - 3/2$

(f) $w(x) = 4x^2 - 1$

(g) $f(x) = x + [x]$

(h) $g(x) = 2x - [x]$

(i) $a(x) = 2|x| + 5$

(j) $b(x) = 2|x| - 5$

4. 아래의 각각의 함수 f에서 주어진 x값으로 부터 $f(x)$를 계산하라. 점 $(x, f(x))$를 정하고 f의 그래프를 그려라. 또한 각 f의 해들을 정하여라. (예). $f(x) = -x^2 + 3x, \quad x \in [-2, 4]$. $x = -2, -1\frac{1}{2}, -1, -\frac{1}{2}, 0, 1, 2, 3, 4$. 그러면 $f(-2) = -(-2)^2 + 3(-2) = -10$, $f(-1\frac{1}{2}) = -(-1\frac{1}{2})^2 + 3(-1\frac{1}{2}) =$

$-27/4$, $f(-1) = -(-1)^2 + 3(-1) = -4$, $f(-\frac{1}{2}) = -(-\frac{1}{2})^2 + 3(-\frac{1}{2}) = -7/4$, $f(0) = -0^2+3\cdot 0 = 0$, $f(1) = -1^2+3\cdot 1 = 2$, $f(2) = -2^2+3\cdot 2 = 2$, $f(3) = -3^2 + 3\cdot 3 = 0$, $f(4) = -4^2 + 3\cdot 4 = -4$. 이제 점 $(x, f(x))$들이 정해졌고 아래의 그림 처럼 f의 그래프를 그렸다. 등식 $f(0) = f(3) = 0$으로 부터 f의 해는 0과 3이다. 0과 3은 $f(x)$를 $x(-x+3)$으로 인수분해를 함으로써 구해지는 f의 해들이다. 그러므로 $x = 0$ 또는 $x = 3$일 때만 $f(x) = 0$이다.

(a) $f(x) = x/2 - 7, \quad x \in [-8, 2]$. $x = -8, -7, -6, ..., 0, 1, 2$

(b) $f(x) = 2x - 7, \quad x \in [-8, 2]$. $x = -8, -7, -6, ..., 0, 1, 2$

(c) $f(x) = x^2 + 1$, $x = -3, -2, -1, 0, 1, 2, 3$

(d) $f(x) = x^2 + x + 1$. $x = -3, -2, -1, 0, 1, 2, 3$

(e) $f(x) = x^2 - 1$, $x = -3, -2, -1, 0, 1, 2, 3$

(f) $f(x) = x^2 - x + 1$, $x = -3, -2, -1, 0, 1, 2, 3$

(g) $f(x) = -x^2 - 1$, $x = -3, -2, -1, 0, 1, 2, 3$

(h) $f(x) = -x^2 + x + 1$, $x = -3, -2, -1, 0, 1, 2, 3$

(i) $f(x) = x^3$, $x = -3, -2, -1, 0, 1, 2, 3$

(j) $f(x) = -x^3$. $x = -3, -2, -1, 0, 1, 2, 3$

(k) $f(x) = x^3 - x$, $x = -2, -1, 0, 1, 2, -3/2, -\frac{1}{2}, \frac{1}{2}, 3/2$

(l) $f(x) = -x^3 + x$. $x = -2, -1, -\frac{1}{2}, -3/2, 0, \frac{1}{2}, 3/2, 1, 2$

5. 아래에 주어진 각각 함수의 그래프를 그려라.

(a) $f(x) = 3x, \quad x \in [-2, 0] \cup [\frac{1}{2}, 2]$

(b) $g(x) = 1 - x, \quad x \in [-5, -4] \cup [-3, 1] \cup [2, 4]$

(c) $f(x) = -x^2, \quad x \in [-3, 0) \cup (0, 3]$

(d) $g(x) = |x + 2|$

(e) $h(x) = |x^2 - 1|$

(f) $f(x) = |x^3|, x \in [-3, 3]$

(g) $f(x) = \begin{cases} x + 5, & x \leq -5 \\ x/2 + 5/2, & x \in (-5, 0) \\ 5/2, & x \geq 0 \end{cases}$

(h) $g(x) = \begin{cases} x^2 + x, & x \leq 0 \\ -x^2 + x, & x > 0 \end{cases}$

3.2 이차함수의 그래프와 해

다시 이차함수로 돌아오면

$$Q(x) = ax^2 + bx + c, \quad a \neq 0.$$

이 식의 그래프를 알아 보려 한다.

$$\begin{aligned} Q(x) &= ax^2 + bx + c \\ &= a(x^2 + (b/a)x) + c \\ &= a(x^2 + (b/a)x + b^2/4a^2) + c - b^2/4a \\ &= a(x + b/2a)^2 + \frac{(4ac - b^2)}{4a} \end{aligned}$$

이제 모든 x에 대해서

$$(x + b/2a)^2 \geq 0$$

$a > 0$ 이면,

$$a(x + b/2a)^2 \geq 0$$

따라서

$$Q(x) = a(x + b/2a)^2 + \frac{4ac - b^2}{4a} \geq \frac{4ac - b^2}{4a}.$$

Q의 그래프는 점 $(x, Q(x))$을 지정하고 두번째 좌표, $Q(x)$는 결코 $(4ac - b^2)/4a$보다 작지 않다.

$a < 0$인 경우: 모든 x에 대해서

$$a(x + b/2a)^2 \leq 0$$

그리고

$$Q(x) = a(x + b/2a)^2 + (4ac - b^2)/4a \leq (4ac - b^2)/4a.$$

이것은 Q의 그래프는 직선 $y = (4ac - b^2)/4a$ 위에 있지 않게 된다는 것을 의미한다. 이것은다음과 같이 요약된다:
(a) 방정식 $Q(x) = ax^2 + bx + c$에 대하여 $a > 0$이면, x값이 $-b/2a$의 오른쪽으로 증가할수록 Q의 그래프는 증가하고, x값이 $-b/2a$의 왼쪽으로 감소할수록 Q의 그래프는 증가한다. 따라서 그림3.2에서와 같은 모양의 그래프이다.

(b) 방정식 $Q(x) = ax^2 + bx + c$에 대하여 $a < 0$이면, x값이 $-b/2a$의 오른쪽으로 증가할수록 Q의 그래프는 감소하여지고, x값이 $-b/2a$의 왼쪽으로 감소할수록 Q의 그래프는 감소하여진다. 따라서 그림3.2이 x축에 대칭인 모양의 그래프이다.

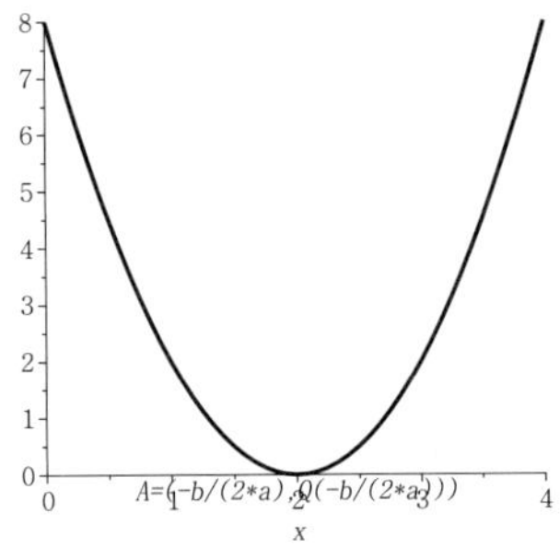

그림 3.2: $a > 0$인 $Q(x) = ax^2 + bx + c$그래프

예제 3.2.1. $Q(x) = 1 + x + x^2$에 대하여 $a = 1,\ b = 1,\ c = 1$이고

$$\frac{4ac - b^2}{4a} = \frac{4 \cdot 1 \cdot 1 - 1^2}{4 \cdot 1} = \frac{3}{4}\text{이다.}$$

그래서 그래프가 직선 $y = \frac{3}{4}$아래에 있지 않다. 또한, $-b/2a = -\frac{1}{2}$에서

$$Q(-\frac{1}{2}) = \frac{3}{4},\ Q(-1) = 1,\ Q(0) = 1,\ Q(1) = 3.$$

(Q의 그래프에 대해 그림3.3 참조) □

Q가 $Q(x) = ax^2 + bx + c = 0, \quad a \neq 0$ 이차방정식이라면 $Q(x)$는 다음과 같음을 알 수 있다.

$$Q(x) = a(x + b/2a)^2 + \frac{4ac - b^2}{4a}\text{이다.}$$

$d \in \mathfrak{D}(Q)$가 Q의 해이기 위한 필요충분조건은 $Q(d) = 0$ 또는 $a(d + b/2a)^2 + \frac{4ac - b^2}{4a} = 0$이다. 이것으로 부터

$$4a^2(d + b/2a)^2 = b^2 - 4ac\text{이다.} \tag{3.2}$$

임의의 실수 d에 대해서,

$$4a^2(d + b/2a)^2 \geq 0\text{이다.}$$

따라서 방정식 (3.2)이 사실이면 $b^2 - 4ac < 0$일 때 실수 d는 존재하지 않게 된다. 따라서 $b^2 - 4ac < 0$이면 이차방정식 Q는 해를 가지지 않는다. $b^2 - 4ac \geq 0$이면 방정식(3.2)은 다음과 같이 쓰여진다.

$$(d + b/2a)^2 = \frac{b^2 - 4ac}{4a^2}\text{이고,}$$

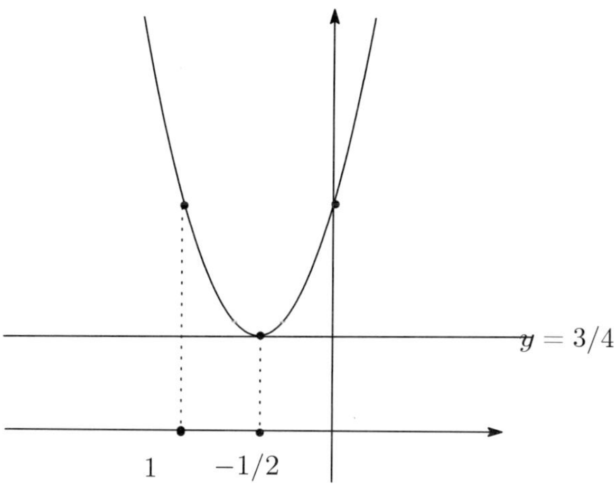

그림 3.3: $Q(x) = 1 + x + x^2$그래프

$\frac{b^2-4ac}{4a^2} \geq 0$이므로,

$$d + b/2a = \pm\sqrt{\frac{b^2 - 4ac}{4a^2}} = \pm\frac{\sqrt{b^2 - 4ac}}{|2a|} \text{ 이고}$$

$$d = -b/2a \pm \frac{\sqrt{b^2 - 4ac}}{2a} = \frac{-b \pm \sqrt{b^2 - 4ac}}{2a}\text{이다.}$$

[절대값의 정의에 의해서 $\pm(\sqrt{b^2 - 4ac})/|2a| = \pm(\sqrt{b^2 - 4ac})/2a$.]

이 경우에 Q가 어떠한 해도 갖지 않는다면, 다음 값들 중 하나가 된다.

$$\frac{-b + \sqrt{b^2 - 4ac}}{2a} \text{ 또는 } \frac{-b - \sqrt{b^2 - 4ac}}{2a}\text{이다.}$$

이 값들이 사실상 Q의 해라는 것은 쉽게 보여질 수가 있다(이 값들이 Q의 정의역의 원소라면). 예를 들어 계산하면

$$Q(\frac{-b + \sqrt{b^2 - 4ac}}{2a}) = a(\frac{-b + \sqrt{b^2 - 4ac}}{2a})^2 + b(\frac{-b + \sqrt{b^2 - 4ac}}{2a}) + c$$

$$= -c + c = 0.$$

따라서 $Q(\frac{-b+\sqrt{b^2-4ac}}{2a})=0$이고 유사하게 $Q(\frac{-b-\sqrt{b^2-4ac}}{2a})=0$이다. 이 해 $x=\frac{-b\pm\sqrt{b^2-4ac}}{2a}$를 이차 방정식의 **근의 공식**이라 한다. 이 두 수 $\frac{-b+\sqrt{b^2-4ac}}{2a}$와 $\frac{-b-\sqrt{b^2-4ac}}{2a}$는 서로 다르지 않을 수 있다. 다시 말하면,

$$\frac{-b+\sqrt{b^2-4ac}}{2a}=\frac{-b-\sqrt{b^2-4ac}}{2a}.$$

이것은 $b^2-4ac=0$일 때의 경우이다.

따라서, Q는 적어도 하나의 해를 가진다. 이 결과들을 다음 이차함수에 대하여 아래와 같이 요약할 수 있다.

$$Q(x)=ax^2+bx+c=0,\ a\neq 0:$$

1. 만약 $b^2-4ac<0$ 이면, Q는 실수 해를 갖지 않는다.
2. 만약 $b^2-4ac=0$ 이면, Q는 하나의 실수 해를 갖는다.
3. 만약 $b^2-4ac>0$ 이면, Q는 두개의 실수 해를 갖는다.

예제 3.2.2. $Q(x)=1+x+x^2=0$이면, $a=1,\ b=1,\ c=1$이고 $b^2-4ac=1-4=-3<0$이다. 따라서 Q는 실수 해를 가지지 않는다. □

예제 3.2.3. $Q(x)=1+2x+x^2=0$이면 $a=1,\ b=2,\ c=1$이고 $b^2-4ac=4-4=0$이다. 따라서 Q는 하나의 해를 가지고 이것은 다음과 같다.

$$\frac{-b}{2a}=\frac{-2}{2}=-1.$$

-1이 Q의 정의역에 포함되므로 해가 되고 이것은 Q의 유일한 해이다: $Q(-1)=1+2(-1)+(-1)^2=0$. □

예제 3.2.4. $x\in[0,3]$에 대해서 $Q(x)=1+2x+x^2=0$이면 Q는 해를 가지지 않는다. 유일한 해는 -1인데 이것은 Q의 정의역에 속하지 않는다. □

예제 3.2.5. $x\in[-10,10]$에 대해서 $P(x)=7-x-x^2=0$이면, $a=-1,\ b=-1,\ c=7$이고 $b^2-4ac=(-1)^2-4(-1)(7)=29$이다. 따라서, 두 수 $\frac{1+\sqrt{29}}{-2}$ 와 $\frac{1-\sqrt{29}}{-2}$이 P의 정의역에 속하면 $P(x)$의 해가 된다. 다음을 알 수 있다.

$$5<\sqrt{29}<6$$

$$6<1+\sqrt{29}<7$$

그리고

$$-3\frac{1}{2}=\frac{7}{-2}<\frac{1+\sqrt{29}}{-2}<\frac{6}{-2}=-3\text{이다.}$$

따라서 $\frac{1+\sqrt{29}}{-2}$는 P의 정의역에 속하게 되는 해가 된다. 같은 방법으로, $\frac{1-\sqrt{29}}{-2}$은 해이고 P는 두개의 해를 갖는다. □

이차함수 $Q(x) = ax^2 + bx + c,\ a \neq 0$의 해에 대한 가능성은 Q의 그래프를 고려해 봄으로써 명확하게 알 수 있다. $b^2 - 4ac < 0$ 경우를 생각해 보자(이것은 Q가 실수해를 가지지 않는다는 것을 말한다). 그러면 $4ac - b^2 > 0$이고
(a) $a > 0$ 이면, $(4ac - b^2)/4a > 0$.
(b) $a < 0$ 이면, $(4ac - b^2)/4a < 0$.

편리함을 위해서 $(4ac - b^2)/4a = L$이라 하자. (a)의 경우 $L > 0$이므로, 그림3.4에서 보여지는 것과 같은 모양을 갖는다.

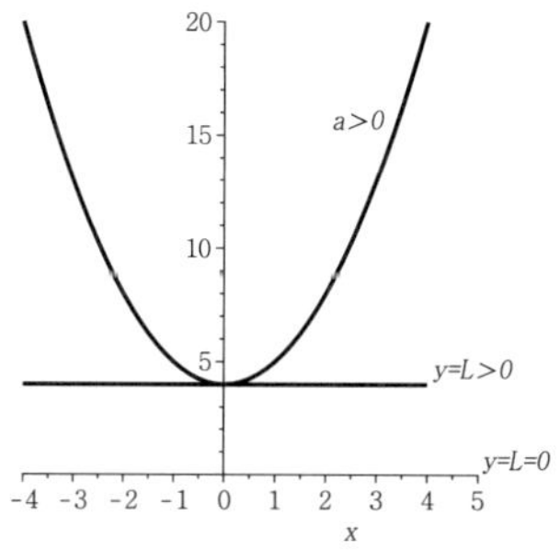

그림 3.4: $a > 0$이고 해를 갖지 않은 이차함수 그래프

이것은 Q의 그래프가 x축과 교차하지 않으므로 Q가 해를 가지지 않는다는 것을 의미한다. (b)의 경우 $a < 0$이고 $L < 0$인 경우 그림3.4의 반대로 그려진다. 다시 말해, 그래프는 x축과 교차하지 않기 때문에 Q는 해를 가질 수 없다.

$L = 0$인 경우, 직선 $y = L$은 x축이다. 따라서 Q의 그래프는 그림3.5에서처럼 x축과 한번 만난다. 그러나 두번 교차하지 않는다. $b^2 - 4ac > 0$의 경우는 연습문제로 남긴다.

예제 3.2.6. 이차방정식 $Q(x) = x^2 - 9x + 14 = 0$의 해를 구하라.

풀이. 이것은 쉽게 인수분해가 가능한 이차방정식이다:

$$Q(x) = x^2 - 9x + 14 = (x - 7)(x - 2).$$

그러면 $x - 7 = 0$ 또는 $x - 2 = 0$에서 $Q(x) = 0$이다. 이것은 $x = 7$ 또는 $x = 2$를 의미한다. 2, 7이 해임을 증명하기 위해서는: $Q(2) = 2^2 - 9 \cdot 2 + 14 = 4 - 18 + 14 = 0$, 이고,
$Q(7) = 7^2 - 9 \cdot 7 + 14 = 49 - 63 + 14 = 0$이다. □

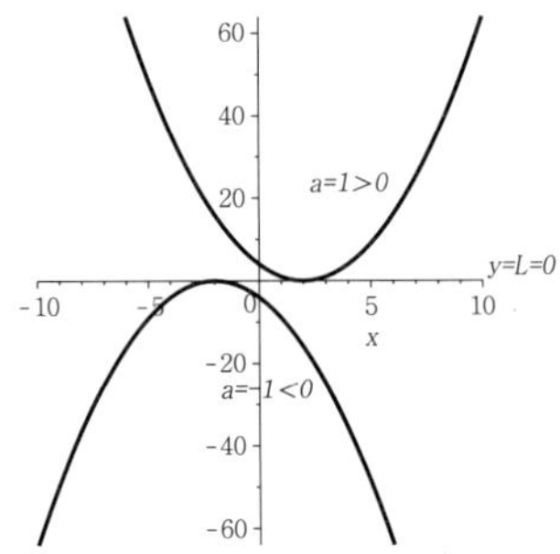

그림 3.5: $a < 0$, $a > 0$인 해가 하나인 그래프

예제 3.2.7. 이차방정식 $Q(x) = x^2 - 9x + 15 = 0$의 해를 찾아라.

풀이. 이 이차방정식은 쉽게 인수분해 되지 않는다. 그러나, $b^2 - 4ac = (-9)^2 - 4 \cdot 1 \cdot 15 = 81 - 60 = 21 \geq 0$이므로 해를 가진다. 그러므로, 이 이차방정식의 근의 공식을 이용하면 $\frac{9+\sqrt{21}}{2}$ 와 $\frac{9-\sqrt{21}}{2}$이다. □

◇ 연습 문제

1. 아래의 이차함수들을 분석하고 그 그래프를 그려라.

   (a) $Q(x) = 2x^2 - 3$

   (b) $Q(x) = -2x^2 + x$

   (c) $Q(x) = -2x^2 - x + 1$

   (d) $Q(x) = x^2 - 10x + 2$

   (e) $Q(x) = x^2 - 5x + 7$

   (f) $Q(x) = -x^2/4 + 4x - 17$

   (g) $Q(x) = 10x^2$

   (h) $Q(x) = -3x^2 + x - 5$

   (i) $Q(x) = -x^2 + x/2 + 1$

2. 예 : $(1, 1)$이 이차함수 $Q(x) = x^2 + mx - 1$상의 점 m을 찾아라. 정의에 의하면, $(1, 1)$이 $Q(x)$의 그래프 상에 있으면 $Q(1) = 1$이다. $Q(1) = 1^2 + m \cdot 1 - 1 = m$이므로, $(1, 1)$이 $Q(x)$의 그래프 위에 있게 되려면 $m = 1$이다.

   (a) $(1, 0)$이 $Q(x) = 2x^2 + nx$상의 점일때 n을 찾아라.

   (b) $(2, 1)$이 $Q(x) = -5x^2 + px + 1$상의 p를 찾아라.

3. 다음을 구하여라.

(a) $Q(x) = x^2 - mx$의 그래프가 x축 위에서 최소값을 갖게 하는 수 m을 구하여라.

(b) $Q(x) = -2x^2 + nx$가 직선 $y = \frac{1}{2}$위에서 최대값을 갖게 하는 n을 구하여라.

4. x, y는 $x + y = 8$을 만족한다. xy가 가능한 큰 값을 가지려면 x, y는 어떤 값이어야만 하는가? $x + y = 8$이므로 $y = 8 - x$라 쓸 수 있다. 그러면 $xy = 8x - x^2$이므로 xy는 x의 함수이다. 그러면 문제는 이차함수 $8x - x^2$의 그래프 위에서 최고점을 찾는 것으로 좁혀졌다. 이 경우에 $a = -1, b = 8$이고 $-b/2a = 8/2 = 4$이다. 이것은 $x = 4$일 때 최고점이 된다는 것을 말해준다. 그러므로 x, y는 모두 4가 되어야 한다.

(a) x, y가 $x - y = 8$을 만족한다. xy가 가장 작게 되려면 x, y는 어떤 수여야 할까? 가장 작은 xy값은 무엇일까?

(b) x, y는 $2x + y = 4$를 만족한다. xy가 가장 큰 값을 가지려면 x, y는 어떤 수여야 할까? 가장 큰 값 xy는 무엇인가?

(c) 둘레의 길이가 40인 직사각형의 최대 면적은 얼마인가?

(d) 빗변의 길이가 5, 둘레의 길이가 10인 직각삼각형의 최대 면적은 얼마인가?

5. (a) $P(x) = 1 + 2kx + x^2$의 그래프가 임의의 k에 대하여 직선 $y = 101$위에 있지 않게 된다. 그렇게 되는 k를 찾아라.

(b) $P(x) = 1 + 2kx - x^2$에 대해서 (a)와 같이 풀어라.

(c) $P(x) = 4kx + 4x^2$의 그래프가 어떤 수 k에 대하여 직선 $y = 25$위에 있지 않게 된다. 그렇게 되는 k를 찾아라.

(d) $P(x) = 4kx - 4x^2$에 대해서 (c)와 같이 풀어라.

6. 다음 이차방정식 해를 찾아라.

(a) $Q(x) = x^2 - 4x + 4$

(b) $Q(x) = x^2 - 4x + 4, \mathfrak{D}(Q) = [0, 5]$

(c) $Q(x) = x^2 + 3x - 10$

(d) $Q(x) = x^2 + 3x - 10, \mathfrak{D}(Q) = \{x | x \geq 0\}$

(e) $Q(x) = x^2 - 12x + 11$

(f) $Q(x) = x^2 + 12x + 11$

(g) $Q(x) = 2x^2 - 5x - 12$

(h) $Q(x) = 3x^2 + 4x - 7, \ x \geq 0$

(i) $Q(x) = 4x^2 + 4x - 3$

(j) $Q(x) = 35x^2 + 45x + 10$

7. 다음 이차방정식 해를 찾아라.

   (a) $F(x) = x^2 - 2x - 1$
   (b) $F(x) = x^2 + x - 1$
   (c) $F(x) = 2x^2 - x - 2$
   (d) $F(x) = 2x^2 - x - 2, \ x \le 0$
   (e) $F(x) = x^2 + 5x + 5$
   (f) $F(x) = -x^2 + 5x + 5$
   (g) $F(x) = -2x^2 + 4x + 1$
   (h) $F(x) = -2x^2 + 4x + 1, \ x \ge 1$
   (i) $F(x) = 9x^2 + x - 1$
   (j) $F(x) = -3x^2 + \sqrt{2}x + 1$

8. 이차방정식 $Q(x) = c + bx + ax^2, \ a \ne 0$과 관련된 $b^2 - 4ac$를 2차 방정식의 판별식이라 부른다. 아래에 주어진 각각의 이차방정식들의 판별식을 계산하고 이 값을 방정식의 해를 구하는데 이용하라.

   (a) $Q(x) = 1 + x^2 + x$
   (b) $Q(x) = \frac{1}{2} + 2x + \sqrt{2}x^2$
   (c) $Q(x) = -3x^2 + (\frac{1}{2})x + 1$
   (d) $Q(x) = (\frac{5}{2})x^2 + \sqrt{5}x + 2$

9. (a) 다음 주어진 각각의 정의역에서의 $Q(x) = 1 + x + x^2$의 해를 아래의 집합범위에서 구하라.
   (a) $[-1, 1]$ (b) 유리수 (c) 무리수 (d) $[10, 101]$ (e) 실수

   (b) $Q(x) = -3x^2 + (\frac{1}{2})x + 1$의 해를 (a)의 주어진 범위에서 구하여라.

   (c) $Q(x) = (\frac{5}{2})x^2 + \sqrt{5}x + 2$의 해를 (a)의 주어진 범위에서 구하여라.

   (d) $Q(x) = \frac{1}{2} + 2x + \sqrt{2}x^2$의 해를 (a)의 주어진 범위에서 구하여라.

10. 이차방정식 $Q(x) = 3x^2 - 6x + k$의 정의역이 모든 실수이면, k가 어떤 값을 가질 때 Q가 하나의 해를 가진다고 할 수 있는가?

11. r, s, t를 유리수라 하자. 이차방정식 $R(x) = x^2 - 2rx + r^2 - s^2 + 2st - t^2$의 해들이 유리수임을 보여라.

12. 이차방정식 $F(x) = 2x^2 + 2(1+t)x + t^2$이 정확히 하나의 해를 가진다면, t를 구하여라.

3.3 이차방정식의 해에 관한 특성

$Q(x) = c + bx + ax^2$이 실수 z_1, z_2를 해로 갖는다고 가정하자. 이미 살펴본 바와같이 이는 판별식 $D = b^2 - 4ac \ge 0$ 에 대하여 다음을 알 수 있다.

$$z_1 = \frac{-b + \sqrt{D}}{2a} \text{ 와 } \qquad z_2 = \frac{-b - \sqrt{D}}{2a} \text{이다.}$$

따라서, $z_1 + z_2 = (-2b)/(2a) = -(b/a)$이고

$$z_1 \cdot z_2 = (b^2 - d)/4a^2 = [b^2 - (b^2 - 4ac)]/4a^2 = c/a.$$

이것이 이차 방정식의 **근과 계수와의 관계**이다.

예제 3.3.1. 이차함수 $Q(x) = 1 + 2x - 5x^2$의 해을 구하지 않고서, 해의 합과 곱을 구하라.

풀이. 근과 계수와의 관계로 이 문제를 풀 수가 있다.

$$Q(x) = -5(\frac{1}{-5} + (\frac{2}{-5})x + x^2).$$

Q의 해의 합은 $\frac{2}{5}$이고 곱은 $-\frac{1}{5}$이다. □

예제 3.3.2. $1 + \sqrt{2}, 1 - \sqrt{2}$를 해로 가지는 이차방정식을 구하라.

풀이. $(1 + \sqrt{2}) + (1 - \sqrt{2}) = 2$ 이고 $(1 + \sqrt{2})(1 - \sqrt{2}) = 1 - 2 = -1$이므로, 이차식 $-1 - 2x + x^2$ 이 $1 + \sqrt{2}$와 $1 - \sqrt{2}$를 해로 갖는다. 물론 다른 가능성도 있다. $-3 - 6x + x^2$와 같은 이차방정식도 있다. □

이차함수의 해에 관하여 얻어진 정보는 그 이차식이 모두 인수분해 된다는 조건하에 인수분해에 사용되었다. $Q(x) = c + bx + ax^2, a \neq 0$의 해 z_1, z_2에 대하여 $z_1 + z_2 = -(b/a)$이고 $z_1 \cdot z_2 = c/a$이다. 따라서

$$\begin{aligned} Q(x) &= ax^2 + bx + c \\ &= a[x^2 + (b/a)x + (c/a)] \\ &= a[x^2 - (z_1 + z_2)x + z_1 \cdot z_2] \\ &= a(x - z_1)(x - z_2). \end{aligned}$$

예제 3.3.3. 이차식 $5x^2 - x - 1$을 인수분해 하여라.

풀이. 먼저 근의 공식을 사용하여 해를 계산한다:

$$z_1 = \frac{1 + \sqrt{1 - (4)(5)(-1)}}{2(5)} = \frac{1 + \sqrt{21}}{10}.$$

$$z_2 = \frac{1 - \sqrt{21}}{10}.$$

그러면 이 이차식은 다음과 같이 인수분해된다:

$$5x^2 - x - 1 = 5[x - (1 + \sqrt{21})/10][x - (1 - \sqrt{21})/10].$$

□

이차함수 $Q(x) = ax^2 + bx + c$을 $Q(x) = a(x - z_1)(x - z_2)$로 인수분해 할 수 있다면, $Q(z_1) = Q(z_2) = 0$이고 따라서 z_1, z_2는 Q의 해이다. 이것은 Q가 인수분해 되어지면, Q가 해를 가질 수 있다는 것을 보여 준다. 그러나 Q의 판별식이 음이면 ($b^2 - 4ac < 0$), Q는 실수의 해를 가지지 않는다. Q는 두개의 실수 범위 일차식으로 인수분해 될 수 없다.

예제 3.3.4. 이차식 $x^2 + x + 1$은 판별식이 $D = 1^2 - 4 \cdot 1 \cdot 1 = -3 < 0$이므로 인수분해될 수 없다. □

예제 3.3.5. 식 $3x^2 + 4x + \sqrt{6}$은 판별식이 $D = 16 - 4 \cdot 3 \cdot \sqrt{6} = 4(4 - 3\sqrt{6}) < 0$이므로 인수분해 될 수 없다. □

예제 3.3.6. 함수 $F(x) = x/(x^2 - 5x + 9)$라 하자. F의 정의역과 치역을 구하라.

풀이. 정의역은 분모가 0이 되는 x값을 제외하면 되므로 $x^2 - 5x + 9 = 0$인 점을 구하자. 그런데 $x^2 - 5x + 9 = 0$의 실수해는 존재하지 않으므로 모든 실수 $\mathbb{R}$이 정의역이 된다. c를 F의 치역에 포함되는 실수라 가정하자. 그러면 치역의 정의에 의해서 F의 정의역에 속하는 t가 있다고 한다면 다음과 같다.

$$F(t) = t/(t^2 - 5t + 9) = c.$$

그러므로,

$$t = c(t^2 - 5t + 9) = ct^2 - 5ct + 9c$$

이고

$$ct^2 - (5c + 1)t + 9c = 0.$$

이 방정식은 t가 이차식

$$cx^2 - (5c + 1)x + 9c$$

의 해라는 것을 보여준다. 그러나 이차다항식은 판별식이 양이거나 0이 아니면 실수의 해를 가지지 못하므로

$$D = (5c + 1)^2 - 4 \cdot c \cdot 9c \geq 0,$$

또는

$$1 + 10c - 11c^2 \geq 0.$$

따라서 c는 이차방정식

$$Q(x) = 1 + 10x - 11x^2 = (1 + 11x)(1 - x) \geq 0\text{에 대한 값이다.}$$

그러므로 F의 치역은 폐구간 $[-\frac{1}{11}, 1]$이다. □

예제 3.3.7. 다항식함수 $x^4 - 2x^2 - 3$을 인수분해 하여라.

풀이. $x^4 - 2x^2 - 3 = (x^2)^2 - 2x^2 - 3$으로 쓸 수 있다면, 주어진 다항식은 $y := x^2$으로 묶은 이차방정식으로 생각할 수 있다. 이차식 $y^2 - 2y - 3$으로 정리되고 이 이차방정식은 해 $-1, 3$을 가지므로

$$y^2 - 2y - 3 = (y-3)(y+1)\text{이다.}$$

그러면

$$\begin{aligned} x^4 - 2x^2 - 3 &= (x^2 - 3)(x^2 + 1) \\ &= (x + \sqrt{3})(x - \sqrt{3})(x^2 + 1). \end{aligned}$$

$x^2 + 1$이 실수해를 가지지 않으므로 더이상 인수분해되지 않는다. □

◇ 연습 문제

1. 해를 계산하지 않고, 아래에 주어진 이차식의 해의 합과 곱을 결정하여라:

   (a) $x^2 - x + \frac{1}{4}$
   (b) $4x^2 - 4x + 1$
   (c) $x^2 + \sqrt{2}x + \frac{1}{4}$
   (d) $4x^2 + 4\sqrt{2}x + 1$
   (e) $x^2 + 3x + 1$
   (f) $8x^2 + 24x + 8$
   (g) $x^2 - 4x + \frac{1}{2}\sqrt{2}$
   (h) $2x^2 - 8x + \sqrt{2}$

2. 다음을 해로 가지는 이차식을 구하라.

   (a) $1, -2$
   (b) $8, -1$
   (c) $2 + \sqrt{3}, 2 - \sqrt{3}$
   (d) $\frac{1}{8}, -\frac{1}{2}$
   (e) $\frac{1}{2} + \sqrt{5}, -\frac{1}{2} + \sqrt{5}$

3. 연습문제 1의 이차다항식을 인수분해하여라.

4. 이차식 $x^2 + 2(k+2)x + 9k$ 가 인수분해될 수 있게 하는 모든 k의 값을 구하여라.

5. a, b가 실수라 하면, 이차방정식 $x^2 - 2ax + a^2 - b^2$이 인수분해됨을 보여라.

6. a, b, c가 실수라고 한다면, $c \neq b - a$라고 할 때 이차식 $(a - b + c)x^2 + 2(a - b)x + (a - b - c)$가 인수분해됨을 보여라.

7. $a \neq 0$인 실수라고 하자. 이차방정식 $2a^2x^2 + 2amx + m^2 - 2$가 인수분해되게 하는 모든 m을 구하여라.

8. 아래에 주어진 다항식들의 치역을 구하여라.

   (a) $F(x) = (x^2 + 1)/x$
   (b) $F(x) = x/(x^2 + 1)$
   (c) $F(x) = (x^2 + 1)/x^2$
   (d) $F(x) = 2/(x^2 + 1)$
   (e) $F(x) = (2x^2 - 1)/x$
   (f) $F(x) = 2x^2/(x + 1)$
   (g) $F(x) = (x^2 - x + 1)/(x^2 + 2x + 1)$

9. 주어진 다항식 각각을 인수분해하여라.

   (a) $x^4 - 4x^2 + 4$
   (b) $x^4 + 3x^2 - 10$
   (c) $x^4 - 12x^2 + 11$
   (d) $x^4 + 12x^2 + 11$
   (e) $2x^4 - 5x^2 - 12$
   (f) $3x^4 + 4x^2 - 7$
   (g) $2x^4 - 10x^2 - 7$
   (h) $3x^4 - 29x^2 + 18$
   (i) $x^6 - 1$
   (j) $x^6 + 7x^3 - 8$

3.4 인수와 나머지정리

함수 f와 f의 정의역에 속하는 실수 c가 주어진 경우, 때때로 $f(c)$를 결정하는 것이 매우 어려울 수 있다. 이러한 경우 **조립제법**(synthetic division)쓸 -- 다항식함수에서만 적용되는-- 은 이러한 계산들에 유용하게 쓰일 수 있다. 조립제법 과정을 설명하면

$$P(x) = a_0 + a_1x + a_2x^2 + a_3x^3$$

으로 놓고 c를 P의 정의역의 원소라 가정하자. 그러면

$$\begin{aligned} P(c) &= a_0 + a_1c + a_2c^2 + a_3c^3 \\ &= a_0 + (a_1 + a_2c + a_3c^2)c \\ &= a_0 + (a_1 + [a_2 + a_3c]c)c. \end{aligned}$$

이것으로 부터 $P(c)$는 다음 단계들의 순서에 의해 얻어진다.

c	a_3	a_2	a_1	a_0
		a_3c	$(a_2 + a_3c)c$	$[a_1 + (a_2 + a_3c)c]c$
	a_3	$a_2 + a_3c$	$a_1 + (a_2 + a_3c)c$	$a_0 + [a_1 + (a_2 + a_3c)c]c = P(c)(*)$

a_3와 c를 곱해 a_3c를 얻는다. 그리고 나서 여기에 a_2를 더해 $a_2 + a_3c$를 얻는다. 다음으로 $(a_2 + a_3c)$와 c를 곱해 $(a_2 + a_3c)c$를 얻는다. 그리고 나서 여기에 a_1을 더해 $a_1 + (a_2 + a_3c)c$를 얻는다. 마지막 단계는 c를 곱하고 a_0를 더하는 것이다. 이 조립제법을 이용하여 하나의 다항식 $P(x)$를 다른 다항식 $D(x)$로 나누어 몫과 나머지를 얻는 일반적인 과정이다.

예제 3.4.1. $P(x) = 3x^5 + 11x^4 + 90x_2 - 19x + 53$일 때 $P(-5)$를 계산하라.

풀이. 조립제법을 사용하면

−5	3	11	0	90	−19	53
		−15	20	−100	50	−155
	3	−4	20	−10	31	−102

이므로 $P(-5) = -102$이다. □

독자는 다항함수 $P(x)$를 또 다른 $D(x)$로 나누어 몫과 나머지를 구하는 것에 익숙할 것이다. 이러한 나눗셈이 다음 정리로 정리한다.

정리 3.4.1. (**호제법**)(Division Algorithm) $P(x)$를 n차 다항식이라 하고 $D(x)$를 m차의 다항식이라 하자. 그러면 다음과 같은 $P(x)$와 $D(x)$의 유일한 관계식이 나온다.

$$P(x) = D(x) \cdot Q(x) + R(x), \quad x \in \mathfrak{D}(P)$$

$R(x)$는 차수가 0인 다항식 또는 m보다 적은 차수를 가진 다항식이다.(Q는 **몫**(quotient)이라 하고 R은 **나머지**(remainder)라 한다.)

$$P(x) = D(x) \cdot Q(x)$$

인 경우에서 어떤 다항식 $Q(x)$에 대해 $P(x)$를 $D(x)$로 나누어지고, $D(x)$는 $P(x)$의 **인수**라 한다.

어떤 $c \in \mathfrak{D}(P)$에 대해서 위 정리를 다항식들 $P(x)$와 $D(x) = x - c$에 적용해 보자. 위 정리에 의해서,

$$P(x) = (x - c) \cdot Q(x) + R(x)$$

을 만족하는 $Q(x)$, $R(x)$가 존재한다.

그리고 $R(x)$는 상수이거나 또는 $(x - c)$보다 작은 차수를 갖는다. 보는 $x \in$

$\mathfrak{D}(P)$에 대해서위 식이 성립하므로, c에 대해서도 성립한다.

$$\begin{aligned} P(c) &= (c-c)\cdot Q(c) + R(c) \\ &= 0 \cdot Q(c) + R(c) \\ &= R(c). \end{aligned}$$

그러므로 $R(c)$는 상수 $P(c)$이므로 어떤 다항식 $P(x)$와 $c \in \mathfrak{D}(P)$에 대해 다음과 같이 쓸 수 있다. 어떤 Q에 대하여

$$P(x) = (x-c)\cdot Q(x) + P(c) \tag{3.3}$$

> **정리 3.4.2.** $P(x)$가 $(x-c)$로 나누어질 필요충분 조건은, $c \in \mathfrak{D}(P)$는 $P(x)$의 해이다.

등식(3.3)에서 나머지는 항상 $P(c)$라고 했으므로, c가 P의 해일 경우 $P(c) = 0$이어야 한다.

조립제법은 등식(3.3)에서 다항식 $P(x)$를 쓰는 데 있어 매우 유용하다: $c \in \mathfrak{D}(P)$에 대해 $P(x) = (x-c)\cdot Q(x) + P(c)$이다. 먼저

$$P(x) = a_0 + a_1 x + a_2 x^2 + a_3 x^3$$

에 대해 조립제법으로 $P(c)$를 구한다.

이제 $(*)$의 마지막 줄에 있는 처음 세 항을 새로운 다항식의 계수로서 사용한다:

$$a_3x^2 + (a_2 + a_3c)x + [a_1 + (a_2 + a_3c)c].$$

등식(3.3)에 의하면 이 새로운 다항식은 $Q(x)$라 한다.

$$\begin{aligned} &(x-c)\cdot Q(x) = (x-c)\cdot\{a_3x^2 + (a_2+a_3c)x + [a_1 + (a_2+a_3c)c]\} \\ &= a_3x^3 + (a_2+a_3c)x^2 + [a_1 + (a_2+a_3c)c]\cdot x \\ &- a_3cx^2 + c(a_2+a_3c)x + [a_1 + (a_2+a_3c)c]\cdot c \\ &= a_3x^3 + a_2x^2 + a_1x - [a_1 + (a_2+a_3c)c]c \\ &= a_3x^3 + a_2x^2 + a_1x + a_0 - a_0 - [a_1 + (a_2+a_3c)c]c \\ &= P(x) - P(c). \end{aligned}$$

그러므로 다음을 갖는다.

$$\begin{aligned}P(x) &= (x-c)\cdot a_3x^2 + (a_2 + a_3c)x + [a_1 + (a_2 + a_3c)c] + P(c)\\ &= (x-c)\cdot Q(x) + P(c).\end{aligned}$$

예제 3.4.2. $P(x) = 5x^5 - x^3 + x + 2$를 $x - 3$로 나누어 첫 번째로 조립제법에 의해 $P(3)$를 계산하여 나머지 $P(x)$를 얻어라. 따라서, $5x^5 - x^3 + x + 2 = (x-3)\cdot(5x^4 + 15x^3 + 4x^2 + 132x + 397) + 1193$. 그러므로 $P(c) = 1193$이다. □

예제 3.4.3. $3x^7 - x^6 + 31x^4 + 22x + 5$를 $x + 2$로 나누어 몫과 나머지를 얻어라.

풀이. $x + 2 = x - (-2)$로 나누므로 조립제법에서 -2를 사용해야 한다. 나머지는 따라서 $P(-2) = 9$이고 몫은 $3x^6 - 7x^5 + 14x^4 + 3x^3 - 6x^2 + 12x - 2$ 이다. □

예제 3.4.4. $4x^3 + x + 1$이 $3x - 1$로 나누어질 때 몫과 나머지를 구하기 위해 조립제법을 사용하여라.

풀이. 이 문제를 풀기 위해 첫 번째로 $4x^3 + x + 1$을 $x - 1/3$로 나눈다: 그러면

$$4x^3 + x + 1 = (x - \frac{1}{3})(4x^2 + \frac{4}{3}x + \frac{13}{9}) + \frac{40}{27}.$$

다음으로 $4x^2 + \frac{4}{3}x + \frac{13}{9}$을 3으로 인수분해한다:

$$4x^2 + \frac{4}{3}x + \frac{13}{9} = 3(\frac{4}{3}x^2 + \frac{4}{9}x + \frac{13}{27}).$$

그러면

$$\begin{aligned}(x - \frac{1}{3})(4x^2 + \frac{4}{3}x + \frac{13}{9}) &= (x - \frac{1}{3})[3(\frac{4}{3}x^2 + \frac{4}{9}x + \frac{13}{27})]\\ &= (3x-1)(\frac{4}{3}x^2 + \frac{4}{9}x + \frac{13}{27})\end{aligned}$$

그러므로

$$4x^2 + x + 1 = (3x-1)(\frac{4}{3}x^2 + \frac{4}{9}x + \frac{13}{27}) + \frac{40}{27}.$$

몫은 $\frac{4}{3}x^2 + \frac{4}{9}x + \frac{13}{27}$이고 나머지는 $\frac{40}{27}$이다. □

예제 3.4.5. $x+4$는 $P(x)=x^3+5x^2+5x+4$의 인수임을 보여라.

풀이. 정리(3.4.2)에 의해서, $P(-4)=0$이면 $x+4$는 $P(x)$의 인수이다. 조립제법에 의해 $P(-4)$를 계산을 하면 $P(-4)=0$이고 $x+4$는 x^3+5x^2+5x+4 인수가 된다. □

◇ 연습 문제

1. $f(x)=8x^4-3x^2+x-1$일 때, $f(1), f(-1), f(\frac{1}{2}), f(-\frac{1}{2}), f(-2)$를 계산하라.
2. $f(x)=2x^5-x^4+2x^3-x+2$일 때, f(1), $f(-1), f(\frac{1}{2}), f(-2)$ 그리고 $f(2)$를 계산하라.
3. $f(x)=2x^3+x^2-5x+3$일 때, $f(1), f(2), f(5), f(-1), f(-3), f(-6)$을 계산하라.
4. $f(x)=5x^5-6x^4-8x^3+7x^2+6x+2$일 때, $f(3)$을 계한하라.
5. $f(x)=x^3-(a+b+c)x^2+(ab+ac+bc)x-abc$일 때, $f(a)$를 계산하라.
6. $P(x)=x^3+mx^2-20x+6$일 때, 3을 P의 제로점으로 하는 m을 결정하라.[힌트:조립제법을 이용]
7. $C(x)=2x^3-x^2+kx+n$일 때, $C(-2)=0$ 이고 $C(4)=0$으로 하는 k와 n을 선택하라.
8. 다음의 몫과 나머지를 찾아라.
   (a) $f(x)=x^2-x+1$은 $x+1$로 나누어진다.
   (b) $g(x)=3x^3-x^2+10x-1$은 $x-1$로 나누어진다.
   (c) $m(x)=x^5-4x^3-3x^2-8$은 $x+3$으로 나누어진다.
   (d) $n(x)=x^4-8x^2-x+\frac{3}{2}$은 $x+1$로 나누어진다.
   (e) $r(x)=5x^3-3x^2+7x-1$은 $x-2$로 나누어진다.
   (f) $g(x)=-3x^4-2x^3+x$은 $3x+7$로 나누어진다.
9. (a) $x-1$이 $P(x)=9x^3+x^2-7x+2$의 인수가 아님을 보여라.
   (b) $x-1$이 $P(x)=4x^3-2x^2+x-1$의 인수가 아님을 보여라.

(c) $x+2$가 $P(x)=-x^5+16x^4+x-1$의 인수가 아님을 보여라.

(d) $x-3$이 $P(x)=3x^5-2x^4-x^3-3x^2-x+3$의 인수가 아님을 보여라.

(e) $2x-4$가 $P(x)=3x^5-x^4+3x^3-3x^2-x+3$의 인수가 아님을 보여라.

(f) $x+1$이 $P(x)=3x^3+4x^2+5x+4$의 인수임을 보여라.

(g) $x-7$이 $P(x)-x^4-8x^3+8x^2-8x+7$의 인수임을 보여라.

(h) $x+3$이 $P(x)=-2x^4-x^3+3x^2-37x-3$의 인수임을 보여라.

10. 다음을 보이기 위해 조립제법을 이용하여라.

(a) -1은 $f(x)=x^3+2x^2+2x+1$의 해이다.

(b) 1은 $f(x)=2x^4-x^3-4x^2+3x$의 해이다.

(c) 4는 $f(x)=2x^4-7x^3-7x^2+14x-8$의 해이다.

(d) 2는 $f(x)=3x^5-x^4+3x^3+x^2-x-4$의 해가 아니다.

(e) $1/3$은 $f(x)=3x^5-x^4+3x^3-x^2-x-4$의 해가 아니다.

11. b를 0이 아니라 하자. n이 홀수인 정수이면 $x+b$는 x^n+b^n의 인수이고, n이 짝수이면 인수가 아님을 보여라.

3.5 부분분수

모든 $x \in \mathfrak{D}(f) \cap \mathfrak{D}(g)$에 대하여 $g(x) \neq 0$인 주어진 두 함수 f, g의 새로운 함수 f/g를 정의하였다. f와 g가 다항함수이면, f/g는 유리함수라 부른다. 유리함수는 항상 다음과 같은 형식의 유리함수의 합으로 얻어진다.

$$P(x), \quad \frac{A}{(x-a)^k} \quad \text{와} \quad \frac{Ax+B}{(x^2+cx+d)^t} \tag{3.4}$$

단, $P(x)$는 다항식, a, A, B, c, d는 실수, 그리고 k, t는 양의 정수들이다.

먼저 유리함수 P/Q에서, P가 Q의 차수보다 크거나 같은 차수를 가진다면, 다항식 P, Q에 대하여, $P(x)=Q(x)\cdot F(x)+R(x)$인 다항식 F와 R이 존재한다. 여기서 $R(x)$는 0 또는 $Q(x)$의 차수 보다 작은 차수를 갖는다. 그리고 $Q(x)$로 나누면 식(3.5)가 된다.

$$P/Q = F + R/Q, \tag{3.5}$$

R은 Q보다 작은 차수를 가지는 모든 유리함수 R/Q는 다음과 같은 형태의 항들의 합이다.

$$\frac{A}{(x-a)^k} \quad \text{와} \quad \frac{Ax+B}{(x^2+cx+d)^t}.$$

이 항들은 일반적으로 **부분분수**라고 부른다. 이것은 다항식 Q를 인수분해 함으로써 얻어지는데 실수 계수를 가지는 모든 다항식은 $c^2-4d<0$에서

$$(x-a)^k \quad \text{와} \quad (x^2+cx+d)^t$$

와 같은 형태의 항들의 곱으로써 인수분해된다. 이 인수분해가 한번 결정되면, 항들

$$\frac{A}{(x-a)^k} \quad \text{와} \quad \frac{Bx+C}{(x^2+cx+d)^t}$$

은 R/Q를 얻기 위해 상수 A, B, C를 구하기 위해 다음과 같이 구한다:

(a) $(x-a)^k$가 Q의 인수이고 이것이 Q의 인수로써 $(x-a)$의 가장큰 거듭제곱이면, 합으로써 R/Q를 구하기 위해서 다음이 필요하다:

$$\frac{A_1}{x-a}, \frac{A_2}{(x-a)^2}, \frac{A_3}{(x-a)^3}, \ldots, \frac{A_k}{(x-a)^k},$$

단, $A_1, A_2, \ldots, A_k$는 실수이다.

(b) $(x^2+cx+d)^t$는 $c^2-4d<0$인 Q의 인수이고 이것은 Q의 인수로 (x^2+cx+d)의 가장 큰 거듭제곱이면, 합으로써 R/Q를 구하기 위해 다음이 필요하다:

$$\frac{B_1x+C_1}{x^2+cx+d}, \frac{B_2x+C_2}{(x^2+cx+d)^2}, \ldots, \frac{B_tx+C_t}{(x^2+cx+d)^t},$$

단, $B_1, C_1, B_2, C_2, \ldots, B_t, C_t$는 실수이다.

예제 3.5.1. $\dfrac{x^4}{x^3+2x^2+2x+1}$을 다항식과 부분분수의 합으로 나타내어라.

풀이. x^4을 x^3+2x^2+2x+1로 나눔으로써,

$$x^4 = (x-2)(x^3-2x^2+2x+1) + (2x^2+3x+2)$$

따라서

$$\frac{x^4}{x^3+2x^2+2x+1} = (x-2) + \frac{2x^2+3x+2}{x^3+2x^2+2x+1}.$$

다음으로, $x^3+2x^2+2x+1 = (x+1)\cdot(x^2+x+1)$이다. ($x^2+x+1$의 판별식이 음이므로 더이상 인수분해 할 수 없다.) 그러므로

$$\begin{aligned}\frac{2x^2+3x+2}{x^3+2x^2+2x+1} &= \frac{2x^2+3x+2}{(x+1)\cdot(x^2+x+1)} \\ &= \frac{A}{x+1} + \frac{Bx+C}{x^2+x+1}.\end{aligned}$$

이제 A, B, C를 결정하는 것이다.

$$\begin{aligned}\frac{A}{x+1}+\frac{Bx+C}{x^2+x+1} &= \frac{A(x^2+x+1)+(Bx+C)(x+1)}{(x+1)(x^2+x+1} \\ &= \frac{(A+B)x^2+(A+B+C)x+A+C}{(x+1)(x^2+x+1}\end{aligned}$$

따라서

$$\frac{2x^2+3x+2}{(x+1)(x^2+x+1)} = \frac{(A+B)x^2+(A+B+C)x+A+C}{(x+1)(x^2+x+1)} \text{이고}$$

$$2x^2+3x+2 = (A+B)x^2+(A+B+C)x+A+C \text{이다.}$$

이것은 모든 x에 대하여

$$x = 0 \quad \text{이면} \quad 2 = A + C. \tag{3.6}$$

$$x = 1 \quad \text{이면} \quad 7 = 3A + 2B + 2C. \tag{3.7}$$

$$x = -1 \quad \text{이면} \quad 1 = A. \tag{3.8}$$

그러므로 (3.6)와 (3.7)으로 부터 $C = 1$ 이고 (3.8)로 부터

$$\begin{aligned}7 &= 3 + 2B + 2 \\ 2 &= 2B\end{aligned}$$

따라서, $A = B = C = 1$을 얻는다.

확인을 위해서 $\frac{1}{x+1}$와 $\frac{x+1}{x^2+x+1}$을 더하면

$$\begin{aligned}\frac{1}{x+1}+\frac{x+1}{x^2+x+1} &= \frac{(x^2+x+1)+(x+1)^2}{(x+1)(x^2+x+1)} \\ &= \frac{2x^2+3x+2}{(x+1)(x^2+x+1)}.\end{aligned}$$

그러므로

$$\frac{x^4}{x^3+2x^2+2x+1} = (x-2)+\frac{1}{x+1}+\frac{x+1}{x^2+x+1}.$$

□

예제 3.5.2. $\dfrac{x+1}{x^2(x-1)^3(x^2-x+1)^2}$을 부분분수의 합으로 표현하여라. □

◇ 연습 문제

1. 다음 유리함수들을 다항식 또는 부분분수 또는 그들의 합으로 나타내어라.

(a) $\frac{1}{x(x+1)}$

(b) $\frac{x}{(x+1)(x-1)}$

(c) $\frac{4x+1}{2x^2+4x-6}$

(d) $\frac{x^2}{(x^2-1)}$

(e) $\frac{2x+1}{x^3+1}$

(f) $\frac{x^3+x^2+x+1}{(2x+1)(x^2+1)^2}$

(g) $\frac{x}{(x+1)^2}$

(h) $\frac{x}{(x+1)^3}$

(i) $\frac{x^2}{(x+1)^3}$

(j) $\frac{2x^2+1}{x^2(x+1)^2}$

3.6 이차 부등식

2장에서 다음과 같은 부등식을 공부했다.

$$x^2 - x - 6 \geq 0$$

이것은 $P(x)$가 이차함수

$$P(x) \geq 0$$

인 종류의 부등식의 예이다. 여기서 함수의 정의역은 항상 모든 실수로 할 것이다. 문제는 $P(x) \geq 0$을 만족하는 모든 실수 x를 구하는 것이다.

부등식

$$x^2 - x - 6 \geq 0$$

을 다음과 같이 인수분해를 함으로써 풀 수 있었다.

$$(x-3)(x+2) \geq 0$$

이것은 다음의 경우이다.

$$(a) \quad x - 3 \geq 0 \quad \text{이고} \quad x + 2 \geq 0 \tag{3.9}$$

$$(b) \quad x - 3 \leq 0 \quad \text{이고} \quad x + 2 \leq 0 \tag{3.10}$$

식 (3.9)로 부터 $x \geq 3$이고 $x \geq -2$ 식 (3.10)로 부터 $x \leq 3$이고 $x \leq -2$ 식 (3.9)은 $x \geq 3$ 경우를 만족시키고 식 (3.10)는 $x \leq -2$일 경우를 만족시킨다. 이제 $Q(x) = x^2 - x - 6$의 그래프를 생각해보자. 이것은 그림3.6에서 주어졌다. 그림3.6로 부터 왜 해가 되는지를 알 수 있다. 부등식

$$x^2 - x - 6 \leq 0$$

의 해집합은 $[-2, 3]$이다. 두 부등식 $Q(x) \geq 0$ 와 $Q(x) \leq 0$에 해집합에 대해서 정리한다.

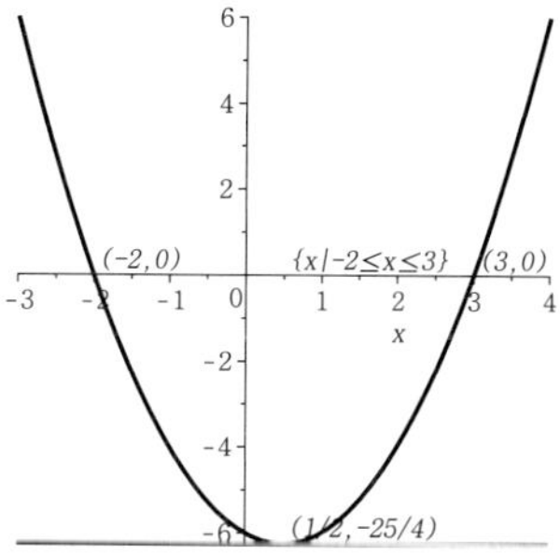

그림 3.6: $Q(x) = x^2 - x - 6$의 그래프

정리 3.6.1. $Q(x) = c + bx + ax^2, a \neq 0$라 하고, $D = b^2 - 4ac$는 판별식이라 하자.
(*a*) $a > 0$이고 $D < 0$이면, 부등식 $Q(x) \leq 0$의 해집합은 $\emptyset$이고 $Q(x) > 0$의 해집합은 $\mathbb{R}$(모든 실수)이다.
(*b*) $a > 0$이고 $D > 0$이면, 부등식 $Q(X) \leq 0$의 해집합은 $[z_1, z_2]$ ($z_1 < z_2$은 Q의 해인때) 이고 부등식 $Q(x) \geq 0$의 해집합 $\{x|x \leq z_1\} \cup \{x|x \geq z_2\}$이다.
(*c*) $a < 0$이고 $D < 0$이면, $Q(x) < 0$의 해집합은 $\mathbb{R}$이고 $Q(x) \geq 0$의 해집합은 $\emptyset$이다.
(*d*) $a < 0$이고 $D > 0$이면, $Q(x) \leq 0$의 해집합은 $z_1 < z_2$이고 이것들은 Q의 해인 것에서 $\{x|x \leq z_1\} \cup \{x|x \geq z_2\}$ 이다. $Q(x) \geq 0$의 해집합은 $[z_1, z_2]$이다.

Proof. (*d*)를 증명하고 나머지는 학생들을 위해 남긴다. $D > 0$을 가지고, $z_1 < z_2$라고 하는 것이 Q의 두개의 서로 다른 해라는 것이다. $a < 0$이므로, Q의 그래프는 최고값에서 부터 감소하는 형태이고 $(z_1, 0)$과 $(z_2, 0)$에서 x축과 교차한다. (그림 3.7 참조.) 두개의 부등식에 대한 해집합은 주어진 것과 같다. □

예제 3.6.1. $x^2 - x + 1 > 0$에 대하여 풀어라.

풀이. 판별식 $D = (-1)^2 - 4(1)(1) = -3 < 0$이고 $a = 1 > 0$. 따라서, 모든 실수에 대해서 $x^2 - x + 1 > 0$이다. □

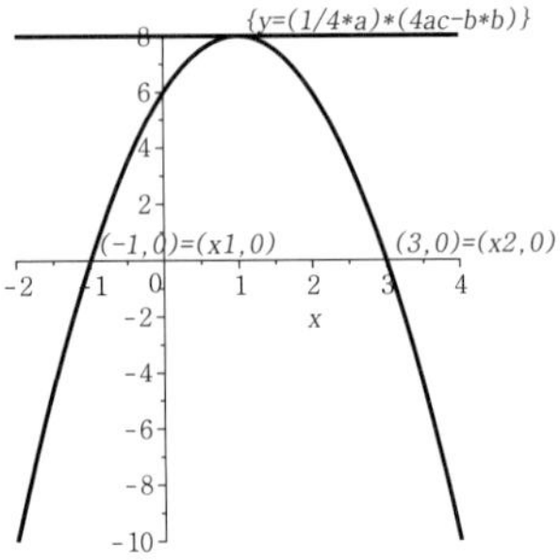

그림 3.7: $a < 0$이고 $D > 0$인 그래프

예제 3.6.2. $x < x^2$에 대하여 풀어라.

풀이. 이것은 $x^2 - x > 0$와 동치이다. 그리고 이차방정식 $x^2 - x$는 판별식 $D = (-1)^2 - 4(1) \cdot 0 = 1 > 0$을 가지고 $a = 1$이다. 해들은 0과 1이고 해집합은 다음과 같다.

$$\{x | x > 1\} \cup \{x | x < 0\} \quad \text{이다.}$$

□

예제 3.6.3. $x^2 \leq 1$에 대하여 풀어라.

풀이. 이 부등식은 $x^2 - 1 \leq 0$과 동치이다. 이차방정식 $x^2 - 1$은 두개의 해 1, -1를 가지므로 해집합은 $[-1, 1]$이다. □

◇ 연습 문제

1. $(a) \sim (k)$에서 주어진 각각의 이차방정식 $Q(x)$에 대하여 아래에 주어진 질문$(i) \sim (iv)$들에 답하여라.

   (i) Q의 판별식은 무엇인가? (ii) Q는 몇개의 해를 갖는가? Q가 만일 해를 갖는다면 해는 무엇인가? (iii) $Q(x) \geq 0$의 해집합은 무엇인가? (iv) $Q(x) \leq 0$의 해집합은 무엇인가?

   (a) $Q(x) = -x^2 + 3x$

   (b) $Q(x) = 3x^2 + 1$

   (c) $Q(x) = 2x^2 - 5$

   (d) $Q(x) = -2x^2 + x$

   (e) $Q(x) = 2x^2 - x - 1$

   (f) $Q(x) = x^2 - 10x + 2$

(g) $Q(x) = x^2 - 5x + 7$

(h) $Q(x) = -\frac{1}{4}x^2 + 4x - 17$

(i) $Q(x) = -3x^2 - x + 2$

(j) $Q(x) = \frac{3}{8}x^2 - 7x + 2$

(k) $Q(x) = (4\sqrt{2})^{-1}x^2 + \sqrt{3}x + \sqrt{2}$

2. 다음의 부등식들의 해집합을 얻어라.

(a) $2x^2 - 8x + 1 \geq 0$

(b) $(\frac{2}{3})x^2 + x - 1 \leq 0$

(c) $x^2 + \sqrt{2}x + \sqrt{3} < 0$

(d) $-x^2 + \sqrt{2}x + \sqrt{3} < 0$

(e) $x^2 - x \leq 0$

(f) $x + 2 > 5x^2$

(g) $(1 + \sqrt{2})x^2 \geq (10 + 11\sqrt{2})x + 11$

3. 정리(3.6.1)의 $(a), (b), (c)$를 증명하여라.

3.7 유리함수를 포함한 부등식

이제 유리함수를 포함한 부등식을 살펴보자. 예를 들어 다음과 같은 부등식이 존재 한다고 하자.

$$\frac{3x+1}{(x-1)(x+7)} > 0 \quad \text{또는} \quad \frac{3x+1}{(2-1)(x+7)} < 0.$$

다음을 고려 하자:

$$(i) \quad \begin{cases} 3x + 1 = 3(x + \frac{1}{3}) > 0, & x > -\frac{1}{3} \\ 3x + 1 < 0, & x < -\frac{1}{3}. \end{cases}$$

$$(ii) \quad \begin{cases} x - 1 > 0, & x < 1, \\ x - 1 < 0, & x > 1. \end{cases}$$

$$(iii) \quad \begin{cases} x + 7 > 0, & x < -7 \\ x + 7 < 0, & x > -7. \end{cases}$$

이제 실수 $-\frac{1}{3}, 1, -7$을 순서대로 취하여 다음의 표를 만든다:

$\cdots$이면,	그러면 ...			
$x < -7$	$x+7<0$	$x-1<0$	$3x+1<0$	$\frac{(3x+1)}{(x-1)(x+7)} < 0$
$-7 < x < -\frac{1}{3}$	$x+7>0$	$x-1<0$	$3x+1<0$	$\frac{(3x+1)}{(x-1)(x+7)} > 0$
$-\frac{1}{3} < x < 1$	$x+7>0$	$x-1<0$	$3x+1>0$	$\frac{(3x+1)}{(x-1)(x+7)} < 0$
$1 < x$	$x+7>0$	$x-1>0$	$3x+1>0$	$\frac{(3x+1)}{(x-1)(x+7)} > 0$

위 표에서 $P(x) = \dfrac{3x+1}{(x-1)(x+7)}$의 범위는 그림3.8에서와 같이 그려진다.

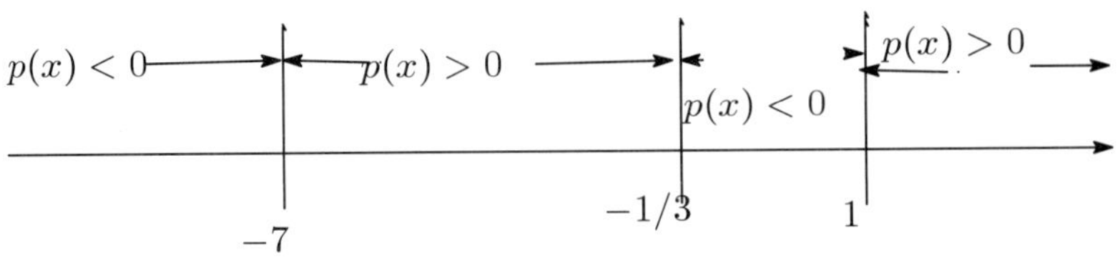

그림 3.8: $P(x)$의 범위

유리함수 $\dfrac{3x+1}{(x-1)(x+7)}$은 1차식들이 인수이고 일차식들의 하나의 해의 한 쪽면에서 양이고 다른 면에서 음이라는 사실을 이용하였다.

예제 3.7.1. $\dfrac{x^2+x+6}{x^2-4} > 0$의 해집합을 구하라.

풀이. $a = 1 > 0$이고 판별식 $D = 1^2 - 4(1)(6) = -23 < 0$이므로 모든 x에 대하여 $x^2+x+6 > 0$. 그러므로, $x^2-4 > 0$이기 위한 필요충분조건은 $\dfrac{x^2+x+6}{x^2-4} > 0$이다. 그러나 $x^2-4 > 0$의 해집합은 $\{x|x < -2\} \cup \{x|x > 2\}$이다. 따라서, $\dfrac{x^2+x+6}{x^2-4} > 0$의 해집합은 $\{x|x < -2\} \cup \{x|x > 2\}$이다. □

예제 3.7.2. $\dfrac{P(x)}{Q(x)} = \dfrac{(7x-1)((\frac{2}{3})x-1)}{(5x+2)(x-8)} < 0$에 대한 해집합을 구하라.

풀이. 일차 함수의 해들은 $\frac{1}{7}, \frac{3}{2}, -\frac{2}{5}$이므로 다음을 얻는다.

…이면,	그러면 …				
$x < -\frac{2}{5}$	$7x-1<0$	$\frac{2}{3}x-1<0$	$5x+2<0$	$x-8<0$	$p(x)/q(x)>0$
$-\frac{2}{5} < x < \frac{1}{7}$	$7x-1<0$	$\frac{2}{3}x-1<0$	$5x+2>0$	$x-8<0$	$p(x)/q(x)<0$
$-\frac{1}{7} < x < \frac{3}{2}$	$7x-1>0$	$\frac{2}{3}x-1<0$	$5x+2>0$	$x-8<0$	$p(x)/q(x)>0$
$\frac{3}{2} < x < 8$	$7x-1>0$	$\frac{2}{3}x-1<0$	$5x+2>0$	$x-8<0$	$p(x)/q(x)<0$
$8 < x$	$7x-1>0$	$\frac{2}{3}x-1>0$	$5x+2>0$	$x-8>0$	$p(x)/q(x)>0$

따라서 $P(x)/Q(x) < 0$의 해집합은 $(-\frac{2}{5}, \frac{1}{7}) \cup (\frac{3}{2}, 8)$이다. □

예제 3.7.3. $x \in (0,1)$에 대하여 $\dfrac{1}{x-1} + \dfrac{1}{x+1} < 0$을 보여라.

풀이.

$$\frac{1}{x-1} + \frac{1}{x+1} = \frac{2x}{(x-1)(x+1)} = \frac{P(x)}{Q(x)}$$

이므로, 다음을 얻는다.

$x < -1$에 대하여 $\frac{P(x)}{Q(x)} < 0$, $-1 < x < 0$에 대하여 $\frac{P(x)}{Q(x)} > 0$, $0 < x < 1$에 대하여 $\frac{P(x)}{Q(x)} < 0$, $1 < x$에 대하여 $\frac{P(x)}{Q(x)} > 0$. □

◇ 연습 문제

1. 다음의 해집합을 구하라.

   (a) $\frac{x+1}{x-4} < 0$

   (b) $\frac{x+1}{(x-4)(x+5)} > 0$

   (c) $\frac{2}{3x+1} < \frac{1}{5x-8}$

   (d) $\frac{1}{x-2} < \frac{1}{x^2-x-6}$

   (e) $\frac{2}{-2x^2+5} \geq \frac{1}{-x^2+\frac{1}{2}}$

   (f) $\frac{-x^2+2x+3}{x^2-x-6} < 0$

2. 아래에 주어진 함수 $g(x)$의 각각에 대하여 $g(x) > 0, g(x) < 0, g(x) \geq 0, g(x) \leq 0$에 대한 해집합을 찾아라.

   (a) $g(x) = \frac{x-1}{x+2}$

   (b) $g(x) = \frac{(x-1)(x-3)}{(x+2)}$

   (c) $g(x) = \frac{(2x-1)}{(x+3)(3x+1)}$

   (d) $g(x) = \frac{x^2+x+1}{(2x-7)(3x+2)}$

제 4 장

삼각함수

4.1 삼각함수의 정의

삼각함수를 정의하는 방법에는 여러가지가 있다. 이 절에서는 각의 측정에 친숙하고 또한 닮은 삼각형과 관련된 기초적인 내용을 알고 있다고 가정한다. 몇 가지의 중요한 요소들을 가지고 직각삼각형과 관련한 기초적인 특성으로 먼저 정의하고자 한다.

그림4.1에서와 같이 각C가 직각인 직각삼각형 ABC가 주어졌다고 하자. $\angle A$(각 A)와 마주하는 변의 길이를 a라 하고, $\angle B$에 마주하는 변의 길이는 b라 하고, c는 $\angle C$에 마주하는 변의 길이라 한다.

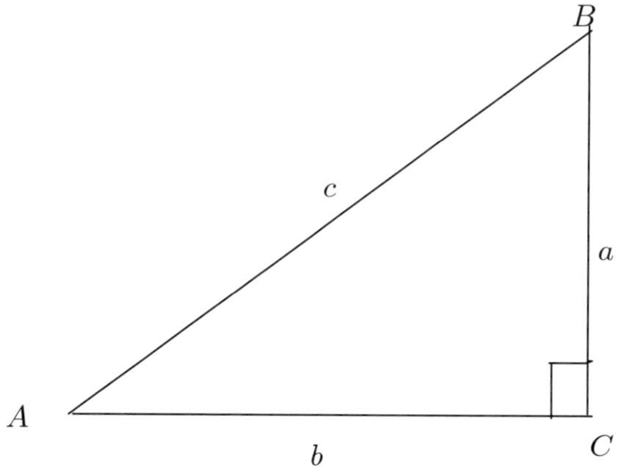

그림 4.1: 직각삼각형

그림4.1에 의하여 다음과 같이 함수를 정의한다:

$$\sin(\angle A) = \frac{a}{c} = \frac{\angle A\text{와 마주하는 변의 길이}}{\text{빗변의 길이}}$$
$$\cos(\angle A) = \frac{b}{c} = \frac{\angle A\text{에 인접한 변의 길이}}{\text{빗변의 길이}}$$
$$\tan(\angle A) = \frac{a}{b} = \frac{\angle A\text{와 마주하는 변의 길이}}{\angle A\text{에 인접한 변의길이}}$$

함수 $\sin, \cos, \tan$를 각각 *sine*, *cosine*, *tangent*라 읽고 일반적으로 $\sin(\angle A)$, $\cos(\angle A)$, $\tan(\angle A)$라고 쓴다. 이후로는 특별한 언급이 없는한 $\angle A = A$, $\angle B = B$, $\angle C = C$로 쓰고 각 마주보는 변의 길이는 a, b, c로 쓰기로 한다.

정의 4.1.1. 삼각형 ABC에서 각A에 대하여 다음의 등식에 의해 정의된다:

$$\sin A = \frac{a}{c}, \quad \sin B = \frac{b}{c}, \quad \cos A = \frac{b}{c}, \quad \cos B = \frac{a}{c}$$

함수 *cotangent*, *secant*, *cosecant*는 줄여서 각각 $\cot, \sec, \csc$로 쓰고 다음과 같이 정의한다:

$$\cot A = \frac{1}{\tan A} = \frac{b}{a}, \quad \sec A = \frac{1}{\cos A} = \frac{c}{b}, \quad \csc A = \frac{1}{\sin A} = \frac{c}{a}.$$

주어진 각에서 함수 $\sin, \cos, \tan$의 값은 오로지 각의 "변"에 달려 있다. 정의4.1.1에 의해서 $\cot, \sec, \csc$은 또한 삼각형의 변의 비로써 표현된다.

$$\cot A = \frac{1}{\tan A} = \frac{1}{a/b} = \frac{b}{a} = \frac{A\text{에 인접한 변의 길이}}{A\text{와 마주하는 변의 길이}}$$
$$\sec A = \frac{1}{\cos A} = \frac{1}{b/c} = \frac{c}{b} = \frac{\text{빗변의 길이}}{A\text{에 인접한 변의 길이}}$$
$$\csc A = \frac{1}{\sin A} = \frac{1}{a/c} = \frac{c}{a} = \frac{\text{빗변의 길이}}{A\text{와 마주하는 변의 길이}}$$

여섯가지 함수 *sine*, *cosine*, *tangent*, *cotangent*, *secant*, *cosecant*를 **삼각함수**라 부른다.

예제 4.1.1. $60°$의 여섯가지 삼각함수값을 계산하여라.

풀이. 각 변이 1인 정삼각형ABC를 만든다. 각각의 각의 크기는 $60°$이다. $60°$의 삼각함수를 계산하기 위해서 B에서 변 AD까지 수직선을 긋는다. 이 수직선은 점 C에서 AD를 양분하고 따라서 AC의 길이는 $\frac{1}{2}$이다. 직각삼각형 ABC에서 피타고라스의 정리를 이용하면 다음이 주어진다

$$1^2 = a^2 + (\frac{1}{2})^2 \text{ 또는 } 1 = a^2 + \frac{1}{4}.$$

그러면 $a^2 = 1 - 1/4 = 3/4$이므로 $a = \sqrt{3/4} = \frac{1}{2}\sqrt{3}$이다. 이제 $60°$의 삼각함수가 각각 계산된다.

$$\sin(60°) = \frac{1}{2}\sqrt{3}, \quad \cos(60°) = \frac{1}{2}, \quad \tan(60°) = \sqrt{3}$$
$$\cot(60°) = 1/\sqrt{3}, \quad \sec(60°) = 2, \quad \csc(60°) = 2/\sqrt{3}$$

□

◇ 연습 문세

1. 한 변 각C가 직각인 삼각형 $\triangle ABC$와 $a = 6, b = 8, c = 10$가 주어질 때
   (a) $\sin A, \tan A, \sec A$를 계산하여라.
   (b) $\cos B, \cot B, \csc B$를 구하기 위해 (a)를 이용하여라.
   (c) $\cos A, \cot A, \csc A$를 구하기 위해 (a)를 이용하여라.
   (d) $\sin B, \tan B, \sec B$를 구하여 위해 (b)를 이용하여라.
2. 각C가 직각인 삼각형 $\triangle ABC$와 $a = 1, b = 3$가 주어질때
   (a) c를 구하여라.
   (b) $\sin A, \tan A, \sec A$를 구하여라.
   (c) $\cos B, \cot B, \csc B$를 구하기 위해 (b)를 이용하여라.
   (d) $\cos A, \cot A, \csc A$를 구하기 위해 (b)를 이용하여라.
   (e) $\sin B, \tan B, \sec B$를 구하기 위해 (c)를 이용하여라.

4.2 해석 삼각함수

앞 절에서 삼각형과 관련된 삼각함수를 정의하였다. 이 정의들은 어떤 면에서 너무 제한적이기 때문에 일반화를 하는 것이 바람직하다. 여기서 사용되는 방법은 단위원을 이용하고 단위원을 따라 호를 측정하는 것이 가능하다고 가정한다.

그래프가 그림4.2에 주어진 단위 원

$$\mathcal{C} = \{(x, y)|x^2 + y^2 = 1\}$$

이다. t가 실수라면, 원 $\mathcal{C}$의 호는 길이 $|t|$를 가지는 점 $I(1,0)$으로부터 측정한다. $t \geq 0$ 이면 호는 $I(1,0)$에서 시작하여 시계 반대방향으로 측정하고 $t < 0$ 이면 시계방향으로 측정한다. (그림4.2 참조.) 이것은 실수 t와 원 $\mathcal{C}$의 점 $P(a,b)$(I와 마주하는 호의 끝점)와 관련된다. 함수 F는 정의역 t는 모든 실수이고 치역은 $\mathcal{C}$의 모든 점으로 다음과 같이 정의한다.

$$F = \{(t, P(a,b))|t \in \mathbb{R}, \quad P(a,b)\text{는 } \mathcal{C}\text{의 원주상의 점}\}.$$

이는 다음과 같다.

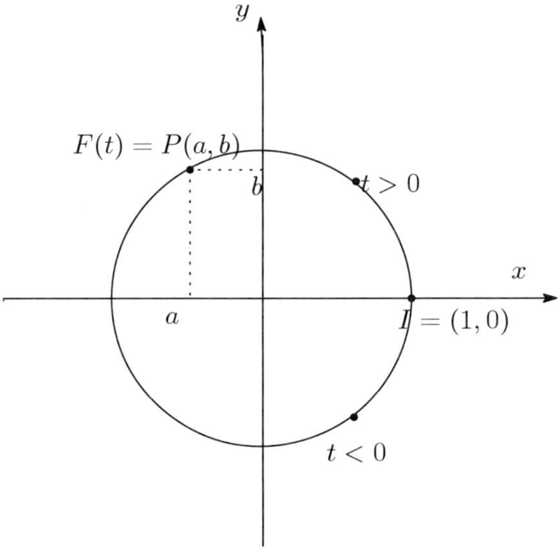

그림 4.2: $F(t) = P(a, b)$

$$F(t) = P(a, b).$$

$t = 0$에 대해서,

$$F(0) = P(1, 0) = I(1, 0),$$

이고 원의 원주가 2π이므로,

$$F(2\pi) = I(1, 0) \text{ 이고 } F(-2\pi) = I(1, 0) \text{ 이다.}$$

n은 정수이고 $F(t) = P(a,b)$일 때 $F(t+2n\pi)$를 계산하고자 한다. $t+2n\pi$와 관련한 원 위의 점은 $F(t) = P(a,b)$를 먼저 찾고 현의 길이 $2n\pi$를 측정함으로써 구해진다. 그러나 n이 정수이므로, $P(a,b)$로 부터 측정할 때, $2n\pi$와 관련한 점이 오직 $P(a,b)$라는 것이다. 따라서

$$F(t+2n\pi) = P(a,b) \text{ 또는 } F(t) = P(a,b)$$

이므로, 모든 실수 t와 정수 n에 대하여

$$F(t+2n\pi) = F(t)\text{이다.}$$

이제 삼각함수 sin과 cos을 정의하기 위해 함수 F를 사용한다.

$$(1)\sin = \{(t,b)|t \in R \text{ 과 } F(t) = P(a,b)\}$$
$$(2)\cos = \{(t,a)|t \in R \text{ 과 } F(t) = P(a,b)\}.$$

이름을 "sine"과 "cosine"은 대개 줄여서 sin과 cos이라 하고 따라서 함수 $f(t)$−표기법에서

$$\sin(t) = b, \quad \cos(t) = a.$$

$\sin(t)$와 $\cos(t)$는 단위 원주상에서 점 $F(t) = P(a,b)$의 두 번째와 첫 번째 좌표이다. (그림4.2 참조.)

예제 4.2.1. $\cos(\pi/2)$, $\sin(\pi/4)$, $\cos(\pi/4)$를 구하라.

풀이. $I(1,0)$에서 시작해서 원을 따라 시계 반대 방향으로 $\pi/2$ 만큼 나아간다. $\pi/2$가 전체 원주 2π 의 $\frac{1}{4}$이므로, 원을 도는 중 $\frac{1}{4}$에서 멈춘다. 즉,

$$F(\pi/2) = P(0,1).$$

그러므로, $\cos(\pi/2) = 0$이다.

$I(1,0)$으로 부터 호 $F(\pi/4)$를 계산하는 것은 $F(\pi/2)$에 대한 호와 같은 방향이고 호의 길이는 $\frac{1}{2}$이다. 따라서 점 $F(\pi/4)$는 일 사분을 양분하는 직선상에 있다.(그림4.3참조.) 따라서 $F(\pi/4) = P(a,b)$이면 $a = b$이다. 그러나 $P(a,a)$는 원 C위에 있다.

$$a^2 + a^2 = 1 \text{ 또는 } a^2 = \frac{1}{2} \text{ 이므로} a = \frac{1}{\sqrt{2}}\text{이다.}$$

그러므로

$$\sin(\pi/4) = 1/\sqrt{2}, \qquad \cos(\pi/4) = 1/\sqrt{2}\text{이다.}$$

□

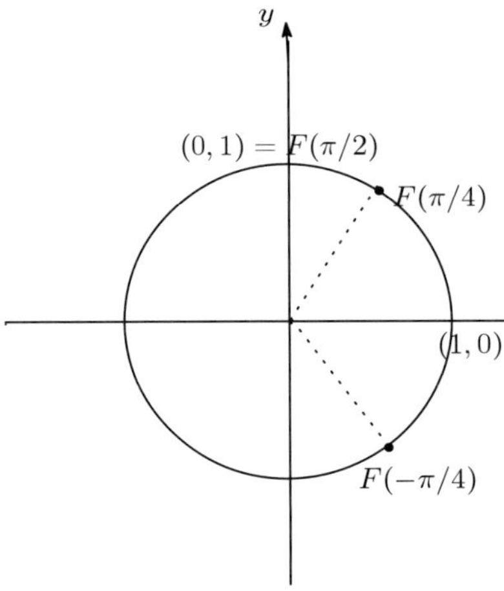

그림 4.3: $F(\pi/4) = P(a, b)$

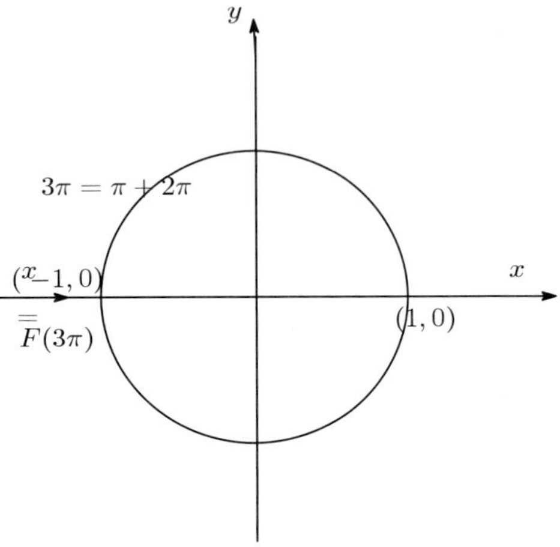

그림 4.4: $F(t + 2n\pi) = F(t)$

예제 4.2.2. (a). $\sin(-\pi/4)$와 $\cos(-\pi/4)$를 계산하여라.
(b). $\cos(3\pi)$를 구하라.

풀이. (a). 그림4.3에 의하면

$$F(-\pi/4) = P(1/\sqrt{2}, -1/\sqrt{2})$$

이고,

$$\sin(-\pi/4) = -1/\sqrt{2}, \qquad \cos(-\pi/4) = 1/\sqrt{2}\text{이다.}$$

(b). 관계 $F(t + 2n\pi) = F(t)$로부터 $n = 1$에 대해 다음을 얻는다.

$$F(3\pi) = F(\pi + 2\pi) = F(\pi) = P(-1, 9).$$

따라서, $\cos(3\pi) = -1$이다. (그림4.4 참조.) □

모든 실수 t와 정수 n에 대하여 다음에 나타나는 sin과 cos함수의 매우 중요한 관련성이 있다:

$$\sin(t + 2n\pi) = \sin(t), \quad \cos(t + 2n\pi) = \cos(t)$$

위 등식들에서 $n = 1$이면, 모든 실수 t에 대하여 다음이 성립한다.

$$\sin(t + 2\pi) = \sin(t), \quad \cos(t + 2\pi) = \cos(t).$$

이것은 sin과 cos이 주기함수의 예라는 것을 보여준다.

> **정의 4.2.1.** f의 정의역에 속하는 모든 수 t와 $t+a$에 대하여 $f(t+a) = f(t)$인 양수 a가 존재한다면 함수 f를 **주기함수**(periodic)라 한다.

이제 $f(x) = x - [x]$를 생각해보자. $[x+1] = [x]+1$인 특성을 이용하면 다음이 성립한다.

$$\begin{aligned} f(x+1) &= (x+1) - [x+1] \\ &= (x+1) - ([x]+1) \\ &= x - [x] = f(x). \end{aligned}$$

따라서 임의의 x와 $f(x) = x - [x]$에 대하여 $f(x+1) = f(x)$가 주기함수이다.

◇ 연습 문제

1. 다음의 점들의 좌표를 구하라:

(a) $F(0)$	(i) $F(3\pi/2)$	(q) $F(11\pi/6)$
(b) $F(-2\pi)$	(j) $F(2\pi/3)$	(r) $F(-3\pi/2)$
(c) $F(\pi/6)$	(k) $F(5\pi/6)$	(s) $F(-2\pi/3)$
(d) $F(-\pi/6)$	(l) $F(\pi)$	(t) $F(-5\pi/6)$
(e) $F(\pi/4)$	(m) $F(5\pi/4)$	(u) $F(-\pi)$
(f) $F(-\pi/3)$	(n) $F(7\pi/6)$	(v) $F(-5\pi/4)$
(g) $F(\pi/2)$	(o) $F(4\pi/3)$	(w) $F(-7\pi/6)$
(h) $F(-\pi/2)$	(p) $F(5\pi/3)$	(x) $F(-5\pi/3)$

2. 위의 문제에서 얻은 값들을 이용하여 아래의 t값들에 대한 $\sin t$와 $\cos t$값을 구하라.

(a) 0	(d) $-\pi/6$	(g) $\pi/2$
(b) -2π	(e) $\pi/4$	
(c) $\pi/6$	(f) $-\pi/3$	(h) $-\pi/2$

(i) $3\pi/2$
(j) $2\pi/3$
(k) $5\pi/6$
(l) π
(m) $5\pi/4$
(n) $7\pi/6$
(o) $4\pi/3$
(p) $5\pi/3$
(q) $-3\pi/2$
(r) $-2\pi/3$
(s) $-5\pi/6$
(t) $-\pi$
(u) $-5\pi/4$
(v) $-7\pi/5$
(w) $-5\pi/3$
(x) $11\pi/6$

3. 각각의 경우 주어진 실수 t에 대하여 $F(t)$가 어느 사분원에 속하는지와 $\cos(t)$와 $\sin(t)$가 양수, 음수, 또는 0인지 말하여라.

(a) $t \in (\pi/2, \pi)$
(b) $t \in (0, \pi/2)$
(c) $t \in (-\pi/2, 0)$
(d) $t \in (3\pi, (7/2)\pi)$
(e) $t \in (-\frac{39}{2}\pi, -19\pi)$

4. 아래의 각각의 주어진 값으로부터 $F(t)$가 어느 사분원에 위치하는지 설명하여라.

(a) $\cos(t) > 0$ 와 $\sin(t) < 0$
(b) $\cos(t) < 0$ 와 $\sin(t) > 0$
(c) $\cos(t) > 0$ 와 $\sin(t) = 3/4$
(d) $\cos(t) < 0$ 와 $\sin(t) < 0$
(e) $\cos(t) = -0.1368$ 와 $\sin(t) > 0$

5. 다음을 구하여라

(a) $\cos(9\pi/2)$
(b) $\sin(25\pi/6)$
(c) $\cos(10\pi/3)$
(d) $\sin(-7\pi/3)$
(e) $\sin(11\pi/4)$
(f) $\cos(-5\pi)$

6. 다음 함수들이 주기 함수임을 보이고 그 그래프를 그려라.

(a) $f(x) = 2$
(b) $g(x) = [x] + 1 - x$ [힌트: $g(x+1)$을 계산하여라.]
(c) $T(x) = (x - [x])^2$

(d)

$$N(x) = \begin{cases} x - [x], & x \leq [x] + \frac{1}{2} \\ 1 - x + [x], & x > [x] + \frac{1}{2} \end{cases}$$

(e)

$$L(x) = \begin{cases} x - [x]^2, & [x]\text{는 짝수} \\ -([x] + 1 - x)^2, & [x]\text{는 홀수} \end{cases}$$

4.3 삼각 함수

sin과 cos 이외의 네가지 삼각함수들이 있다. *tangent*, *cotangent*, *secant*, *cosecant*이다. 이 함수들은 아래와 같이 sin과 cos의 함수로 정의된다:

$$(a)\ tangent = \{(t, \frac{\sin t}{\cos t}) | t \in R \text{ 와 } \cos t \neq 0\}$$
$$(b)\ cotangent = \{(t, \frac{\cos t}{\sin t}) | t \in R \text{ 와 } \sin t \neq 0\}$$
$$(c)\ secant = \{(t, \frac{1}{\cos t}) | t \in R \text{ 와 } \cos t \neq 0\}$$
$$(d)\ cosecant = \{(t, \frac{1}{\sin t}) | t \in R \text{ 와 } \sin t \neq 0\}$$

이 함수들을 줄여서 각각 다음과 같이 쓴다: "tan", "cot", "sec", "csc". 그러면

$$(a')\ \tan(t) = \frac{\sin(t)}{\cos(t)}, \quad (b')\ \cot(t) = \frac{\cos(t)}{\sin(t)}$$
$$(c')\ \sec(t) = \frac{1}{\cos(t)}, \quad (d')\ \csc(t) = \frac{1}{\sin(t)}$$

tan함수의 정의에서, $\cos t = 0$인 실수 t에서 정의되지 않는다. $\cos t = 0$인 실수 t를 구하자. 삼각함수 정의에 의해서 $\cos t$는 단위원 $\mathcal{C}$상에 있는 점 $P(a, b)$의 첫 번째 좌표이다. 첫 번째 좌표가 0인 단위원에서 오직 두 점 만이 존재하므로,

$$F(t) = P(0, 1) \quad \text{또는} \quad F(t) = P(0, -1)\text{이다.}$$

이 중 첫 번째는 $t = \pi/2$ 이고, $t = \pi/2$일 때 등식

$$F(t + 2n\pi) = F(t)$$

으로부터

$$F(\pi/2 + 2n\pi) = F(\pi/2) = P(0, 1)\text{이다.}$$

임의의 t에 대하여 $F(t) = P(0,1)$이면, 임의의 정수 n에 대하여 $t = \pi/2 + 2n\pi$이다. 또한 임의의 정수 n에 대하여 $F(t) = P(0,1)$, $t = (3\pi)/2 + 2n\pi$이다. 그러나 다음과 같이 쓸 수 있다.

$$(3\pi)/2 + 2n\pi = (\pi/2 + \pi) + 2n\pi = \pi/2 + (2n+1)\pi$$

그러므로 $F(t) = P(0, \pm 1)$이면 임의의 정수 n에 대하여

$$t = \pi/2 + 2n\pi \quad \text{또는} \quad t = \pi/2 + (2n+1)\pi\text{이다.}$$

모든 정수가 짝수 아니면 홀수이므로 임의의 정수 k에 대하여 다음이 성립한다.

$$F(t) = P(0, \pm 1) \Longleftrightarrow t = \pi/2 + k\pi\text{이다.}$$

따라서 $\cos(t) = 0 \Longleftrightarrow t \in \{\pi/2 + k\pi | k\text{는 정수}\}$이다. tan함수의 정의역은 $\{\pi/2 + k\pi | k\text{는 정수}\}$인 것을 제외한 모든 실수 t이다. 즉,

$$\mathcal{D}(\tan t) = \mathbb{R} - \{\pi/2 + k\pi | k\text{는 정수}\}.$$

유사한 방법으로

$$\mathcal{D}(\cot t) = \mathbb{R} - \{k\pi | k\text{는 정수}\}.$$

이제 $\sin t$과 $\cos t$의 치역을 생각해 보자. t가 실수이면 임의의 a, b에 대하여 $F(t) = P(a, b)$의하여 $\sin(t) = b$이고 $\cos(t) = a$이다. $P(a, b)$는 단위원 $\mathcal{C}$위의 점이므로, $a^2 + b^2 = 1$ 또는 $(\cos t)^2 + (\sin t)^2 = 1$이다. 일반적으로 $(\cos t)^2$을 $\cos^2 t$라 쓰고 다음과 같이 표현된다

$$\cos^2 t + \sin^2 t = 1. \tag{4.1}$$

따라서, 식(4.1)로 부터

$$0 \le \sin^2 t = 1 - \cos^2 t \le 1 \text{ 과 } 0 \le \cos^2 t = 1 - \sin^2 t \le 1$$

이 된다. 그러므로

$$-1 \le \sin t \le 1 \quad \text{이고} \quad -1 \le \cos t \le 1 \quad \text{이다.}$$

이것으로부터 $\sin(t)$와 $\cos(t)$ 모두의 치역은 $[-1, 1]$이 된다. 그러나 이 단계에서는 임의의 수 $z \in [-1, 1]$에 대하여

$$\sin(t_1) = z \quad \text{이고} \quad \cos(t_2) = z$$

인 실수 t_1, t_2가 존재한다는 사실의 증명을 할 수가 없다.

편의를 위해서 삼각함수의 정의역과 치역을 아래의 표에 나열하였다.

함수	정의역	치역
sin	$\mathbb{R}$	$[-1, 1]$
cos	$\mathbb{R}$	$[-1, 1]$
tan	$\mathbb{R} \cap \{\pi/2 + k\pi\}$	$\mathbb{R}$
cot	$\mathbb{R} \cap \{k\pi\}$	$\mathbb{R}$
sec	$\mathbb{R} \cap \{\pi/2 + k\pi\}$	$\{x \vert x \geq 1\} \cup \{x \vert x \leq 1\}$
csc	$\mathbb{R} \cap \{k\pi\}$	$\{x \vert x \geq 1\} \cup \{x \vert x \leq 1\}$

모든 실수 t에 대하여, $\sin^2 t + \cos^2 t = 1$가 된다. $\cos t \neq 0$일 때, $\cos^2 t$로 나누면 다음이 성립한다:

$$\frac{\sin^2 t}{\cos^2 t} + 1 = \frac{1}{\cos^2 t} \quad \text{또는} \quad (\frac{\sin t}{\cos t})^2 + 1 = (\frac{1}{\cos t})^2$$

이때, tan와 sec의 정의를 이용하여

$$\tan^2 t + 1 = \sec^2 t \text{이다.} \tag{4.2}$$

유사한 방법으로, 식(4.1)을 $\sin^2 t$로 나누고 csc와 cot의 정의를 이용하면 다음이 성립한다.

$$\cot^2 t + 1 = \csc^2 t. \tag{4.3}$$

식(4.1),(4.2),(4.3)은 모든 실수 t에 대하여 참이고 이런 이유로 **항등식**(identity)이라 부른다. 삼각함수들의 정의로 부터 다음이 성립한다.

이제 $\sin t$, $\sin s$, $\cot t$, $\cos s$의 식으로 $\cos(t-s)$의 공식을 구하자. 모든 실수 t, s에 대하여 다음의 항등식이 성립한다.

$$\cos(t-s) = (\cos t)(\cos s) + (\sin t)(\sin s). \tag{4.4}$$

이식을 증명하기 위해서 그림4.5에서 점 $F(s)$는 첫 번째 사분원에 속하고 점 $F(t)$는 세번째 사분원에 속한다는 것을 언급할 것이다. 이 $F(s)$와 $F(t)$의 특별한 위치는 식(4.4)의 증명에 필요한 것은 아니나 선분 $F(t)F(s)$와 $F(t-s)I(1,0)$이 길이가 같다는 것은 중요한 요소이다. 그러므로 거리 공식은 다음과 같다.

$$\sqrt{[\cos(t-s) - 1]^2 + [\sin(t-s) - 0]^2} = \sqrt{(\cos t - \cos s)^2 + (\sin t - \sin s)^2}.$$

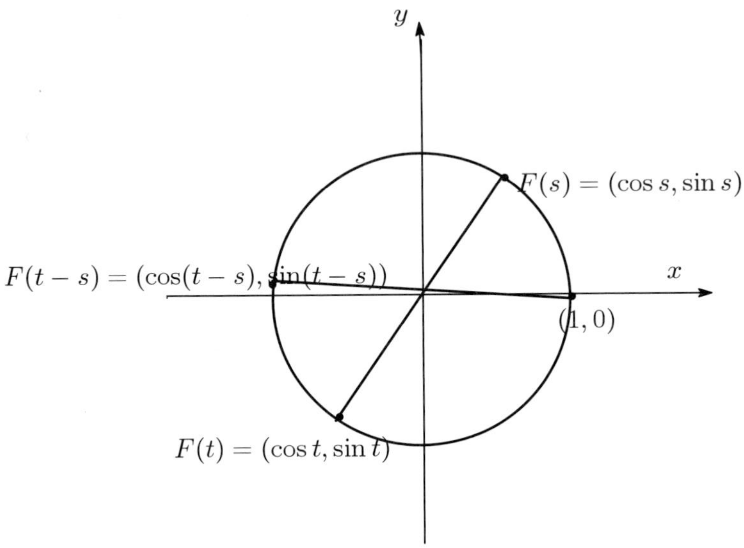

그림 4.5: $F(t) = (\cot t, \sin t)$

위 식를 각각 제곱하면, 다음을 얻게 된다.

$$\begin{aligned} &\cos^2(t-s) - 2\cos(t-s) + 1 + \sin^2(t-s) \\ &= \cos^2 t - 2\cos t \cdot \cos s + \cos^2 s + \sin^2 t - 2\sin t \cdot \sin s + \sin^2 s. \end{aligned}$$

이것을 간단히 하면

$$\cos(t-s) = (\cos t)(\cos s) + (\sin t)(\sin s).$$

정리 4.3.1. (삼각함수들 사이의 관계)

$$\cos(-s) = \cos s \tag{4.5}$$

$$\sin(-s) = -\sin s \tag{4.6}$$

$$\cos(\pi/2 - s) = \sin s. \tag{4.7}$$

$$\sin(\pi/2 - t) = \cos t \tag{4.8}$$

$$\cos(s + t) = \cos s \cdot \cos t - \sin s \cdot \sin t \tag{4.9}$$

$$\sin(s + t) = \sin s \cdot \cos t + \cos s \cdot \sin t. \tag{4.10}$$

Proof. 항등식을 이끌어 내기 위해 식(4.4)를 이용한다. 식(4.4)에서 $t = 0$이라 하면:

$$\begin{aligned}\cos(-s) &= \cos(0 - s)\\ &= \cos 0 \cdot \cos s + \sin 0 \cdot \sin s\\ &= 1 \cdot \cos s + 0 \cdot \sin s\\ &= \cos s.\end{aligned}$$

따라서 모든 실수 s에 대해서 식(4.5)이 성립한다.

$$\cos(-s) = \cos s.$$

식(4.4)에서 $t = \pi/2$를 취하면:

$$\begin{aligned}\cos(\pi/2 - s) &= \cos \pi/2 \cdot \cos s + \sin \pi/2 \cdot \sin s\\ &= 0 \cdot \cos s + 1 \cdot \sin s = \sin s.\end{aligned}$$

그러므로 모든 실수 s에 대해서 식(4.7)를이 성립한다.

$$\cos(\pi/2 - s) = \sin s.$$

식(4.4)에서 $t = -\pi/2$를 취하면

$$\begin{aligned}\cos(-\pi/2 - s) &= \cos(-\pi/2) \cdot \cos s + \sin(-\pi/2) \cdot \sin s\\ &= 0 \cdot \cos s + (-1) \cdot \sin s = -\sin s.\end{aligned}$$

즉, (a). $\cos(-\pi/2 - s) = -\sin s$이다. 또한 식(4.4)에 의해서

$$\begin{aligned}\cos(\pi/2 + s) &= \cos(\pi/2 - (-s)) \\ &= \cos\pi/2 \cdot \cos(-s) + \sin\pi/2 \cdot \sin(-s) \\ &= 0 \cdot \cos(-s) + 1 \cdot \sin(-s) = \sin(-s).\end{aligned}$$

즉, (b). $\cos(\pi/2 + s) = \sin(-s)$이다. 식(4.5)로 부터

$$\cos(-\pi/2 - s) = \cos[-(\pi/2 + s)] = \cos(\pi/2 + s).$$

그러면 (a)와 (b)로부터 모든 실수 s에 대하여 식(4.6)과

$$\sin(-s) = -\sin s$$

를 얻는다. $t+s = t-(-s)$라 쓰고 식(4.4)와 (4.6)을 이용하여 모든 실수 s, t에 대하여 식(4.9)

$$\cos(t + s) = \cos t \cdot \cos s - \sin t \cdot \sin s$$

가 된다.

식(4.7)에서 $s = \pi/2 - t$라 하면:
$\cos[\pi/2 - (\pi/2 - t)] = \sin(\pi/2 - t)$ 또는 모든 실수 t에 대하여
식(4.8)가 성립된다.

$$\cos t = \sin(\pi/2 - t).$$

이제 식(4.8), (4.7), (4.4)를 이용하여

$$\begin{aligned}\sin(s + t) &= \cos[\pi/2 - (s + t)] \\ &= \cos[(\pi/2 - s) - t] \\ &= \cos(\pi/2 - s) \cdot \cos t + \sin(\pi/2 - s) \cdot \sin t \\ &= \sin s \cdot \cos t + \cos s \cdot \sin t.\end{aligned}$$

모든 실수 s, t에 대하여 식(4.10)가 성립한다.

$$\sin(s + t) = \sin s \cdot \cos t + \cos s \cdot \sin t.$$

□

아래에 다른 중요한 삼각 함수를 나열하였다. 증명은 남겨둔다.

$$\sin(t - s) = \sin t \cdot \cos s - \cos t \cdot \sin s \tag{4.11}$$

$$\tan(t+s) = \frac{\tan t + \tan s}{1 - (\tan t)\cdot(\tan s)} \tag{4.12}$$

$$\tan(t-s) = \frac{\tan t - \tan s}{1 + (\tan t)\cdot(\tan s)} \tag{4.13}$$

$$\sin(2t) = 2\sin t \cdot \cos t \tag{4.14}$$

$$\cos(2t) = \cos^2 t - \sin^2 t = 2\cos^2 t - 1 = 1 - 2\sin^2 t \tag{4.15}$$

$$\sin(t/2) = \pm\sqrt{\frac{1-\cos t}{2}} \tag{4.16}$$

$$\cos(t/2) = \pm\sqrt{\frac{1+\cos t}{2}} \tag{4.17}$$

$$\sin t \cdot \cos s = (\frac{1}{2})[\sin(t+s) + \sin(t-s)] = (\frac{1}{2})[\sin(s+t) - \sin(s-t)] \tag{4.18}$$

$$(\frac{1}{2})[\sin t + \sin s] = [\sin(\frac{t+s}{2})][\cos(\frac{t-s}{2})] \tag{4.19}$$

예제 4.3.1. 모든 실수 t에 대하여 다음 이 성립할을 보여라.

$$\cot t + \csc t = \frac{\sin t}{1-\cos t}.$$

풀이. cot와 csc의 정의에 의해서

$$\begin{aligned}\cot t + \csc t &= \frac{\cos t}{\sin t} + \frac{1}{\sin t} = \frac{\cos t + 1}{\sin t}\\ &= \frac{(1-\cos t)(1+\cos t)}{(1-\cos t)\cdot \sin t}\\ &= \frac{1-\cos^2 t}{(1-\cos t)\cdot\sin t}\\ &= \frac{\sin^2 t}{(1-\cos t)\cdot \sin t} \text{등식 (4.1)에 의해}\\ &= \frac{\sin t}{1-\cos t}\end{aligned}$$

□

예제 4.3.2. $\sin(5\pi/12)$를 계산하여라.

풀이. $5\pi/12 = \pi/6 + \pi/4$이므로 식(4.10)에 의해 다음이 성립한다.

$$\begin{aligned}\sin(5\pi/12) &= \sin(\pi/6 + \pi/4)\\ &= \sin\pi/6\cdot\cos\pi/4 + \cos\pi/6\cdot\sin\pi/4\\ &= (\frac{1}{2})(1/\sqrt{2}) + (\frac{1}{2})\sqrt{3}\cdot(1/\sqrt{2})\\ &= (\sqrt{2}/4)(1+\sqrt{3})\end{aligned}$$

□

◇ 연습 문제

1. $\sin(\pi/3) = \frac{\sqrt{3}}{2}$, $\cos(\pi/3) = \frac{1}{2}$, $\sin(-\pi/4) = -\frac{\sqrt{2}}{2}$, $\cos(-\pi/4) = \frac{\sqrt{2}}{2}$일때 다음을 계산하기 위해 적절한 항등식을 이용하여라.

   (a) $\sin(-\pi/3)$
   (b) $\cos(\pi/4)$
   (c) $\cos(-7\pi/12)$
   (d) $\sin(-\pi/8)$
   (e) $\tan(-\pi/4)$
   (f) $\tan(\pi/3)$
   (g) $\sin(2\pi/3)$
   (h) $\cos(2\pi/3)$
   (i) $\cos(\pi/8)$

2. 식(4.9)의 증명을 완성하여라.

3. 식(4.10)을 이용하여 식(4.11)을 증명하여라.

4. 식(4.8)와 (4.10)을 이용하여 식(4.12)를 증명하여라.

5. 식(4.13)을 증명하여라.

6. 식(4.10)을 이용하여 등식 (4.14)를 증명하여라.

7. 식(4.15)를 증명하여라.

8. 식(4.15)에서 t에 대하여 $t/2$를 취하여 식(4.16)을 증명하여라. 또한 이 항등식에서 $\pm$기호를 논하여라. 즉, $+$가 타당한 상황과 $-$가 되어야만 하는 상황을 논하여라.

9. 식(4.17)을 증명하여라. 이 항등식에서 $\pm$ 기호를 논하여라.

10. $\sin(t+s)$와 $\sin(t-s)$를 계산하여 식(4.18)을 증명하여라.

11. 식(4.18)을 이용하여 식(4.19)를 증명하여라.

12. (a) $\sec t$가 모든 수 t에 대하여 정의된다면, $\sec t \geq 1$ 또는 $\sec t \leq -1$ 을 보여라.

    (b) $\csc t$가 모든 수 t에 대하여 정의된다면, $\csc t \geq 1$ 또는 $\csc t \leq -1$ 을 보여라.

13. 다음의 항등식을 증명하여라.

    (a) $\frac{1-\sin u}{\cos u} = \sec u - \tan u$

    (b) $\frac{1}{2(1-\sin x)} + \frac{1}{2(1+\sin x)} = \sec^2 x$

    (c) $\sin y + \cos^2 y \csc y = \csc y$

    (d) $3\cos^2 t + 4\sin^2 t = 4 - \cos^2 t$

    (e) $\tan^2 z - \sin^2 z = \tan^2 z \sin^2 z$

14. 다음의 항등식을 증명하여라.

    (a) $\cos t = -\sin(3\pi/2 + t)$

    (b) $\tan x + \cot x = (\sec x)(\csc x)$

    (c) $(\sec t + \tan t)(1 - \sin t) = \cos t$

    (d) $(\sec t - \tan t)^{-1} = \sec t + \tan t$

    (e) $(1 + \cot^2 t) = (\csc^2 t - 1)(\tan^2 t + 1)$

    (f) $\sin^4 t - \cos^4 t = 2\sin^2 t - 1$

15. 다음의 항등식을 증명하여라.

    (a) $(\tan v + 1)^2 = \sec^2 v(1 + \sin(2v))$

    (b) $\sin^2 w(\cot w + 1)^2 = 1 + \sin(2w)$

    (c) $\frac{\sin v + \cos v}{\tan v} = \cos v + \csc v - \sin v$

    (d) $\frac{\csc v - \cot v}{\tan v} = \frac{\cos v}{1 + \cos v}$

    (e) $1 - \cos^4 t = \sin^2 t(2 - \sin^2 t)$

    (f) $\frac{\tan w}{1-\cot w} + \frac{\cot w}{1-\tan w} = 1 + \tan w + \cot w$

4.4 각과 삼각함수

각 AOB가 주어졌다면, 그림(4.6)에서 처럼 꼭지점이 원점이고 x축을 한 변으로 하는 좌표축이다. 단위원의 원점이 중심에 위치한다면, 각 AOB는 이 원 위의 두 호를 결정하게 된다. 두 호는 차례로 각각 각의 측정에 사용되어지는 길이를 나타다. 이 각의 측정법는 호도법(radian)과 각도(degree)(60분법)로 알려져 있다. 일반적으로 관심은 각에 관련된 값(측정값)이 될 것이고 그림(4.6)에서 처럼 작은 호를 그림으로써 두 값를 구별한다.

반경이 r인 원에서 호의 길이가 반경 r과 같을때, (반)시계 방향으로 측정한 중심각을 **1호도**(radian)라 하고 기준선에서 시작하여 꼭지점을 중심으로

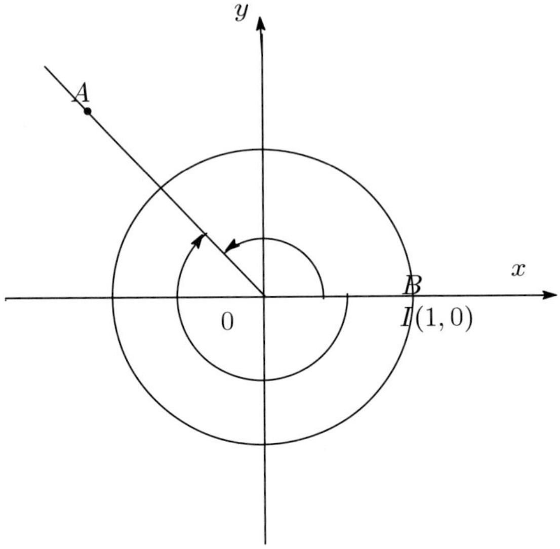

그림 4.6: 두 종류의 각 AOB

한 바퀴 회전해서 다시 기준선과 일치 할 때의 각의 크기를 360등분한 것을 **1도**라 하고 1°로 표기한다.

각	라디안	도
직각	$\frac{1}{2}\pi$	90
$\frac{1}{2}$직각	$\frac{1}{4}\pi$	45
$\frac{1}{3}$직각	$\frac{1}{6}\pi$	30
$\frac{1}{90}$직각	$\frac{1}{180}\pi$	1
$\frac{2}{\pi}$직각	1	$180/\pi$

이 표로부터, 각의 값이 1°이면, 호도값은 $\pi/180$이고, 각의 값이 1 $radian$이면, 도의 측정값은 $180/\pi$이다. 이 사실로부터 다음의 변환법을 갖는다.

(I) 호도값에서 각도로 변환: 각 A가 호도값 t를 가진다면, A는 $t \cdot (180/\pi)$의 각도를 갖는다.

(II) 각도에서 호도값으로 변환: 각 A가 각도 t를 갖는다면, A는 $t \cdot (\pi/180)$의 호도값을 갖는다.

예제 4.4.1. 호도값이 14radian인 각도를 구하여라.

풀이. 변환법 I로 부터:

$$1radian = 14(180/\pi) = 2520/\pi$$

이 각도이다. □

예제 4.4.2. 호도값에서 삼각형의 내각의 합은 얼마인가?

풀이. 기하학으로부터 삼각형의 합이 평각의 크기와 같으므로 평각은 호도값 π를 갖는다. □

각도의 이용은 삼각함수의 식으로 새로운 함수를 이끌어 낸다. 주어진 t가 $0 \leq t \leq 360$와 같다면, t는 어떤 각도이다. 그리고 변환법에 의해서 이 각은 호도값

$$t \cdot (\pi/180) radian$$

을 갖는다. 다음으로 $t \cdot (\pi/180)$은 단위원 위에서 점$F(t \cdot (\pi/180))$으로 연결되는 정확한 호를 측정한다.(그림4.7 참조.)

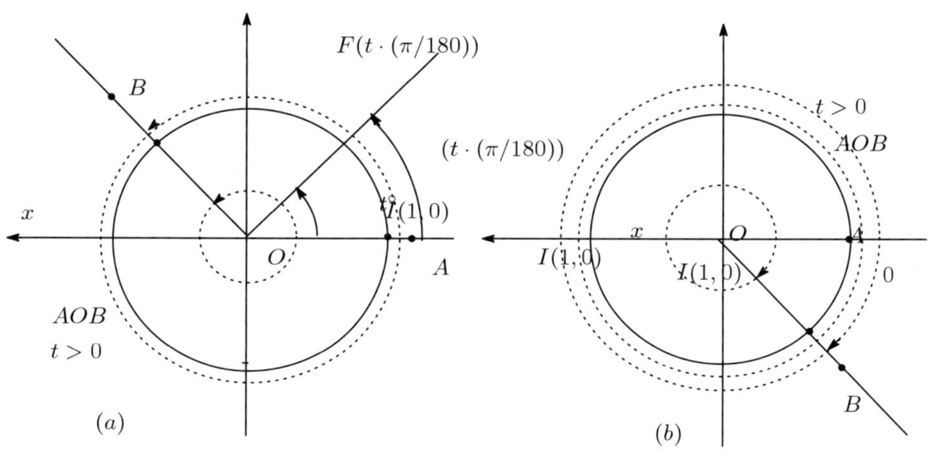

그림 4.7: 각의 측정

$$f(t) = \sin(t \cdot (\pi/180)), \quad t \in [0, 360], \quad g(t) = \cos(t \cdot (\pi/180)), \quad t \in [0, 360].$$

이 함수들은 보통

$$f(t) = \sin(t^\circ), \quad g(t) = \cos(t^\circ)$$

로 쓰고,

$$\sin(t^\circ) = \sin(t \cdot (\pi/180)), \quad \cos(t^\circ) = \cos(t \cdot (\pi/180))\text{이다.}$$

예제 4.4.3. $\sin(60^\circ)$와 $\cos(270^\circ)$를 구하라.

풀이. 정의에 의해서

$$\sin(60^\circ) = \sin(60 \cdot \pi/180) = \sin(\pi/3) = \frac{1}{2}\sqrt{3}.$$

$$\cos(270^\circ) = \cos(270 \cdot \pi/180) = \cos(3\pi/2) = 0.$$ □

임의의 실수 t에 대하여

$$\sin(t \cdot \pi/180) \text{ 과 } \cos(t \cdot \pi/180)$$

와 같이 정의되므로 함수 $\sin(t^\circ)$와 $\cos(t^\circ)$의 서로 다르다. 따라서 구간 $[0, 360]$으로 제한하는 것은 필요치 않다. 그러므로 모든 실수 t에 대하여

$$\sin(t^\circ) = \sin(t \cdot \pi/180) \text{ 과 } \cos(t^\circ) = \cos(t \cdot \pi/180)$$

라 쓴다.

이제 그림4.8(a)에서 처럼 점 $A(a, b)$를 생각하자. 각 AOI의 값을 t라고 하자. 거리공식에 의해서,

$$|\overline{OA}| = \sqrt{a^2 + b^2}.$$

편의를 위해서 $\sqrt{a^2 + b^2} = r$이라고 하자. 삼각형 ABO와 삼각형 PCO가 닮음이라는 사실로 부터,

$$\frac{b}{r} = \frac{\sin t}{1} \text{ 와 } \frac{-a}{r} = \frac{-cost}{1} \text{이 되고}$$

또는

$$b = r\sin t \text{ 와 } a = r\cos t\text{이다.} \tag{4.20}$$

이것은 점 A의 거리의 식으로 주어진 점 A의 좌표가 원점 O와 각 AOI의 값 t를 말한다. 그림4.8(b)는 첫번째 사분원에 있는 A를 가지고 이 경우로 설명한다. 이 경우 직각삼각형 AOB의 변의 길이의 식으로 $\sin t$와 $\cos t$를 표현한다:

$$\sin t = \frac{\text{마주하는 변의 길이}}{\text{빗변}}, \quad \cos t = \frac{\text{인접한 변의 길이}}{\text{빗변}}$$

이것은 5.1절에서 삼각형에 대한 삼각함수의 정의가 5.2절에서 주어진 좀 더 일반적인 정의와 같다.

정리 4.4.1. 어떤 삼각형의 면적은 두변의 길이와 두변사이의 각의 sin 값과의 곱의 $\frac{1}{2}$이다.

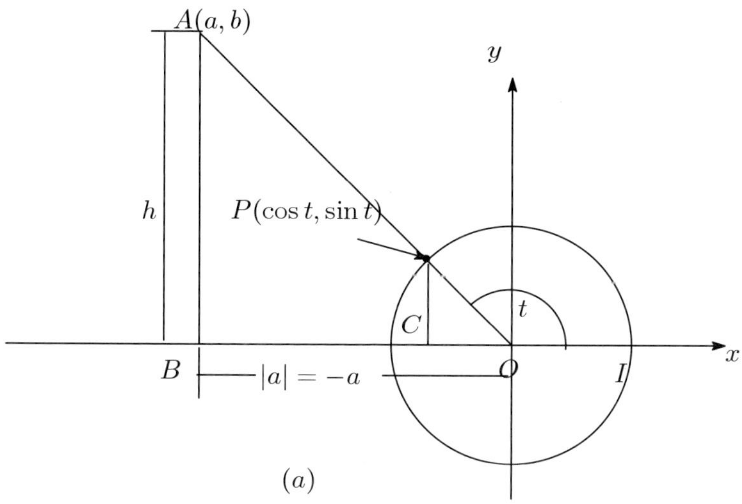

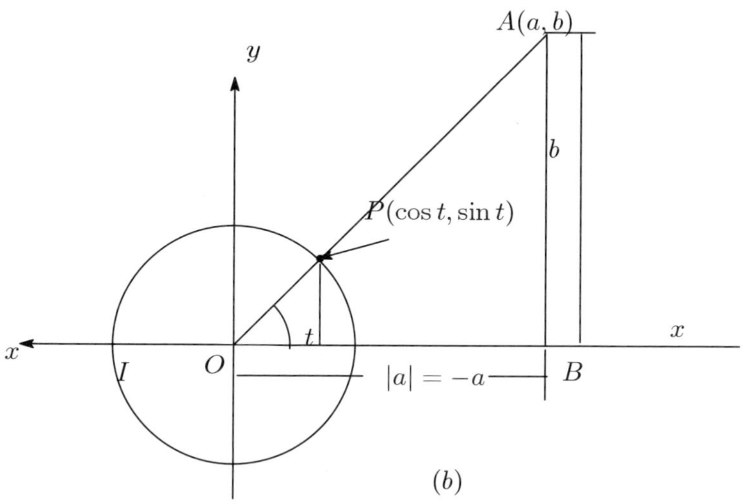

그림 4.8: 삼각함수의 정의

Proof. 그림4.9(a)의 $\triangle ABC$를 생각해 보자. 그림4.9(b)에서 처럼 좌표를 선택한다. 이 경우에 $h = b$와 $c = r$을 가지고 식(4.20)을 이용하면,

$$h = c \cdot sin\angle A.$$

또한, $\triangle ABC$의 면적이 $\frac{1}{2}bh$라는 것을 안다.

$$\frac{1}{2}bh = \frac{1}{2}bc \cdot sin\angle A\text{이다.}$$

같은 방법으로 변 b, c에 대하여 면적이

$$\frac{1}{2}ab \cdot sin\angle C\text{와}\frac{1}{2}ac \cdot \sin\angle B$$

라는 것을 보일 수 있다. □

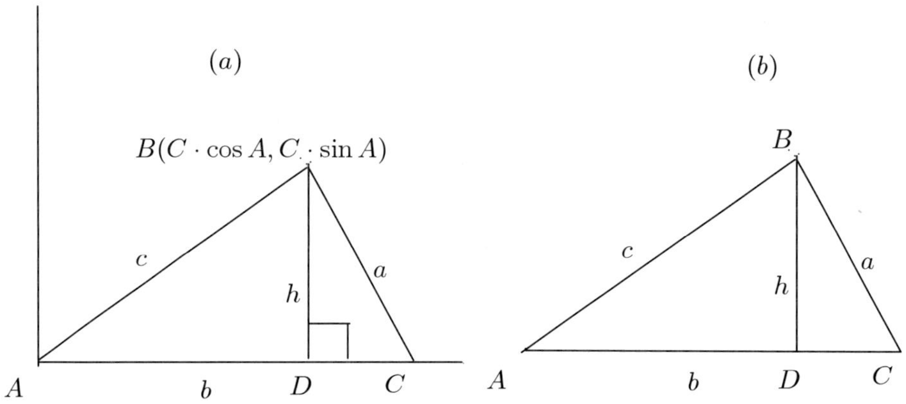

그림 4.9: 삼각형 면적

정리 4.4.2. (sin**의 법칙**) $\triangle ABC$가 그림4.9(a)와 같이 표시되고 R이 $\triangle ABC$의 외접원의 반지름이라면,

$$\frac{\sin A}{a} = \frac{\sin B}{b} = \frac{\sin C}{c} = \frac{1}{2R}$$

이다.

Proof. $\triangle ABC$의 외접원의 중심을 O라 하고 A의 크기에 따라 다음과 같이 세 가지 경우로 나누어 생각한다. 이때 선분 BO의 연장선의 원 O와 만나는 점을 D라고 하면, 선분의 BD는 지름이다.

1. $A = D$이므로 $\sin A = \sin D = \frac{a}{2R}$. 그러므로 $\frac{a}{\sin A} = 2R$.

2. $D = 180° - A$이므로 $\sin D = \sin(180° - A) = \frac{a}{2R}$에서 $\sin A = \frac{a}{2R}$. 그러므로 $\frac{a}{\sin A} = 2R$.

3. $\sin A = 1,\ a = 2R$이므로 $\frac{a}{\sin A} = 2R$.

따라서, A의 크기에 관계없이 $\frac{a}{\sin A} = 2R$가 성립한다. 같은 방법으로 $\frac{b}{\sin B} = 2R$, $\frac{c}{\sin C} = 2R$가 성립한다. □

예제 4.4.4. 삼각형 ABC가 $A = 43°, C = 49°$ 그리고 $b = 1$일때, B, a, c를 구하여라.

풀이. 첫번째로, ABC의 내각의 합이 $180°$이므로,

$$B = 180° - (43° + 49°) = 180° - 92° = 88°.$$

sin의 법칙에 의해서,

$$\frac{\sin(43°)}{a} = \frac{\sin(88°)}{1} = \frac{\sin(49)}{c}.$$

삼각비표를을 이용하면,

$$a = (\sin 43°)/(\sin 88°) \doteq (.6820)/(.9994) = 0.6824$$

$$c = (\sin 49°)/(\sin 88°) \doteq (.7547)/(.9994) = 0.7552\text{이다.}$$

□

정리 4.4.3. (cos의 법칙)$\triangle ABC$가 그림4.10에서와 같이 표시되었다고 하자. 그러면 아래의 등식을 갖는다:

$$(a)\ a = b\cos C + c\cos B$$
$$(b)\ b = a\cos A + c\cos C$$
$$(c)\ c = a\cos B + b\cos A$$
$$(d)\ a^2 = b^2 + c^2 - 2bc \cdot \cos\angle A$$
$$(e)\ b^2 = a^2 + c^2 - 2ac \cdot \cos\angle B$$
$$(f)\ c^2 = a^2 + b^2 - 2ab \cdot \cos\angle C.$$

Proof. (a). $\triangle ABC$의 꼭지점 A에서 변 BC또는 그 연장선에 내린 수선의 발을 H라 하고 $\angle C$의 크기에 따라 다음의 세가지 경우로 나누어 생각하여 보자.

1. $\angle B$, $\angle C$가 예각일 때 $a = \overline{BH} + \overline{CH} = c\cos B + b\cos C$

2. $\angle C = 90°$ 일때, $\cos C = 0$이므로 $a = c\cos B + b\cos C$

3. $\angle C$가 둔각일때

$$\begin{aligned} a = \overline{BH} - \overline{CH} &= c\cos B - b\cos(180 - C) \\ &= c\cos B + b\cos C \end{aligned}$$

따라서 $\angle C$의 크기에 관계없이 다음이 성립한다.

$$a = c\cos B + b\cos C$$

(b)와 (c)도 유사한 방법으로 증명된다. 좌표가 그림4.10에서 지시된 것처럼 구

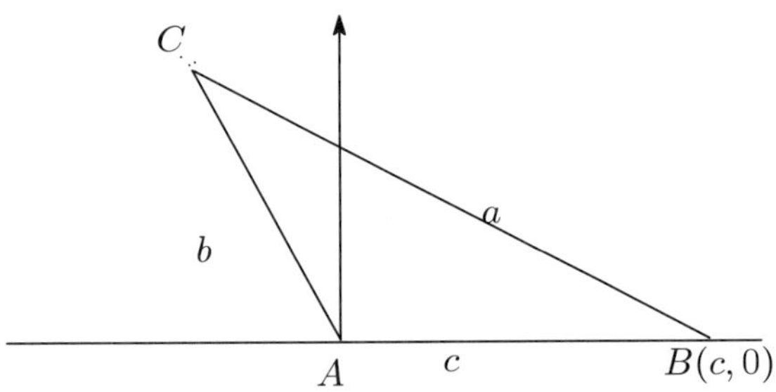

그림 4.10: 삼각형의 세변과 각

성되었다고 하자. 그러면 식(4.20)에 의해서 C는 $(b \cdot \cos\angle A,\ b \cdot \sin\angle A)$의 좌표를 갖는다. B의 좌표는 $(c, 0)$이다. B와 C 사이의 거리에 대하여 거리공식을 이용하면

$$a = \sqrt{(b \cdot \cos\angle A - c)^2 + (b \cdot \sin\angle A - 0)^2}$$

또는

$$\begin{aligned} a^2 &= b^2\cos^2\angle A - 2bc \cdot \cos\angle A + c^2 + b^2\sin^2\angle A \\ &= b^2(\cos^2\angle A + \sin^2\angle A) + c^2 - 2bc \cdot \cos\angle A \\ &= b^2 \cdot 1 + c^2 - 2bc \cdot \cos\angle A \\ &= b^2 + c^2 - 2bc \cdot \cos\angle A. \end{aligned}$$

이것은 (d)를 증명한다. (e)와 (f)도 유사한 방법으로 증명된다. □

삼각방정식의 해를 구하는 것은 변과 삼각형의 각의 측정값들에 대한 확실한 정보가 주어졌고 가능하다면 나머지 부분들의 측정값을 결정하려고 한다는 것을 의미한다. 예제(4.4.4)에서 b, $m\angle C$ 그리고 $m\angle A$가 주어진 삼각형 ABC를 풀었다.

예제 4.4.5. $a = 3, c = 4.9740$ 그리고 각$A = 30°$일 때 삼각형 ABC를 풀어라.

풀이. 이것은 sin의 법칙에 의해서

$$\frac{\sin\angle A}{a} = \frac{\sin\angle C}{c}, \quad \text{또는} \quad \frac{\sin 30°}{3} = \frac{\sin\angle C}{4.9740}.$$

그러면 $\sin\angle C = \frac{4.9740}{3}\cdot(0.5000) \doteq 0.8290$. 등식 $\sin\angle C = 0.8290$에 대한 하나의 해답은 $m\angle C - 56°$ 이다. 또 다른 56°의 보각이다. $180° - 56° = 124$(124°는 식(**??**)으로부터 나오는 해답이다). 그러면 $m\angle C = 56°$이면,

$$m\angle B = 180° - (m\angle A + m\angle C) = 180° - 86° = 94° \text{이다.}$$

그리고 $m\angle C = 124°$이면,

$$m\angle B = 180° - (m\angle A + m\angle C) = 180° - 154° = 26° \text{이다.}$$

$m\angle B = 94°$이면

$$\frac{\sin 30°}{3} = \frac{\sin 94°}{b}$$

이고 $\sin 94° = \sin(180° - 94°) = \sin 86° = 0.9976$이므로

$$b = \frac{3\cdot\sin 94°}{\sin 30°} = \frac{3\cdot(0.9976)}{0.5000} \doteq 5.9856 \text{이다.}$$

$m\angle B = 26°$에 대해서

$$b = \frac{3\cdot\sin 26°}{\sin 30°} = \frac{3\cdot(0.4384)}{0.5000} \doteq 2.6304 \text{이다.}$$

그러므로 두 해답은 $b = 5.9856, m\angle B = 94°, m\angle C = 56°$,이고, $b = 2.6304, m\angle B = 26°, m\angle C = 124°$이다. □

예제 4.4.6. $m\angle A = 30°, a = 1, c = 4.9740$이라고 할 때 $\triangle ABC$를 풀어라.

풀이. 이것은 sin법칙을 이용하여

$$\frac{\sin 30°}{1} = \frac{\sin\angle C}{4.9740}$$

이고 $\sin\angle C = (4.9740)\cdot(0.5000) \doteq 2.4870$. $\sin\angle C = 2.4870$인 $\angle C$가 존재하지 않으므로, 해가 존재하지 않는다. □

예제 4.4.7. $a = 6, c = 4.9740$ 그리고 $m\angle A = 30°$에서 $\triangle ABC$를 풀어라.

풀이. sin법칙을 이용하여,

$$\frac{\sin 30^\circ}{6} = \frac{\sin \angle C}{4.9740}$$

$$\sin \angle C = (1/6) \cdot (0.5000) \cdot (4.9740) \doteq 0.4145.$$

이므로 $m\angle C = 24.5^\circ$ 가 존재하고 $180^\circ - 24.5^\circ = 155.5^\circ$ 이다.

경우 1) $m\angle C = 24.5^\circ$인 경우

$$m\angle B = 180^\circ - (30^\circ + 24.5^\circ) = 180^\circ - 54.5^\circ = 125.5^\circ$$

$$\frac{\sin 30^\circ}{6} = \frac{\sin \angle B}{b} = \frac{\sin 125.5^\circ}{b}$$

$$b = \frac{6 \cdot \sin 125.5^\circ}{\sin 30^\circ} = 12 \cdot \sin 125.5^\circ = 12 \cdot (0.8141) \doteq 9.7692.$$

따라서 하나의 해는 $b = 9.7692$, $m\angle B = 125.5^\circ$, $m\angle C = 24.5^\circ$.
경우 2) $(m\angle C = 155.5^\circ)$인 경우

$$m\angle B = 180^\circ - (30^\circ + 155.5^\circ) = 180^\circ - 185.5^\circ < 0.$$

$m\angle B$가 음이 될 수 없으므로 이러한 경우는 생길 수 없다. 그러므로 경우 1)의 유일한 해이다. □

◇ 연습 문제

1. 다음의 각각의 수들이 각의 호도값들이라고 한다면, 이에 상응하는 각도를 구하여라.

   (a) 2π (c) $\pi/8$

   (b) 0 (d) $11\pi/6$

2. 다음의 각각의 수들이 각도들이라고 한다면, 상응하는 호도값을 구하여라.

(a) 4 (c) $\frac{13}{4}$
(b) 0.59 (d) 0.32

3. 정리(4.4.2)를 이용하여 아래에 주어진 각각의 삼각형의 면적을 구하여라.

    (a) $m\angle A = m\angle B = m\angle C = 60^\circ, a = b = c = 1.$

    (b) $m\angle A = 30^\circ, m\angle B = 60^\circ, m\angle C = 90^\circ, a = \frac{1}{2}, b = \frac{1}{2}\sqrt{3}, c = 1.$

    (c)) $m\angle A = m\angle B = 45^\circ, m\angle C = 90^\circ, a = 10, b = 10, c = 10\sqrt{2}.$

    (d) $m\angle A = 22^\circ, m\angle B = 58^\circ, m\angle C = 100^\circ, a = 0.3746, b = 0.8480, c = 0.9848.$

    (e) $m\angle A = 47^\circ, m\angle B = 56^\circ, m\angle C = 77^\circ, a = 1.4628, b = 1.6580, c = 1.9488.$

    (f) $m\angle A = 121^\circ, m\angle B = 26^\circ, m\angle C = 33^\circ, a = 8.572, b = 4.384, c = 5.446.$

4. 해답이 존재한다면 다음의 삼각형을 풀어라.

    (a) $a = 1, b = 2, c = 2.$

    (b) $a = 0.5, b = 1, c = 1.25.$

    (c) $a = 10, b = 4, c = 15.$

    (d) $a = 3, b = 4, c = 5.$

    (e) $a = 2, b = 3, c = 4.$

    (f) $a = 0.13, b = 1.5, c = 1.41.$

5. 해답이 존재한다면 다음의 삼각형을 풀어라. 해답이 두개 존재한다면, 모두 구하라.

    (a) $a = 1, b = 1, m\angle A = 30^\circ.$

    (b) $a = 2, b = 5, m\angle A = 90^\circ.$

    (c) $b = 10, c = 6, m\angle C = 10^\circ.$

    (d) $b = 7.6, c = 0.765, m\angle B = 49.5^\circ.$

    (e) $a = 34, c = 8.5, m\angle A = 15^\circ.$

    (f) $a = 1.13, c = 2.25, m\angle C = 8.5^\circ.$

6. 강의 왼쪽 기슭위에 점 C에서 A, B가 오른쪽 기슭의 두 점(아래의 그림 참조)인 것에서 $\angle ACB = 60°$와 $\angle ABC = 90°$가 결정되었다. 점 A와 B는 2km 떨어져 있다고 알려졌다. C에서 강의 폭은 얼마인가?

7. 150cm키의 남자가 깃대로부터 20m 떨어진 곳에 서서 장대의 꼭대기를 보고있다. 그 사람의 시선에서 장대의 꼭대기 까지는 수평과 60°각을 만든다는 것을 알아냈다. 깃대의 높이는 얼마인가?

8. 두 점 A와 B가 산 꼭대기 아래 골짜기에 1km 떨어져 있다. A에서 꼭대기까지의 직선이 AB와 30°를 이루고 B로 부터의 직선은 40°를 이룬다. 직선 AB위의 꼭대기의 높이는 얼마인가?

4.5 일반적인 삼각함수와 그래프

삼각함수의 그래프를 생각하는데 있어서, cos을 예로 들자면, 정의역과 치역을 알아야 한다. cos의 치역이 $[-1, 1]$이므로 그래프가 직선 $y = 1$ 과 $y = -1$사이에 있다. 또한 cos이 주기함수라는 사실이다. 예를 들어 구간 $[-\pi, \pi]$에서 cos그래프를 그린다. 구간 $[\pi, 3\pi]$에서 cos의 그래프를 그리려 할때 $t + 2\pi \in [\pi, 3\pi]$라면 $t \in [-\pi, \pi]$이다. 그러나 $\cos(t + 2\pi) = \cos t$ 이므로, $[\pi, 3\pi]$에서 cos의 그래프는 단지 $[-\pi, \pi]$에서 그것의 그래프의 반복과 같다. 유사한 방법으로 cos함수의 그래프를 구간$[-\pi, \pi]$ 부터 원하는 만큼 멀리 x축을 따라 같은 방향으로 확장할 수 있다.

구간$[-\pi, \pi]$에서 cos의 그래프를 그리기 위해서, 점$(t, \cos t)$를 작성한다. 작성된 점들로 그림4.11에서처럼 $[-\pi, \pi]$에서 cos의 그래프를 그리기 위해 부드러운 곡선으로 이것들을 연결한다. $[-\pi, \pi]$에서 sin의 그래프를 그리기 위해서,

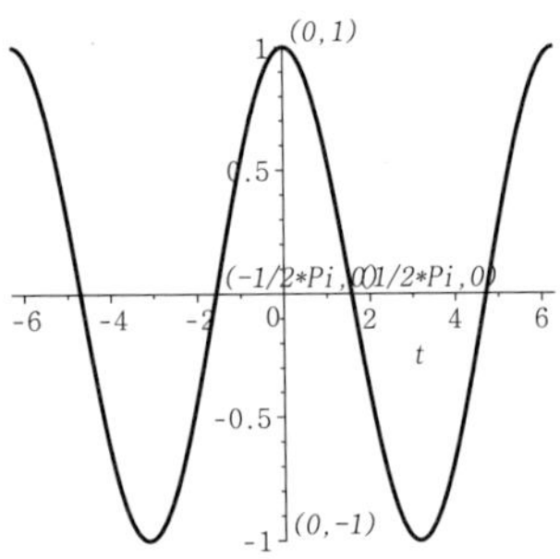

그림 4.11: $\cos(t)$의 그래프

식(4.4)로 부터 유도할 수 있는 등식

$$\sin t = \cos(t - \pi/2)$$

을 이용한다. 이 등식은 임의의 t에 대하여 임의의 $\cos(t-\pi/2)$를 계산함으로써 $\sin t$를 계산할 수 있다. 이미 cos의 그래프를 알고 있으므로 sin의 그래프는 오른쪽으로 $(\frac{1}{2})\pi$만큼 이동함으로써 구해진다.(그림4.12참조.) tan함수의 그래

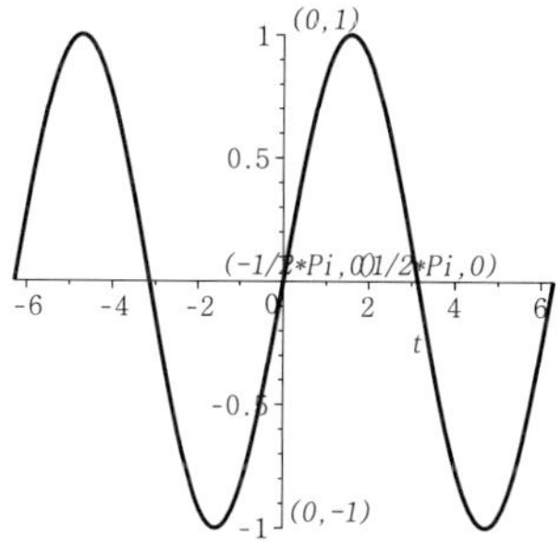

그림 4.12: $\sin t$의 그래프

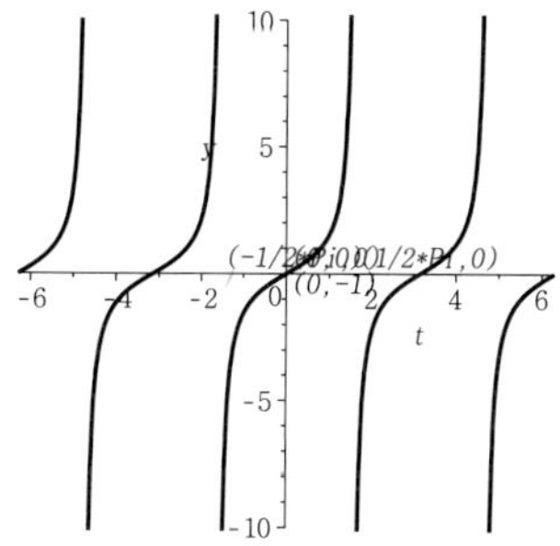

그림 4.13: $\tan t$의 그래프

프는 tan의 정의역에 속하는 모든 t에 대하여

$$\tan(t+\pi) = \tan t$$

를 상기한다. 이 사실을 이용하여 예를 들어 $(-\pi/2, \pi/2)$에서 tan그래프를 그릴 수 있고 정의역을 확장할 수 있다. tan가 $x = -\frac{\pi}{2}$와 $\frac{\pi}{2}$에서 정의되지 않으므로 열려 있다는 것을 알 수 있다. 그림4.13은 $(-\pi/2, \pi/2)$에서 tan그래프이다.

삼각함수는

$$f(x) = a\sin(bx+c) \quad \text{와} \quad g(x) = a\cos(bx+c)$$

의 형태의 함수와 관련이 있다.

이 함수들은 일반화된 삼각함수라고 알려져 있다. 여기서 a, b, c는 실수이고 $a \neq 0, b \neq 0$이다.

임의의 실수 x에 대하여

$$-1 \leq \sin(bx+c) \leq 1$$

이므로, $a > 0$이면 다음을 갖는다.

$$-a \leq a\sin(bx+c) \leq a.$$

$a > 0$이면 f와 g의 치역은 $[-a, a]$이다. 이것은 f와 g의 그래프가 직선

$$y = a \text{ 와 } y = -a$$

사이에 놓이게 된다.

함수 f는 다음의 계산과 같이 **주기함수**(periodic function)이다:

$$\begin{aligned} f(x + 2\pi/|b|) &= a\sin[b(x + 2\pi/|b|) + c] \\ &= a\sin(bx \pm 2\pi + c) \\ &= a\sin[(bx + c) \pm 2\pi] \\ &= a\sin(bx + c) = f(x). \end{aligned}$$

유사하게 임의의 x에 대하여

$$g(x + 2\pi/|b|) = g(x)$$

$2\pi/|b|$는 이 함수들의 **주기**(periodic)라고 부른다. 이 함수들의 그래프를 공부하기 위해서 몇가지 특별한 경우를 살펴본다.

예제 4.5.1. 그림4.14은 함수$f(x) = \cos(x + 1)$의 그래프이다. 1을 더하는 경우는 cos의 그래프를 "왼쪽으로 1만큼 이동" 하는 것이다. □

일반적으로, 어떤 $c > 0$에 대하여 $\cos(x + c)$의 그래프는 cos 그래프로 부터 왼쪽으로 c만큼 "이동 되어진" 것일 것이다. 이동은 만일 $c < 0$이면 오른쪽 방향으로 이동한다.

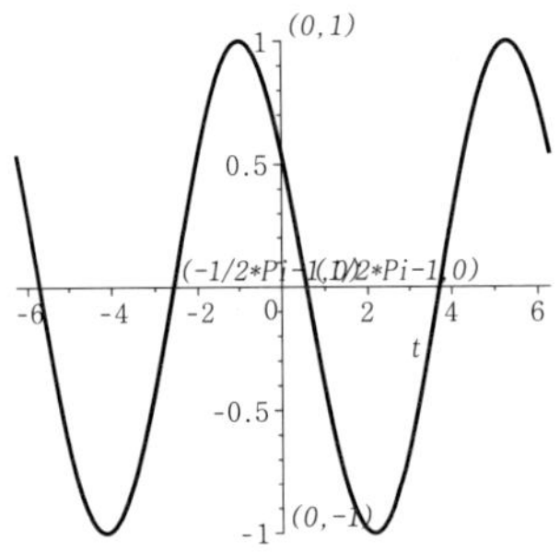

그림 4.14: $\cos(x+1)$의 그래프

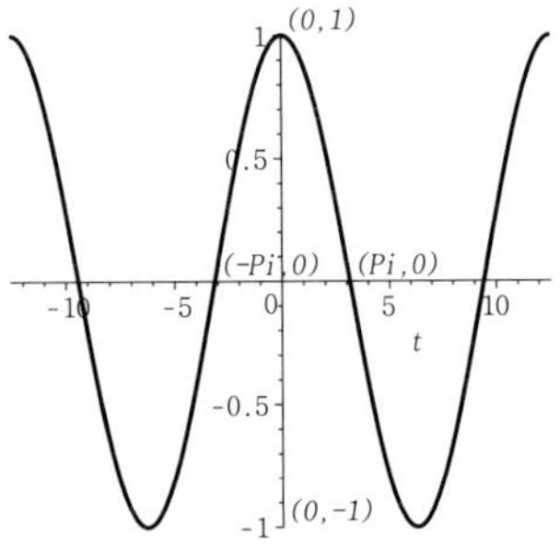

그림 4.15: $\cos(\frac{1}{2})x$의 그래프

예제 4.5.2. $f(x) = \cos(\frac{1}{2})x$의 그래프는 그림4.15이다. 여기서 $\frac{1}{2}$의 결과는 x방향으로 cos의 곡선의 "확장"이다.

이 결과는 또한 등식

$$f(x+4\pi) = \cos[\frac{1}{2}(x+4\pi)] = \cos[((\frac{1}{2})x+2\pi)]$$
$$= \cos(\frac{1}{2})x = f(x)$$

이다. 이것은 $\cos(\frac{1}{2})x$가 주기는 $\cos x$가 가지는 2π라기 보다는 $2(2\pi)$라는 것을 암시한다. b가 양수라면, 함수

$$f(x) = \cos(bx)$$

의 그래프는 $b < 1$이면 $\cos x$의 그래프가 x축 방향으로 뻗어나가게 되고 $b > 1$이면 $\cos x$의 그래프가 x축 방향으로 "축소"된다. □

예제 4.5.3. 예제(4.5.1)와 (4.5.2)에서 처럼,

$$f(x) = \cos[(\frac{1}{2})x+1]$$

의 그래프는 두가지 점에서 $\cos x$로부터 변화된 것이다: 두가지인 확장($\frac{1}{2}$로 부터)과 이동(1로 부터)이 있다. 왜 이렇게 되는지를 알기 위해서, $f(x) = \cos(x+1)$의 그래프가 $x=-1$에서 직선 $y=1$과 만난다. 즉, $f(-1) = \cos[(-1)+1] = \cos 0 = 1$. 그러나 $\cos[\frac{1}{2}(-1)+1] = \cos(\frac{1}{2}) \neq 1$. 그러나, $\cos[\frac{1}{2}(-2)+1] = \cos 0 = 1$. 이것은 $\frac{1}{2}$이 이동에 관여했다는 것과 $f(x) = \cos[(\frac{1}{2})x+1]$의 그래프가 단지 1 대신에 $f(x) = \cos(\frac{1}{2})x$의 그래프로부터 2만큼 이동되었다는 것을 의미한다. □

예제 4.5.4. $a > 1$이면 y축 방향으로 확장 되고 $a < 1$이면 y축방향에서 축소된다면 함수

$$f(x) = \cos[(\frac{1}{2})x+1]$$

과, 실수 $a = 3 > 0$의 곱은

$$f(x) = 3\cos[(\frac{1}{2})x+1]\text{이고}$$

그림4.16에서 설명되어진다.

일반화된 삼각함수의 그래프를 그리려면 진폭과 주기를 결정하는 것에서 시작하는 것이 도움이 된다. 진폭이 $|a|$라면 함수의 그래프는 직선

$$y = a \quad \text{와} \quad y = -a$$

사이에 놓인다. □

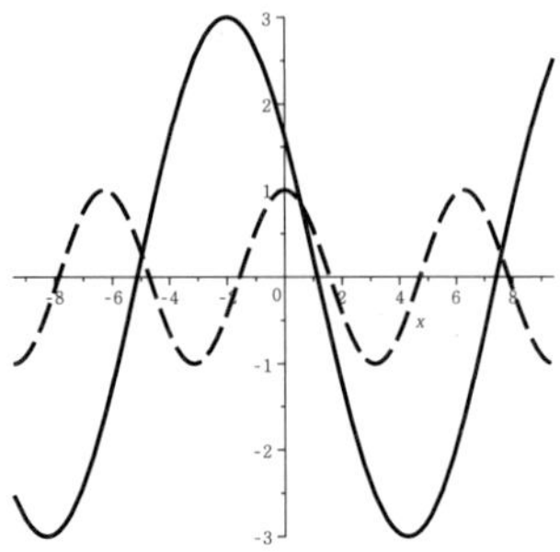

그림 4.16: $f(x) = 3\cos[(\frac{1}{2})x + 1]$의 그래프

◇ 연습 문제

1. 아래에 주어진 각각의 함수 f에 대하여 진폭, 주기, 최소한 하나의 해를 찾고 그래프가 어떤 직선 사이에 놓이게 되는지 말하여라.

   (a) $f(x) = -3\sin(2x + 1)$

   (b) $f(x) = 5\cos(5x - 1)$

   (c) $f(x) = -\frac{2}{3}\cos(-3x + 7)$

   (d) $f(x) = -8\sin(\pi x - 7)$

   (e) $f(x) = 1.24\cos(-3\pi + 1.8)$

2. 다음의 각각의 함수의 진폭과 주기를 결정하고 함수의 주기와 같은 길이를 가지는 구간에서 그래프를 그려라.

   (a) $f(x) = (\frac{1}{3})\sin x$

   (b) $g(x) = \cos(\pi x)$

   (c) $f(x) = \sin(7x)$

   (d) $g(x) = -2\cos x$

   (e) $f(x) = \sin(2x - 1)$

   (f) $g(x) = -2\cos(\pi x + \pi/2)$

3. 다음의 각각의 그래프를 그려라.

   (a) $f(x) = \sin x - \cos x$

   (b) $g(x) = \tan x + 1$

   (c) $h(x) = \sec x$

   (d) $j(x) = \sec x - 1$

4. 함수 $k(x) = \sin(x^2)$은 주기함수인가?

5. 함수 $p(x) = \cos|x|$은 주기함수인가? 이 함수의 그래프를 그리고 $\cos(x)$함수의 그래프와 비교하여라.

6. 함수 q 가 다음과 같이 정의된다고 하자:

$$q(x) = \sin([x] + 1 - x)$$

이 함수의 그래프를 그려라.

4.6 삼각방정식

이 절에서 공부하려고 하는 삼각방정식들은 다음의 결과들을 이용함으로써 쉽게 구할 수 있다.

(1) 임의의 정수 n에 대하여 $t = s + 2n\pi$, 또는 $t - -s + (2n+1)\pi$ 이면 $\sin t = \sin s$이다.

(2) 임의의 정수 n에 대하여 $t = -s + 2n\pi$, 또는 $t = s + (2n+1)\pi$ 이면 $\sin t = -\sin s$이다.

(3) 임의의 정수 n에 대하여 $t = s + (4n+1)\pi/2$, 또는 $t = -s + (4n+1)\pi/2$ 이면 $\sin t = \cos s$이다.

(4) 임의의 정수 n에 대하여 $t = s + 2n\pi$, 또는 $t = -s + 2n\pi$ 이면 $\cos t = \cos s$이다.

위 내용 중 (1)을 증명하고 다른 것들은 연습문제를 위해 남겨둔다. 먼저, 어떤 정수 n에 대하여 $t = s + 2n\pi$이면 $\sin t = \sin s$임이 분명하다. 또한 $t = -s + (2n+1)\pi$이면

$$\begin{aligned}\sin t &= \sin(-s + (2n+1)\pi) = \sin(-s + 2n\pi + \pi) = \sin(-s + \pi) \\ &= \sin(\pi - s) = \sin(\pi)\cos s - \cos(\pi)\sin s = \sin s.\end{aligned}$$

따라서 위 (1)의 첫번째 부분이 증명되었다. 두번째 부분을 증명하기 위해서 등식 (5.18)을 이용한다.

$$\sin(x+y) - \sin(x-y) = 2\sin y \cdot \cos x.$$

이 항등식에서

$$t = x + y \text{ 그리고 } s = x - y$$

라 놓으면

$$x = \frac{1}{2}(s+t) \text{ 그리고 } y = \frac{1}{2}(t-s)$$

이 되고 이것은 다음이 된다.

$$\sin t - \sin s = 2\sin(\frac{t-s}{2}) \cdot \cos(\frac{t+s}{2}).$$

이제 $\sin t = \sin s$이면 $\sin t - \sin s = 0$이고

$$2\sin[\frac{1}{2}(t-s)] \cdot \cos[\frac{1}{2}(t+s)] = 0$$

을 암시한다. 이것으로부터

$$\sin[\frac{1}{2}(t-s)] = 0 \quad \text{또는} \quad \cos[\frac{1}{2}(t+s)] = 0$$

이라는 결론을 얻는다. 임의의 정수 n에 대하여 $\sin[\frac{1}{2}(t-s)] = 0$이면 $\frac{1}{2}(t-s) = n\pi$ 이고 $t-s = 2n\pi$이다. 그러면

$$t = s + 2n\pi$$

가 된다. $\cos[\frac{1}{2}(t+s)] = 0$이면 모든 정수 n에 대하여, $\frac{1}{2}(t+s) = (2n+1)\pi/2$이고 이것은 $t = -s + (2n+1)\pi$가 된다.

예제 4.6.1. 방정식 $2\cos x - 1 = 0$을 풀어라.

풀이. x가 $2\cos x - 1 = 0$을 만족하면, $\cos x = \frac{1}{2}$이다. 그러나 $\cos(\pi/3) = \frac{1}{2}$이고, $\cos x = \cos(\pi/3)$이다. 위의 (4)로부터 n은 정수에서

$$x = \pi/3 + 2n\pi \quad \text{또는} \quad x = -\pi/3 + 2n\pi$$

x의 두가지 모두 등식에 대한 해답이 됨이 분명하다. 그러므로 이 방정식의 해집합은

$$\{\pi/3 + 2n\pi | n\text{은 정수}\} \cup \{-\pi/3 + 2n\pi | n\text{은 정수}\}\text{이다.}$$

□

예제 4.6.2. 방정식 $\sin^2 x - 2\sin x = 3$을 풀어라.

풀이. x는 $\sin^2 x - 2\sin x = 3$을 만족하므로

$$\sin^2 x - 2\sin x - 3 = 0$$

또는

$$(\sin x - 3)(\sin x + 1) = 0 \text{ 이다.}$$

이것으로부터

$$\sin x = 3 \quad \text{또는} \quad \sin x = -1\text{이다.}$$

$\sin x = 3$을 만족하는 x가 없으므로 $\sin x = -1$이다. 그러나 $\sin(-\frac{1}{2}\pi) = -1$이고 위의 (1)에 의해서 $x = -(\frac{1}{2})\pi + 2n\pi$ 또는

$$\begin{aligned} x &= (\frac{1}{2})\pi + (2n+1)\pi = (\frac{1}{2})\pi + \pi + 2n\pi \\ &= \frac{1}{2}(3\pi) + 2n\pi. \end{aligned}$$

이 경우에

$$\{-(\frac{1}{2})\pi + 2n\pi\} = \{\frac{1}{2}(3\pi) + 2n\pi\}.$$

그러므로

$$\{-(\frac{1}{2})\pi + 2n\pi\} \cup \{\frac{1}{2}(3\pi) + 2n\pi\} = \{-(\frac{1}{2})\pi + 2n\pi\}.$$

□

예제 4.6.3. 방정식 $\sin(3t) = \cos t$를 풀어라.

풀이. 위 (3)으로 부터 $3t = t + (4n+1)\pi/2$ 또는 $3t = -t + (4n+1)\pi/2$ 이다. 따라서

$$t = (4n+1)\pi/4 = \pi/4 + n\pi$$

또는

$$t = (4n+1)\pi/8 = \pi/8 + \frac{1}{2}(n\pi).$$

따라서 해집합은

$$\{(\frac{1}{4})\pi + n\pi\} \cup \{(\frac{1}{8})\pi + \frac{1}{2}(n\pi)\}\text{이다.}$$

□

◇ 연습 문제

1. 다음의 각각에서 주어진 식으로 부터 해를 구하라.

(a) $\sin(x) = \sin(3\pi/2)$ 일때

(b) $\sin(y-1) = -1$ 일때

(c) $\sin(w) = \cos(4w)$ 일때

(d) $\sin(x+y) = \cos(x-y)$ 일때

(e) $\cos(3v) = \cos(2v)$ 일때

(f) $\cos(4x+1) = \cos(3x+2)$ 일때

(g) $\sin(\pi t) = \sin(2\pi s)$ 일때

2. 임의의 정수 n에 대하여 $t = -s + 2n\pi$ 또는 $t = s + (2n+1)\pi$ 이면 $\sin t = -\sin s$임을 증명하여라.

3. 임의의 정수 n에 대하여 $t = s + (4n+1)\pi/2$ 또는 $t = -s + (4n+1)\pi/2$ 이면 $\sin t = \cos s$임을 증명하여라. [힌트: 항등식 $\cos s = \sin[(\frac{1}{2})\pi - s]$와 (1)을 이용하여라.]

4. 임의의 정수 n에 대하여 $t = s+2n\pi$ 또는 $t = -s+2n\pi$ 이면 $\cos t = \cos s$임을 증명하여라.

5. 다음의 방정식을 풀어라:

   (a) $2\sin x - 1 = 0$

   (b) $2\sin(x-1) = 0$

   (c) $\cos^2 x + 3\sin x - 3 = 0$[힌트: $\cos^2 x$를 $\sin^2 x$와 인수의 식으로 써라-또는 2차방정식 공식을 이용하여라.]

   (d) $2\cos x = -1$

   (e) $2\sin x \cdot \cos x + \sin x = 0$

   (f) $\cos(2x) = -1$

6. $2\sin^2 x + 4\sin x + 3 = 0$ 인 실수 x가 존재하지 않음을 보여라.

7. 방정식을 풀어라:

   (a) $\sin(x/3) = \cos x$

   (b) $\cos(2x) = -\sin x$

   (c) $-\sin(2x) = \cos x$

   (d) $\sin(7t) = \sin(-5t)$

8. 방정식을 풀어라:

(a) $\tan x \cdot cscx - 1 = 0$ (c) $\sin^4 y - \cos^4 y = 1$

(b) $2\tan(x/2) = cot(x/2)$ (d) $\sin s + \cos s = 1$

4.7 삼각함수의 역함수

다음과 같이 정의된 함수 f를 생각하자: a, b는 실수이고 $a < b$에서

$$f(x) = \sin(x),\ x \in [a, b].$$

모든 실수의 집합에서 sin함수의 그래프는 f가 구간 $[a, b]$에서 $1-1$인지 아닌지를 알수있다. 그림4.18(a)에서, 구간은 $[-\pi, \pi/4]$이고 이 경우에 f는 $1-1$이 아니다. 그림4.18(b)에서 구간은 $[-\pi/2, \pi/4]$이고 여기서 f는 $1-1$이다. 첫 번째 구간에서 f^{-1}는 함수가 아니고, 두 번째 구간에서 f^{-1}는 함수라는 것을 의미한다. sin은 주기가 2π인 주기함수이기 때문에, 2π보다 큰 구간을 가지는 $[a, b]$가 선택한다면, f^{-1}는 함수가 아니다.

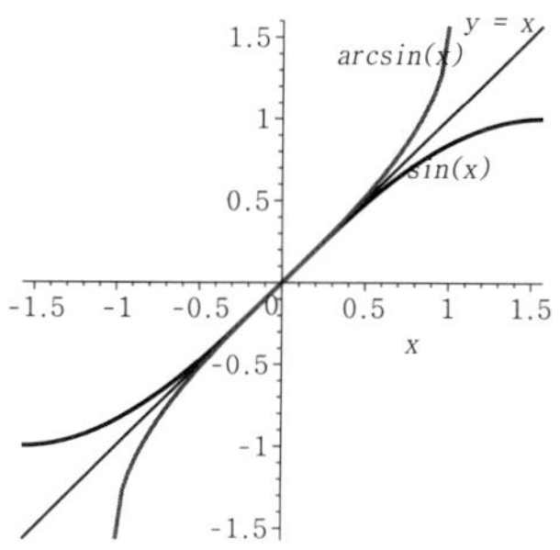

그림 4.17: sin과 arcsin의 그래프

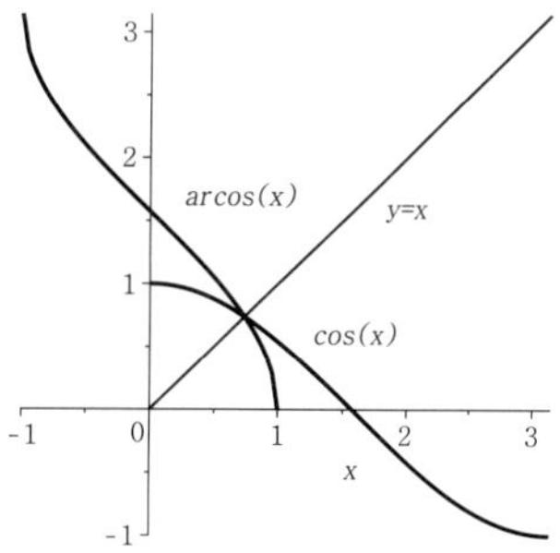

그림 4.18: cos과 arccos의 그래프

f가 $1-1$함수 될 수 있는 구간 $[a, b]$에서 무한히 많은 값들이 있다. 예를 들어, 아래에 나열된 모든 함수는 $1-1$이다:

$$f_1(x) = \sin(x),\ x \in [-5\pi/2, -3\pi/2].$$
$$f_2(x) = \sin(x),\ x \in [-3\pi/2, -\pi/2].$$
$$f_3(x) = \sin(x),\ x \in [-\pi/2, \pi/2].$$
$$f_4(x) = \sin(x),\ x \in [\pi/2, 3\pi/2].$$
$$f_5(x) = \sin(x),\ x \in [3\pi/2, 5\pi/2].$$

관련된 함수들 $f_1^{-1}, f_2^{-1}, f_3^{-1}, f_4^{-1}, f_5^{-1}$은 함수이다. $[a, b]$가 위의 어떠한 구간 $x \in [a, b]$에 대하여, $\sin(x)$는 구간$[-1, 1]$의 모든 실수를 값을 가지므로, 각각의

정의역은 $[-1,1]$이다. f_3^{-1}을 통상적으로 sin함수의 역함수라 부르고 "arcsin"으로 표시한다. 따라서,

$$x \in [-1,1] \text{ 에 대해 } f_3^{-1}(x) = arc\sin(x).$$

유사한 방법으로 arccos과 arctan를 정의한다.

정의 4.7.1. 1. $f(x) = \sin(x),\ x \in [-\pi/2, \pi/2]$ 이면, $\arcsin = f^{-1}$.

2. $g(x) = \cos(x),\ x \in [0, \pi]$ 이면, $\arccos = g^{-1}$.

3. $h(x) = \tan(x),\ x \in (-\pi/2, \pi/2)$ 이면, $\arctan = h^{-1}$.

정의로부터

$$\mathcal{D}(\arcsin) = [-1,1],\ \Re(\arcsin) = [-\pi/2, \pi/2].$$
$$\mathcal{D}(\arccos) = [-1,1],\ \Re(\arccos) = [0, \pi].$$
$$\mathcal{D}(\arctan) = \mathbb{R},\ \Re(\arctan) = (-\pi/2, \pi/2).$$

함수 arcsin, arccos 과 arctan의 그래프는 그림4.19에서 주어졌다.

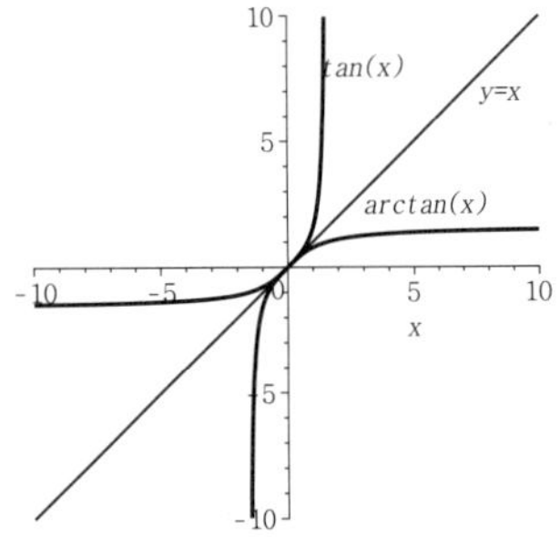

그림 4.19: tan와 arctan의 그래프

예제 4.7.1. 다음을 보여라. $(a)\ \cos(\arcsin x) = \sqrt{1-x^2}$
$(b)\arcsin(\cos x) = x + \pi/2$
$(c)\ \tan(\arcsin x) = x/\sqrt{1-x^2}$

풀이. (a). $\cos^2 t + \sin^2 t = 1$ 와 $\sin(\arcsin x) = x$라는 사실을 이용한다. $t = \arcsin x$를 대입하면

$$\cos^2(\arcsin x) + \sin^2(\arcsin x) = 1$$

또는

$$[\cos(\arcsin x)]^2 + [\sin(\arcsin x)]^2 = 1\text{이다.}$$

그러면

$$[\cos(\arcsin x)]^2 = 1 - x^2$$

이고

$$\cos(\arcsin x) = \pm\sqrt{1 - x^2}\text{이다.}$$

그러나 $\arcsin x$의 치역은 $[-\pi/2, \pi/2]$이고 $\cos$은 이 구간에서 음이 아니므로 다음이 된다.

$$\cos(\arcsin x) = \sqrt{1 - x^2}.$$

(b). $\sin(x + \pi/2) = \cos x$를 이용하여

$$\arcsin(\cos x) = \arcsin(\sin(x + \pi/2)) = x + \pi/2.$$

(c). (a)로 부터 $\cos(\arcsin x) = \sqrt{1 - x^2}$이므로,

$$\tan(\arcsin x) = \frac{\sin(\arcsin x)}{\cos(\arcsin x)} = \frac{x}{\sqrt{1 - x^2}}.$$

□

예제 4.7.2. $\arcsin(\frac{1}{2}\sqrt{2}), \arccos(0), \arctan(1)$을 계산하여라.

풀이. arcsin의 정의에 의해서

$$\sin(x) = \frac{1}{2}\sqrt{2}$$

인 $x \in [-\pi/2, \pi/2]$를 찾는다. 이 조건을 만족시키는 $x = \pi/4$는 유일하다. 따라서

$$\arcsin(\frac{1}{2}\sqrt{2}) = \pi/4.$$

유사하게 $\cos(\pi/2) = 0$ 이고 $\pi/2 \in [0, \pi]$ 이므로

$$\arccos(0) = \pi/2\text{이다.}$$

또한 $\tan(\pi/4) = 1$ 이고 $\pi/4 \in (-\pi/2, \pi/2)$이므로

$$\arctan(1) = \pi/4\text{이다.}$$

□

◇ 연습 문제

1. 다음을 계산하여라:

   (a) $\arcsin(0)$
   (b) $\arcsin(1)$
   (c) $\arccos(0)$
   (d) $\arccos(1)$
   (e) $\arctan(0)$
   (f) $\arctan(1)$
   (g) $\arcsin(-1)$
   (h) $\arcsin(\frac{1}{2}\sqrt{2})$
   (i) $\arccos(-1)$
   (j) $\arccos(-\frac{1}{2}\sqrt{2})$
   (k) $\arctan(-1)$
   (l) $\arcsin(-\frac{1}{2})$
   (m) $\arccos(\frac{1}{2})$

2. 다음을 증명하여라:

   (a) $\cos(2\arcsin x) = 1 - 2x^2$
   (b) $\sin(2\arccos x) = 2x\sqrt{1 - x^2}$

제 5 장

역함수, 지수로그함수

5.1 함수와 역함수

R^{-1}가 관계(relation) R의 역관계일 때, R^{-1}를 다음과 같이 정의한다:

$$R^{-1} = \{(a,b)|(b,a) \in R\}.$$

즉, R^{-1}은 관계 R의 순서쌍에서 첫 번째 원소와 두 번째 원소를 바꿈으로 정의한다. 여기서 함수인 R의 R^{-1}가 또한 함수라는 특성을 가질수 있다. 1.5절로 부터 R^{-1}가 함수이기 위한 필요충분조건은 R이 $1-1$함수인 경우이다. R이 $1-1$함수일 필요충분조건은

$$(x_1, y) \in R \text{ 이고 } (x_2, y) \in R \text{ 이면 } x_1 = x_2 \text{ 이다}$$

로 정의하였다. 그림5.1은 $x_1 \neq x_2$이고 (x_1, y)와 (x_2, y)가 R의 원소이다. 그림5.1은 함수 R이 $1-1$함수가 아님을 의미한다. 함수 R이 $1-1$함수일 필요충분조건은 x축과 평행한 모든 직선이 R의 그래프와 단 한번만 만나야 한다.

예제 5.1.1. 그림5.2는 구간$[-1,1]$에서 $f(x) = x^2$의 그래프이다. 이 그래프 f는 $1-1$함수가 아니다. 이는 $y=0$과 $y=1$ 사이에서 이 그래프는 x축과 평행한 직선과 두번 만나기 때문이다. 이것은 $(1,1) \in f$ 이고 $(-1,1) \in f$에서 f가 $1-1$이 아니라는 것을 의미한다. □

예제 5.1.2. 일차함수

$$f(x) = ax + b, \quad (a \neq 0)$$

가 $1-1$함수임을 보여라.

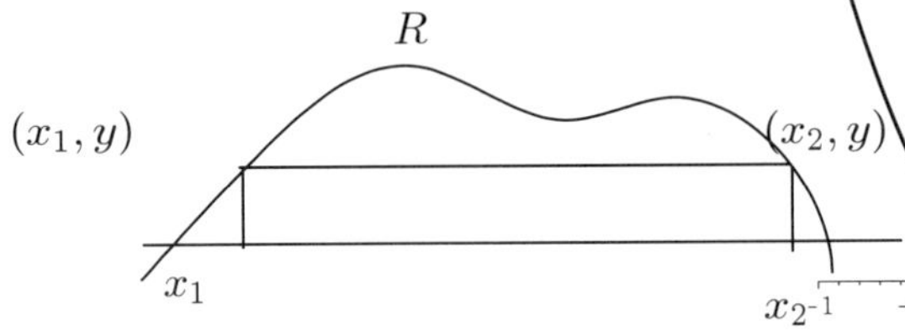

그림 5.1: R의 그래프

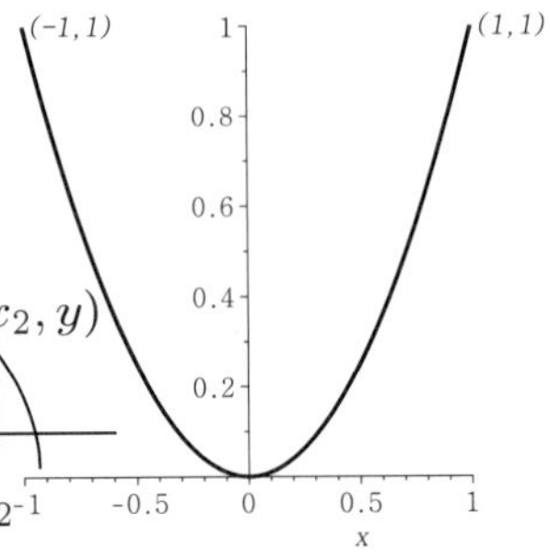

그림 5.2: $f(x) = x^2$의 그래프

풀이. (x_1, y), (x_2, y)가 f의 원소라 하면, 즉,

$$f(x_1) = ax_1 + b, \quad f(x_2) = ax_2 + b$$

이다. 따라서,

$$ax_1 + b = ax_2 + b$$

이다. 그러므로,

$$ax_1 = ax_2$$

가 성립하는데, $a \neq 0$ 이므로 $x_1 = x_2$이다. 따라서 f는 $1-1$함수이다. □

예제 5.1.3. 함수

$$Q(x) = x^3$$

가 $1-1$함수임을 보여라.

풀이. $(x_1, y) \in Q$이고 $(x_2, y) \in Q$라고 가정하면 $x_1^3 = x_2^3$이 성립한다. 여기에서 x_1과 x_2는

$$x_1 \geq 0 \quad \text{이고} \quad x_2 \geq 0 \text{ 또는}$$

$$x_1 < 0 \quad \text{이고} \quad x_2 < 0\text{이다.}$$

x_1과 x_2가 모두 0이면 $x_1 = x_2$가 성립한다. 그러므로 $x_1 \neq 0$이고 $x_2 \neq 0$이라 가정하면, $x_1 > 0$이고 $x_2 > 0$ 또는 $x_1 < 0$이고 $x_2 < 0$ 이다. 이 경우 $x_1x_2 > 0$이다.

$$x_1^3 = x_2^3, \quad x_1^3 - x_2^3 = 0$$

과

$$(x_1 - x_2)(x_1^2 + x_1x_2 + x_2^2) = 0$$

로부터

$$x_1 - x_2 = 0 \quad \text{또는} \quad x_1^2 + x_1x_2 + x_2^2 = 0 \quad \text{이다.}$$

앞에서 $x_1x_2 > 0$이므로

$$x_1^2 + x_1x_2 + x_2^2 > 0$$

이다. 그러므로

$$x_1 - x_2 = 0 \quad \text{이고} \quad x_1 = x_2 \text{이다.}$$

그러므로 $Q(x) = x^3$은 정의에 의해 $1-1$함수임을 알 수 있다. □

예제 5.1.4. 함수 $f(x) = |x|$는 $x \in [-1, 1]$에서 $1-1$함수가 아님을 보여라.

풀이. $f(-\frac{1}{2}) = |-\frac{1}{2}| = \frac{1}{2}$ 이고 $f(\frac{1}{2}) = |\frac{1}{2}| = \frac{1}{2}$ 이다. 따라서 f는 $1-1$함수가 아니다. □

예제 5.1.5. 함수 $g(x) = x^2, x \geq 0$의 역함수를 구하여라.

풀이. 함수 g가 $1-1$함수이므로 g^{-1}도 함수이다. 그러면 합성함수를 이용하여 g^{-1}를 구할 수 있다:

$$x = g(g^{-1}(x)) = (g^{-1}(x))^2.$$

그리고 $x \geq 0$ 이므로 $g^{-1}(x) = \sqrt{x}$이다. □

예제 5.1.6. 다음의 함수가 $1-1$함수임을 보이고 그것의 역함수를 구하여라.

$$g(x) = \frac{x-1}{x+1}$$

풀이. x_1, x_2가

$$\frac{(x_1 - 1)}{(x_1 + 1)} = \frac{(x_2 - 1)}{(x_2 + 1)}$$

을 만족하면

$$(x_1 - 1)(x_2 + 1) = (x_1 + 1)(x_2 - 1)$$

또는

$$x_1x_2 - x_2 + x_1 - 1 = x_1x_2 + x_2 - x_1 - 1 \text{이다.}$$

따라서

$$x_1 = x_2.$$

그러므로 g는 $1-1$함수이다. g^{-1}를 구해보면,

$$x = g(g^{-1}(x)) = \frac{(g^{-1}(x)-1)}{(g^{-1}(x)+1)} \quad \text{이므로}$$

$$x(g^{-1}+1) = g^{-1}(x)-1$$

$$xg^{-1}(x) - g^{-1}(x) = -x-1$$

$$g^{-1}(x) = \frac{(1+x)}{(1-x)}$$

이다. 여기서 g의 정의역은 -1을 제외한 모든 실수이고, g^{-1}의 정의역은 1을 제외한 모든 실수이다. □

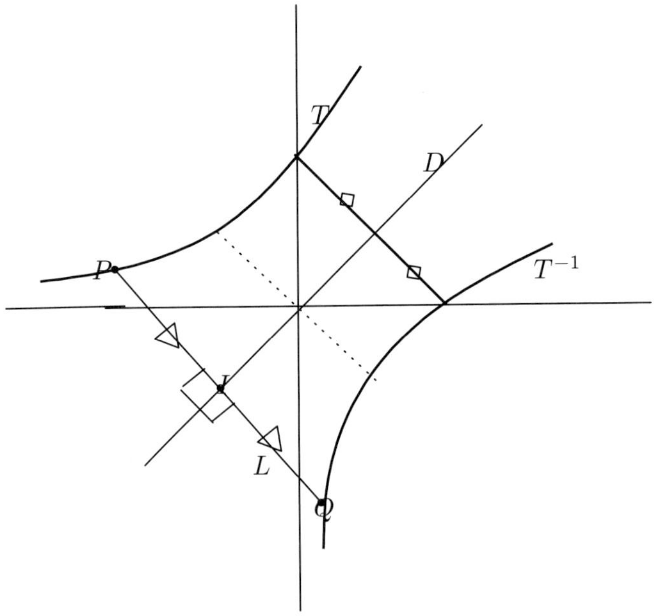

그림 5.3: T와 대칭인 T^{-1}의 그래프

T^{-1}의 그래프는 T에 의해서 다음과 같이 그릴 수 있다: 점 Q는 그래프 T의 임의의 점 P를 $y=x$에 관하여 대칭으로 그린다. 이것은 그래프 T의 임의의 점 P를 이용하여 1사분면과 3사분면을 양분하는 직선 D와 수직인 직선 L을 그린다. 점 I가 직선 L과 교차하는 D의 한 점이라면 P의 반대편에 있고 $PI = IQ$인 L위의 점 Q를 정할 수 있다.(그림5.3를 참조.)

예제 5.1.7. 그래프 $T(x) = 2x+3$로부터 그래프 $T^{-1}(x) = \frac{1}{2}(x-3)$ 를 그려라.

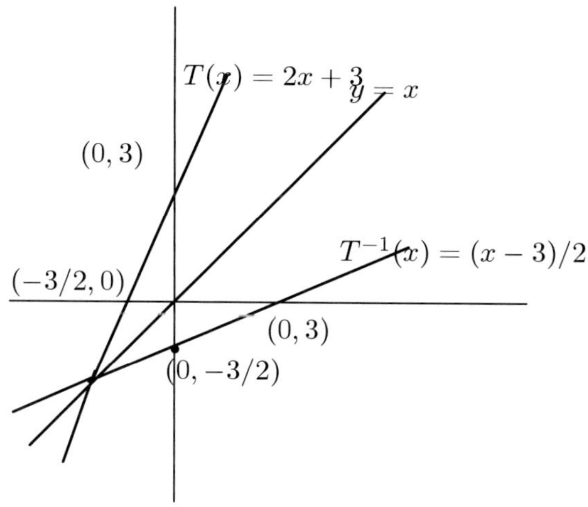

그림 5.4: $T(x) = 2x + 3$와 $T^{-1}(x) = \frac{1}{2}(x - 3)$그래프

풀이. T^{-1}는 일차함수이므로 그래프는 임의의 두 점을 그래프상에 정하여 그래프는 그림5.4와 같이 그린다. □

◇ 연습 문제

1. 그림5.5에서 $1-1$함수인 것은 어떤 그래프인가?

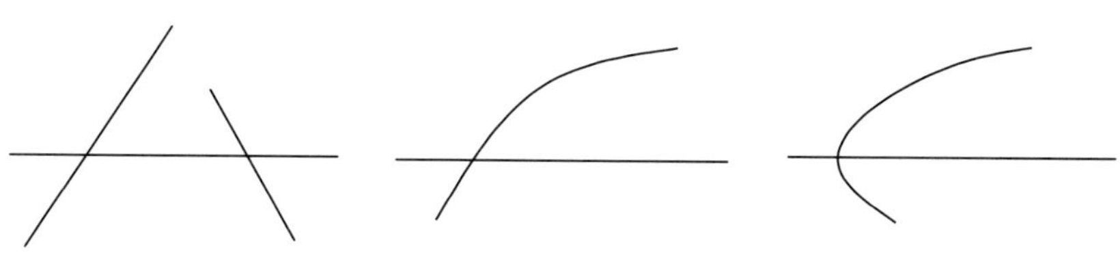

그림 5.5: 그래프

2. 아래의 함수들을 보고 $1-1$함수인 것을 결정하여라.

(a) $f(x) = [x]$ (b) $g(x) = x - [x]$

(c) $T(x) = \cos x$ (d) $L(x) = 3\sin(x + 1),\ x \in [0, 2\pi]$

(e) $g(x) = -x^2 + 1,\ x \in [-1, 0]$ (f) $g(x) = -x^2 + 1,\ x \in [-1, 1]$

3. 아래의 함수의 그래프를 그리고, 각 함수의 역함수인 그래프를 그려라.

   (a) $T(x) = -x^2,\ x \leq 0$
   (b) $Q(x) = x^3 + 1,\ x \in [-1, 2]$
   (c) $C(x) = \sqrt{2 - x^2},\ x \in [0, \sqrt{2}]$
   (d) $C(x) = \sqrt{2 - x^2},\ x \in [-\sqrt{2}, \sqrt{2}]$
   (e) $L(x) = x + 1$
   (f) $K(x) = -x + 1$
   (g) $M(x) = -(\frac{1}{3})x - 6$

4. 아래에 주어진 각 함수 f로부터 예제(5.1.5)에서 사용한 합성함수를 사용하여 f^{-1}을 구하여라.

   (a) $f(x) = 7 - 2x$
   (b) $f(x) = \sqrt{1 - x^2},\ x \in [-1, 0]$
   (c) $f(x) = 1/x,\ x > 0$
   (d) $f(x) = 3/(1 - x),\ x > 1$
   (e) $f(x) = \frac{x}{(x+1)},\ x < -1$
   (f) $f(x) = \frac{ax+b}{cx+d}$, ($ad \neq bc$ 일 때).
   (g) $f(x) = x + \sqrt{x}$. [힌트: 2차 방정식을 풀어라. $x = (\sqrt{f^{-1}(x)})^2 + \sqrt{f^{-1}(x)}$, $\sqrt{f^{-1}(x)}$일 때.]

5.2 지수함수와 로그함수

이 절에서 다룰 함수는 a^t의 의미를 기본으로 하고 있다. 여기서 t와 a는 실수를 말하고 $a > 0$이다. 익숙한 이 기호를 조금 확장한다. 예를 들어, $a = 2$이고 $t = 3$이면, 보통 2^3은 8이다. 즉, $2 \cdot 2 \cdot 2$이다. 일반적으로 t가 양의 정수라면, a^t는 a가 t개의 곱인

$$a \cdot a \cdot a \cdots a$$

을 의미한다. 양의 정수인 t가 a^t에서 t의 범위를 실수로 넓힌다. 임의의 실수 s, t에 대해, 다음의 식들이 성립한다.

$$a^t \cdot a^s = a^{t+s} \tag{5.1}$$

$$\frac{a^t}{a^s} = a^{t-s} \tag{5.2}$$

$$(a^t)^s = a^{ts} \tag{5.3}$$

$$(ab)^t = a^t \cdot b^t \tag{5.4}$$

$a > 0$ 이면 임의의 실수t에 대해 a^t는 실수이고, 새로운 함수를 다음과 같이 정의한다.

$$E_a = \{(t, a^t) | t\text{는 실수이다}\}.$$

이 함수는 a**를 밑으로 한 지수함수**(exponential function of base a)라 부른다. 일반적인 함수의 기호는 다음을 의미한다.

$$E_a(t) = a^t, \quad t\text{는 모든 실수}.$$

다음의 예들은 E_a의 원소이다.

$$(0, a^0) = (0, 1) \in E_a \quad \text{또는} \quad E_a(0) = 1.$$
$$(1, a^1) = (1, a) \in E_a \quad \text{또는} \quad E_a(1) = a.$$
$$(-1, a^{-1}) = (-1, \frac{1}{a}) \quad \text{또는} \quad E_a(-1) = \frac{1}{a}.$$
$$(\sqrt[3]{5}, a^{\sqrt[3]{5}}) \in E_a \quad \text{또는} \quad E_a(\sqrt[3]{5}) = a^{\sqrt[3]{5}}.$$

등식(5.1), (5.2), (5.3)으로 부터 다음과 같은 공식을 유도 한다:

$$E_a(t + s) = E_a(t) \cdot E_a(s) \tag{5.5}$$

$$E_a(t - s) = \frac{E_a(t)}{E_a(s)} \tag{5.6}$$

$$E_a(ts) = [E_a(t)]^s = [E_a(s)]^t \tag{5.7}$$

$a = 3$ 일 때 E_a의 그래프를 그리면, E_3에 속하는 순서쌍은 다음과 같다:

$$(0, 1) \in E_3, \ (1, 3) \in E_3, \ (-1, \frac{1}{3}) \in E_3, \ (2, 9) \in E_3, \ (-2, \frac{1}{9}) \in E_3\text{등등}.$$

그러면 그래프 E_a가 부드러운 곡선임을 알수 있으며 그림5.8은 E_3의 그래프이다.

이제 $E_{\frac{1}{3}}$의 그래프를 생각해 보자. 임의의 실수 t에 대해

$$E_{\frac{1}{3}}(t) = (\frac{1}{3})^t = 3^{-t} = E_3(-t)\text{이다}.$$

(x, y)가 그래프 $E_{\frac{1}{3}}$의 한 점이라 하면, 즉, $(x, y) \in E_{\frac{1}{3}}$이라 하면 위와 같이 $y = E_{\frac{1}{3}}(x) = E_3(-x)$이다. 그러나 이것은 $(-x, y) \in E_3$임을 의미한다. 마찬가지로 $(z, w) \in E_3$이면 $(-z, w) \in E_{\frac{1}{3}}$임을 보일 수 있다. 따라서,

$$(-x, y) \in E_3 \Longleftrightarrow (x, y) \in E_{\frac{1}{3}} \tag{5.8}$$

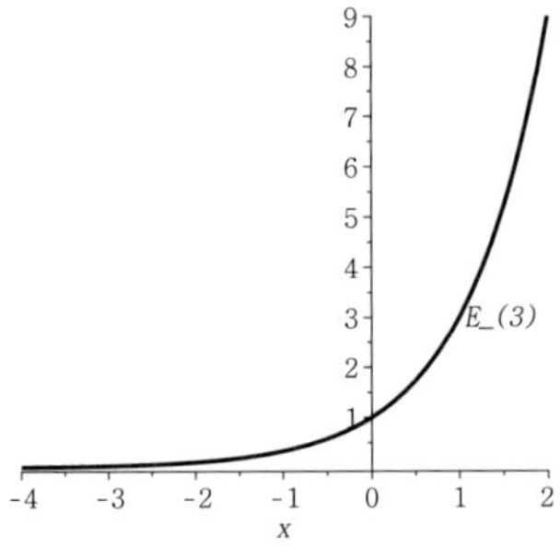

그림 5.6: E_3의 그래프

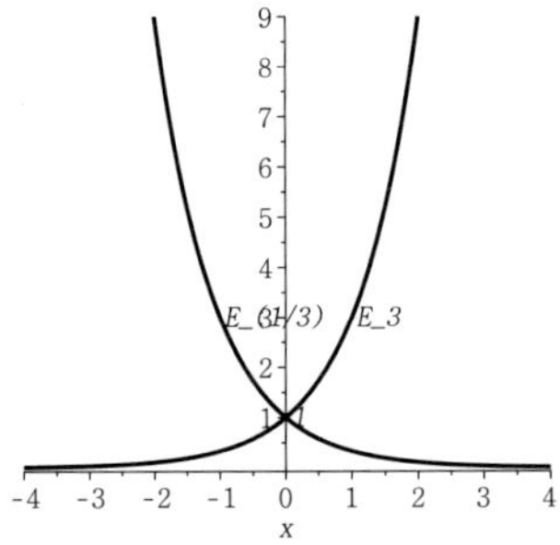

그림 5.7: E_3와 $E_{\frac{1}{3}}$의 그래프

이다. 이것은 같은 좌표축에 주어진 두 그래프 E_3와 $E_{\frac{1}{3}}$의 그림 5.7이다.

물론 식(5.8)에서 $a = 3$이라는 것은 특별한 것은 없고 $a(> 0)$는 임의의 실수값을 가질 수 있다.

$$(-x, y) \in E_a \Longleftrightarrow (x, y) \in E_{\frac{1}{a}} \tag{5.9}$$

이다. 그림5.7에서 그래프 $E_{\frac{1}{3}}$가 감소할때 E_3의 그래프는 증가한다. 이것은 지수 함수의 일반적인 특성을 다음과 같이 설명할 수 있다.

$$0 < a < 1 \text{ 이고 } x < y \text{ 이면, } E_a(y) < E_a(x) \text{ 이다.} \tag{5.10}$$

$$1 < a \text{ 이고 } x < y \text{ 이면, } E_a(x) < E_a(y) \text{ 이다.} \tag{5.11}$$

정의 5.2.1. f를 함수라 하자.
(a) $x < y$이고 f의 정의역의 모든 x, y의 실수에서 $f(x) < f(y)$이면 f를 **순증가 함수**(strictly increasing)라 한다.
(b) $x < y$이고 f의 정의역의 모든 x, y의 실수에서 $f(x) > f(y)$이면 f는 **순감소 함수**(strictly decreasing)라 한다.

위 정의와 위의 식(5.10), (5.11)로 부터 다음을 알 수 있다.

$$E_a \text{ 는 } 0 < a < 1 \text{ 인 순감소함수이다.} \tag{5.12}$$

$$E_a \text{ 는 } a > 1 \text{ 인 순증가함수이다.} \tag{5.13}$$

함수가 순증가 함수이거나 순감소 함수라면, 그 함수는 1−1함수일 것이다. 물론 이것은 함수 f에 대해서 f^{-1}도 함수임을 의미한다. 중요한 것은 $a > 0$이고 $a \neq 1$에 대해 E_a^{-1}은 함수라는 사실이다. E_a^{-1}은 **밑을 a로 가지는 로그함수**(logarithm function of base a)라 한다. 기호는 보통 "$\log_a$"로 표시 한다. 그러므로

$$z = \log_a(w) \Longleftrightarrow w = E_a(z) = a^z \text{ 이다.} \tag{5.14}$$

따라서 z와 w에서

$$\log_a(a^z) = \log_a(E_a(z)) = z \quad \text{이고} \quad a^{\log_a(w)} = w \text{이다.}$$

따라서 지수함수와 로그함수는 서로 역함수 관계이다. 식 (5.5), (5.6), (5.7)에서 언급한 함수 E_a의 특성은 $\log_a$의 특성과 유사하다. 예를들어 식(5.5)을 사용하여 다음을 증명 할 수 있다:

$$\log_a(t \cdot s) = \log_a(t) + \log_a(s) \tag{5.15}$$

여기서 t, s는 양수이다. 이것을 증명하기 위해서 $w = \log_a(t)$라 놓고 $z = \log_a(s)$라 하자. 그러면 5.14로부터 $E_a(w) = t$이고 $E_a(z) = s$이다. 식(5.5)에 의하면

$$E_a(w + z) = E_a(w) \cdot E_a(z)$$

$E_a(w)$와 $E_a(s)$에 각각t, s를 대입하여

$$E_a(w + z) = t \cdot s \text{이다.}$$

양변에 $\log_a$를 취하면

$$\log_a[E_a(w + z)] = \log_a(t \cdot s)$$

또는

$$w + z = \log_a(t \cdot s)\text{이다.}$$

이것은 식(5.13)와 같다. 유사한 방법으로, 다음을 증명할 수 있다:

$$\log_a(\frac{s}{t}) = \log_a(s) - \log_a(t) \tag{5.16}$$

$$\log_a(s^t) = t \cdot \log_a(s) \tag{5.17}$$

여기서 s, t는 양의 실수이다.

임의의 실수 t에 대하여 $a^t > 0$이므로 E_a의 치역은 양의 실수이다. 즉, $a \neq 1$이면

$$\Re(E_a) = \{x|x > 0\text{이다.}\}$$

함수와 역함수의 정의역과 치역 사이의 관계는

$$\mathfrak{D}(\log_a) = \{x|x > 0\text{이고 } \Re(\log_a) = \{t|t\text{는 실수이다.}\}$$

예제 5.2.1. 함수 $\log_a$가 $1-1$함수임을 보여라.

풀이. 양의 실수 s, t에 대하여

$$\log_a(s) = \log_a(t)\text{이다.}$$

그러면

$$s = E_a[\log_a(s)] = E_a[\log_a(t)] = t$$

이다. 그러므로 정의에 의해 $\log_a$는 $1-1$함수이다. □

예제 5.2.2. 다음 함수의 역함수 f^{-1}를 구하라.

$$f(x) = E_a(\sqrt{x}), x \geq 0, \quad a \neq 1$$

풀이. 합성함수 $f(f^{-1}) = x$임을 알고 있으므로,

$$x = f(f^{-1}) = E_a(\sqrt{f^{-1}(x)})$$

이다. [여기서 어떻게 $f^{-1} > 0$ 임을 알수 있을까?] 그러므로,

$$\log_a(x) = \log_a[E_a(\sqrt{f^{-1}(x)})] = \sqrt{f^{-1}(x)}$$

그리고

$$f^{-1}(x) = [\log_a(x)]^2$$

이다. □

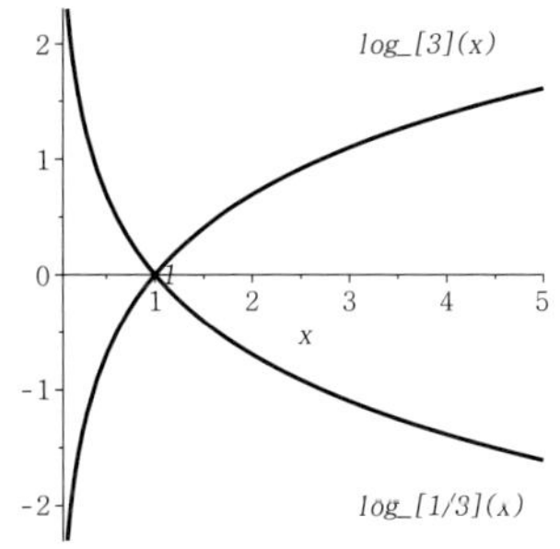

그림 5.8: $\log_{\frac{1}{3}}$과 $\log_3$의 그래프

$\log_a$가 E_a의 역함수임을 이용하여 $\log_a$의 그래프를 그릴 수 있다.

그림5.8의 그래프 $\log_{\frac{1}{3}}$과 $\log_3$는 $\log_{\frac{1}{3}}$과 $\log_3$가 순감소 함수와 순증가 함수라는 것을 보여준다. E_a의 특성으로 부터 함수 $\log_a$의 특성은 다음과 같다:

$$0 < a < 1 \text{ 이면 } \log_a \text{ 인 순감소 함수이다.} \tag{5.18}$$

$$a > 1 \text{ 이면 } \log_a \text{ 인 순증가 함수이다.} \tag{5.19}$$

식(5.18)을 증명하기 위해 $\log_a$가 $0 < a < 1$에서 순감소 함수가 아니라 가정하면 $\log_a$의 정의역의 원소 x, y에 대해 $x < y$일때

$$\log_a(x) \not> \log_a(y) \text{ 이므로}$$

이것은

$$\log_a(x) \ \leq \log_a(y) \text{ 임을 의미한다.}$$

$\log_a(x) < \log_a(y)$이면 E_a가 순감소이므로 $E_a[\log_a(x)] > E_a[\log_a(y)]$임을 알 수 있다. 이것은 $x > y$를 의미하므로 $x < y$와는 반대이기 때문에 $\log_a(x) < \log_a(y)$일 수 없다. 반면에 $\log_a(x) = \log_a(y)$이면 $x = y$($\log_a$가 $1-1$이므로)이고 이것은 $x < y$와 모순된다. 따라서 식(5.18)이 증명된다. 식(5.19) 또한 같은 방법으로 증명할 수 있다.

함수 $\log_a$에서 $a = 10$일 때 로그함수를 **상용 로그**(common logarithm)함수라 부르고 $a = e$일 때는 **자연 로그**(natural logarithm)함수라 부른다. 자연로그는 일반적으로 ln이라 쓰고 사용로그는 log라 쓴다. 이 함수는 곱셈과 나눗셈을 포함한 연산을 간단하게 만드는데 쓰이는데 기본공식은 다음과 같다.

정리 5.2.2. t, s가 양의 실수이면,

$$(a)\ \log_{10}(t \cdot s) = \log_a(t) + \log_a(s)$$
$$(b)\ \log_a(\frac{t}{s}) = \log_a(t) - \log_a(s)$$
$$(c)\ \log_a(s^t) = t \cdot \log_a(s)$$

Proof. (a)는 식(5.15)에서 증명하였다.
(b)에서 $w = \log_a(t)$라 하고 $z = \log_a(s)$라 하자. 식(5.6)에 의해

$$E_{10}(w - z) = \frac{E_{10}(w)}{E_{10}(z)} = \frac{t}{s}$$

따라서 $\log_a(\frac{t}{s}) = w - z = \log_a(t) - \log_a(s)$이다.
(c)에서 $z = \log_a(s)$이면 $t \cdot z = t \cdot \log_a(s)$이다. 식(5.7)를 사용하면:

$$E_{10}(t \cdot z) = E_{10}(t \cdot \log_a(s)) = E_{10}([\log_a(s)]^t) = s^t$$

또는

$$t \cdot z = \log_a(s^t)$$

즉, $t \cdot \log_a(s) = \log(s^t)$이다. 지금부터 특별한 언급이 없는한 $\log_a$을 log라고 쓸 것이다. □

◇ 연습 문제

1. 다음에 나온 함수의 그래프를 그려라.

   (a) E_2 (b) E_5 (c) E_{10}

2. (a) E_2의 그래프만을 이용하여, $E_{\frac{1}{2}}$의 그래프를 같은 좌표에 그려라.
   (b) E_{10}의 그래프만을 이용하여 $E_{\frac{1}{10}}$의 그래프를 같은 좌표에 그려라.

3. 식 (5.5), (5.6), (5.7)을 증명하여라.

4. $E_a, (a \neq 1)$와 $\log_a$가 $1-1$함수라는 사실을 이용하여 다음을 풀어라.

(a) $2^x = 2^{x^2-1}$

(b) $a^{7x} = 1$ [힌트:$a^0 = 1$]

(c) $3^{7x} = 2$ [힌트: $2 = 3^{\log_3 2}$]

(d) $9(3^{x^2}) = 1$

(e) $\log_a(x^2-1) = 0$

(f) $\log_5(2x-1) + \log_5(2x+1) = 1$

(g) $\log_{\frac{1}{2}}(x^2-7) - \log_{\frac{1}{2}}(2x^2+1) = 1$

5. 함수 E_a의 의미를 사용하여 다음 $\log_a$의 특성을 살펴 보여라.

(a) $a > 1$이면, $\log_a$는 순증가한나.

(b) $\log_a(\frac{t}{s}) = \log_a(t) - \log_a(s), s, t$가 양수일 때.

(c) $\log_a(s^t) = t\log_a(s), t$는 모든 수이고 s는 양수일 때.

(d) $\log_a(t) = \frac{\log_b(t)}{\log_b(a)}, a \neq 1, b \neq 1$ 인 t, a, b가 모든 양수일 때.

(e) $\log_a(t) = \log_b(t) = w$이면, $\log_{ab}(ts) = w$ 이다 , 모든 양수 t, s, a, b 단,$a \neq 1, b \neq 1$

6. 다음 함수들의 역함수를 구하여라.

(a) $f(x) = 4x$

(b) $g(x) = \frac{1}{7}(2^{x-1})$

(c) $h(x) = E_a(\frac{1}{x}) + 1$

(d) $f(x) = \log_2(x)$

(e) $g(x) = \log_3(2x)$

(f) $h(x) = \log_a(7x+2)$

7. 다음의 각 부등식의 해를 구하여라.

(a) $2^x \leq 1$

(b) $5^{x^2} < 5^x$

(c) $3^{x-1} \leq 9^{1-x^2}$

(d) $(\frac{1}{2})^x \leq 2^{x^2}$

(e) $E_{\frac{1}{3}}(\sin x) \leq E_{\frac{1}{3}}(\cos x), x \in [0, 2\pi]$

(f) $\log_2(1-x) < \log_2(2x)$

(g) $\log_{\frac{1}{7}}(x^3) < \log_{\frac{1}{7}}(2x)$

제 6 장

해석기하

6.1 직 선

3장에서 선형관계 그래프 $\{(x,y)|Ax+By=C\}$는 직선이고 모든 직선은 어떤 1차 관계에 있는 그래프임을 알았다. $B \neq 0$이면 다음과 같이 쓸 수 있다.

$$L = \{(x,y)|Ax+By=C\} = \{(x,y)|y = (\frac{-A}{B})x + \frac{C}{B}\}.$$

이제 $m = \frac{-A}{B}$이고 $b = \frac{C}{B}$라고 하자. 실수 m은 직선 L의 **기울기**(slope)라 부른다.

$$L = \{(x,y)|y = mx+b\}.$$

$B = 0$이라면 그래프 $\{(x,y)|Ax = C\} = \{(x,y)|x = \frac{C}{A}\}$는 수직선이다: 이 경우 이 직선은 기울기가 없다고 한다. 기울기 m의 표현은 x축에 대한 직선 L의 "경사도"를 의미 한다(그림 (6.1)참조). 그림(6.1)에서 φ는 직선 L이 x축과 이루는 각이고 $\tan\varphi$는 삼각형 ABD를 이용하여 잴 수 있다.

$$\tan\varphi = \frac{-b}{\frac{-b}{m}} = m$$

따라서 다음과 같이 정리할 수 있다:

$$0 \leq \varphi < \frac{\pi}{2} \Longleftrightarrow m > 0(\text{그림}(6.2)(a)\text{참조}) \tag{6.1}$$

$$\frac{\pi}{2} < \varphi < \pi \Longleftrightarrow m < 0(\text{그림}(6.2)(b)\text{참조}) \tag{6.2}$$

$\tan\varphi = m$을 구하기 위하여 사용된 그림(6.1)의 직선 L은 원점을 지나는 경우가 아니다. 그림(6.1)을 살펴 보면 직선 L의 기울기 m은 L위의 임의의 점

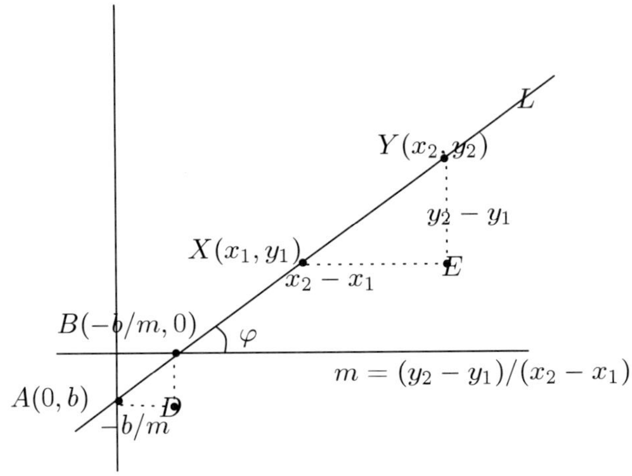

그림 6.1: $Ax + By = c$의 그래프

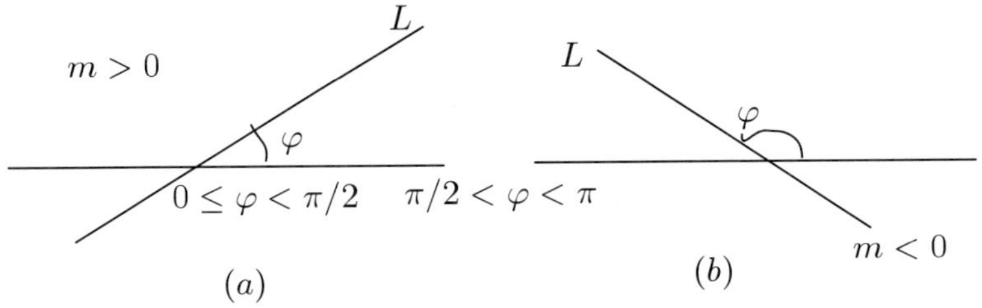

그림 6.2: 기울기 m의 그래프

인 순서쌍을 이용하여 구할 수 있다. $X(x_1, y_1)$와 $Y(x_2, y_2)$가 직선 L위의 두 점이라면 삼각형 XYE는 삼각형 ABD와 닮음이다. 따라서

$$\frac{y_2 - y_1}{x_2 - x_1} = \frac{-b}{\frac{-b}{m}} = m$$

이다. 두 점P, Q을 지나는 직선이 하나이므로 주어진 점 $P, Q(P \neq Q)$는 P, Q를 지나는 그래프가 어떻게 직선이 되는가? 이를 해결하기 위해 (a, b), (c, d)를 각각 P, Q라 하자. P, Q의 거리는 각각 y축으로 부터 $|a|, |c|$이다. 그러므로, $a = c$이면, P, Q는 각각 y축으로 부터 $|a|$만큼 떨어져 있을 것이다. 따라서 P, Q를 지나는 직선은 y축에 평행하다. 그러므로, 1차 관계는 다음과 같은 그

래프이다.

$$\{(x,y)|x=a\}=\{(a,y)|y\text{는 실수}\}$$

$a \neq c$이면 P, Q의 좌표를 사용하여 점 P와 Q를 지나는 직선의 기울기를 구할 수 있다:

$$\frac{d-b}{c-a}=m.$$

$L=\{(x,y)|y=mx+p\}$의 관계는 P, Q를 잇는 그래프를 갖기 위해 다음을 만족시켜야 한다.

$$(a,b)\in L \quad \text{이고} \quad (c,d)\in L$$

그러므로,

$$b=ma+p \quad \text{이고} \quad d=mc+p$$

이다. 따라서, $p=b-ma=b-mc$이 된다. 이것은 기울기 m(직선이 지각이 아닐 경우)과 p를 구하기 위해 두 점을 이용할 수 있음을 보여준다. 따라서 다음과 같은 관계를 알 수 있다.

$$L=\{(x,y)|y=mx+p\}.$$

여기서 m, p는 위에 주어진 것과 같고 위의 관계는 P, Q 를 지나는 그래프이다. 모든 1차 함수의 그래프는 직선이고 특히 L의 그래프는 직선P, Q를 지나는 직선이다.

예제 6.1.1. 점 $(1,0)$와 $(\frac{1}{2},3)$을 지나는 1차 함수의 그래프를 구하여라.

풀이. 기울기는

$$\frac{3-0}{\frac{1}{2}-1}=\frac{3}{-\frac{1}{2}}=-6$$

이다. $\{(x,y)|y=-6x+p\}$와 같은 관계에서 p를 구해야 한다. $(1,0)\in\{(x,y)|y=-6x+p\}$로부터

$$0=-6\cdot 1+p$$

또는 $p=6$임을 알 수 있다. 그러므로 원하는 그래프 $\{(x,y)|y=-6x+6\}$을 구하였다. □

예제 6.1.2. 다음 함수의 기울기와 y절편을 구하여라.

$$\{(x,y)|3x-7y=2\}$$

풀이. 기울기와 y절편을 구하기 위해 x와 y사이의 관계식 $y = mx + p$의 모양으로 표현해야 한다:

$$\{(x,y)|3x - 7y = 2\} = \{(x,y)|y = (\frac{3}{7})x - \frac{2}{7}\}$$

그러므로 기울기는 $\frac{3}{7}$이고 y절편은 $(0, -\frac{2}{7})$이다. □

두 직선 k_1, k_2가 평행하면 x축과 이루는 각도가 같다. k_1, k_2가 각각 x축과 직각을 이룬다면 각 1차 그래프는 다음과 같은 식이 된다.

$$\{(x,y)|x = a\}$$

k_1, k_2가 x축과 이루는 각이 수직이 아니면, 같은 기울기를 가질 것이다. k_1, k_2는 다음과 같은 1차 함수의 그래프이다:

$$k_1 : \{(x,y)|y = mx + p_1\}.$$

$$k_2 : \{(x,y)|y = mx + p_2\}.$$

(그림 (6.3)을 참조)

따라서 두 그래프

$$\{(x,y)|y = mx + p_1\} \quad \text{와} \quad \{(x,y)|y = mx + p_2\}$$

는 평행한 직선이다. 이러한 관점에서 보면 항상 관계식과 그것의 그래프 사이

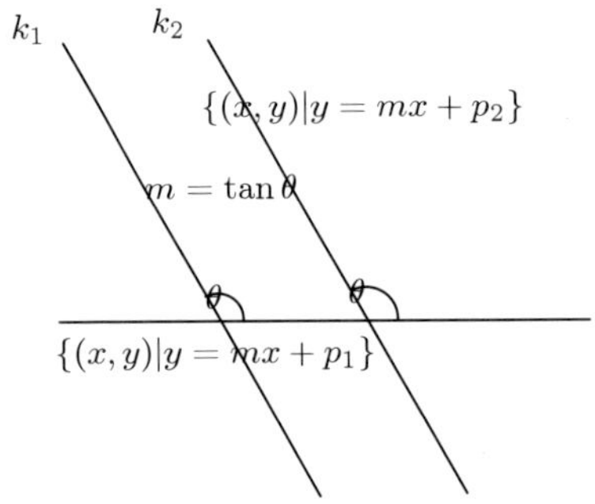

그림 6.3: k_1, k_2의 그래프

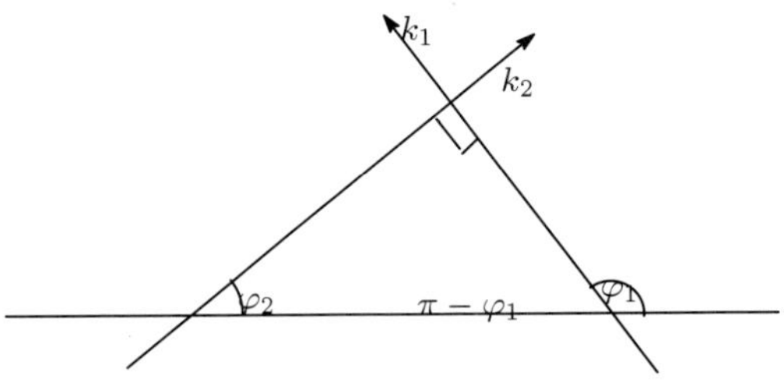

그림 6.4: k_1, k_2의 그래프

의 뚜렷한 구별을 하지 않아도 된다. 두 직선 k_1, k_2는 서로 직각이고 x축과 둘 모두 그림6.4처럼 평행하지 않다고 하자. m_1이 k_1의 기울기이고 m_2가 k_2의 기

울기이면 그림(6.4)에서 보듯 φ_1, φ_2가 각이고 $\tan\varphi_1 = m_1$이고 $\tan\varphi_2 = m_2$을 만족한다. φ_1은 그림(6.4)에서의 삼각형의 외각이므로 반대의 두 내부각의 합과 같다: $\varphi_1 = \frac{\pi}{2} + \varphi_2$ 또는 $\varphi_1 - \varphi_2 = \frac{\pi}{2}$이다. 따라서

$$0 = \cos(\frac{\pi}{2}) = \cos(\varphi_1 - \varphi_2) = \cos\varphi_1 \cos\varphi_2 + \sin\varphi_1 \sin\varphi_2$$

이다.

그러므로

$$\sin\varphi_1 \sin\varphi_2 = -\cos\varphi_1 \cos\varphi_2 \tag{6.3}$$

이고 $\cos\varphi_1 \cos\varphi_2 \neq 0$ 으로 식(6.3)을 나누면 다음을 얻을 수 있다.

$$\frac{\sin\varphi_1 \sin\varphi_2}{\cos\varphi_1 \cos\varphi_2} = -1.$$

이 식으로부터

$$\tan\varphi_1 \cdot \tan\varphi_2 = -1 \text{ 또는 } \quad m_1 m_2 = -1\text{이 된다.}$$

역으로 두직선 k_1, k_2가 직각이 아니면 $m_1 m_2 \neq 1$이다. k_1, k_2의 두 직선 중 하나가 x축과 평행하면 x축과의 각도가 0이 되므로 그것의 기울기는 $\tan 0$이므로 0이 된다. 그러면 다른 직선이 처음의 것과 직각이면, 그것은 수직이고 기울기를 갖지 않는다.

두 직선 k_1, k_2가 직각이기 위한 필요충분 조건은

(a) 한 직선의 기울기는 0이고, 다른 직선은 기울기를 갖지 않거나,

(b) 두 직선의 기울기의 곱은 -1이다.

예제 6.1.3. 두 직선 $\{(x, y)|2x + y = \frac{1}{2}\}$, $\{(x, y)|2x + y = 10\}$은 기울기가 모두 -2이므로 서로 평행하다. 두 직선 $\{(x, y)|y = 8x\}$, $\{(x, y)|y = -\frac{1}{8}x - 7\}$은 첫 번째 직선의 기울기가 8이고, 다른 직선은 $-\frac{1}{8}$이므로 서로 직각이다. □

예제 6.1.4. (a, b)가 다음 직선위의 점이 아니라고 하자.

$$k = \{(x, y)|y = mx + q\}$$

$m \neq 0$일때 (a, b)에서 k까지의 수직 거리를 구하여라.

풀이. j가 (a, b)를 지나는 직선이고 k와 직각이면 문제에서의 거리는 (a, b)와 k, j의 교점사이의 거리이다.(그림(6.5)참조.) 그러면 j의 기울기는 $\frac{-1}{m}$이어야 한다. 그러므로 $j = \{(x, y)|y = (\frac{-1}{m})x + p\}$이고 여기서 p는 임의의 수이다. (c, d)가 j, k의 교점이라면 $(c, d) \subset j$ 이고 $(c, d) \in k$ 이다. 그러므로 $d = mc + q$ 이고 $d = (\frac{-1}{m})c + p$ 이다. 따라서 $(a, b) \in j$로 부터 $b = (-\frac{1}{m})a + p$를 구할수 있

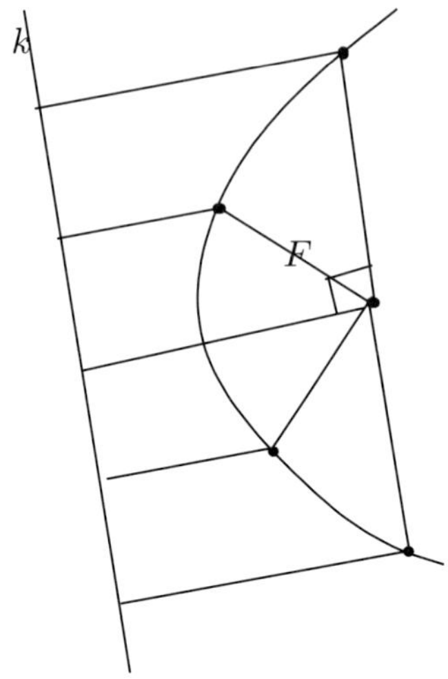

그림 6.5: 준선k와 촛점 F인 포물선

어야 한다. 그러므로 $p = b + \frac{a}{m}$이고 $d = (-\frac{1}{m})c + p$에서 p를 대입한다:

$$d = (-\frac{1}{m})c + b + \frac{a}{m} = (\frac{1}{m})(a - c) + b \tag{6.4}$$

그러므로 $d = mc + p$와 식(6.4)로 부터 $mc + q = (\frac{1}{m})(a - c) + b$ 이고 m을 곱하면 $m^2c + mq = a - c + bm$이 된다.

이 식으로부터 c를 얻을 수 있다:

$$c = \frac{a + m(b - q)}{m^2 + 1} \tag{6.5}$$

t가 (a, b)와 (c, d)의 거리라면 거리를 구하는 식을 적용할 수 있다:

$$\begin{aligned} t^2 &= (a - c)^2 + (b - d)^2 \\ t^2 &= (a - c)^2 + [\frac{1}{m}(a - c)]^2 \quad \text{식(6.4)로 부터} \\ &= (a - c)^2[1 + (\frac{1}{m})]^2 \\ &= (\frac{m(b - q) - am^2}{m^2 + 1})^2 \cdot \frac{m^2 + 1}{m^2} \quad \text{식(6.5)로 부터} \\ &= \frac{(b - q - am)^2}{m^2 + 1} = \frac{(am + q - b)^2}{m^2 + 1} \end{aligned}$$

그러므로

$$t = \frac{|am + q - b|}{\sqrt{m^2 + 1}}$$

이다. 이 식은 점 (a,b)와 직선 $\{(x,y)|y = mx + q\}$사이의 거리를 a,b,m,q로 나타낼 수 있다. □

예제 6.1.5. $(1,1)$과 직선 $\{(x,y)|y = 7x - 1\}$사이의 거리는 얼마인가?

풀이. 예제(6.1.4)로부터 거리 t는

$$t - \frac{|1 \cdot 7 + (-1) - 1|}{\sqrt{7^2+1}} = \frac{|7-2|}{\sqrt{50}} = \frac{5}{5\sqrt{2}} = \frac{1}{\sqrt{2}}$$

이 된다. □

◇ 연습 문제

1. 다음의 그래프들이 1차함수라면 그 1차 함수 관계식을 써라:
   (a) 점 $(0,0)$ 과 $(4,-5)$를 지나는 직선
   (b) 점 $(0,-5)$ 과 $(98,-5)$를 지나는 직선
   (c) 점 $(\frac{1}{2},4)$ 과 $(\frac{1}{2},\pi)$를 지나는 직선
   (d) 점 $(1,\sqrt{2})$ 과 $(\frac{2}{5},-1)$를 지나는 직선
   (e) 기울기가 1이고 점 $(0,10)$을 지나는 직선
   (f) 기울기가 $\frac{1}{2}$이고 점 $(1,0)$을 지나는 직선
   (g) 기울기가 -1이고 점 $(0,0)$을 지나는 직선
   (h) 기울기가 -2이고 점 $(-6,-1)$을 지나는 직선
   (i) 기울기가 0이고 점 $(-5,\pi)$을 지나는 직선
   (j) 기울기가 없고 점 $(4,1)$을 지나는 직선

2. 연습문제 1의 그래프들을 그려라.

3. 주어진 점에서의 원과의 접선인 1차 그래프를 그려라:
   (a) $\{(x,y)|x^2 + y^2 = 1\}; (-1,0)$
   (b) $\{(x,y)|x^2 + y^2 = 1\}; (0,1)$
   (c) $\{(x,y)|x^2 + y^2 = 1\}; (\frac{1}{2}\sqrt{2}, \frac{1}{2}\sqrt{2})$
   (d) $\{(x,y)|(x-1)^2 + (y+1)^2 = 1\}; (2,-1)$

(e) $\{(x,y)|(x-1)^2+(y+1)^2=1\}; (1,0)$
(f) $\{(x,y)|(x-1)^2+(y+1)^2=1\}; (\frac{1}{2}, \frac{\sqrt{3}}{2}-1)$

4. 식 $\frac{(y_2-y_1)}{(x_2-x_1)}=m$이 주어질때 직선 위의 두 점 $X(x_1,y_1), Y(x_2,y_2)$가 지나는 직선의 기울기임을 말해준다. 이 식은 한가지 경우에만 보여진다. 다른 가능성의 경우를 쓰고 각 경우에 나오는 식을 보여라.

5. $A(a,b)$와 $B(c,d)$의 점에서 $a \neq c$ 이면 A, B를 지나는 직선의 그래프는 $\{(x,y)|y-b=m(x-a)\}$이고 여기서 $m=\frac{(d-b)}{(c-a)}$ 이다. 이것을 직선의 기울기를 두 점으로 나타낸 형식$(point-slope\ form)$이라 한다.

6. $A(a,b), B(c,d)$를 서로 다른 두 점이라 하자. $\{(x,y)|(x,y)$에서 A까지의 거리가 (x,y)에서 B까지의 거리와 같다$\}$의 관계가 선형관계임을 보여라.[힌트: 거리 구하는 공식을 이용하라.]

7. 점 $M(\frac{a+b}{2}, \frac{c+d}{2})$이 점 $A(a,c), B(c,d)$를 잇는 선분의 중점임을 보여라.

8. 평행사변형의 대각선이 서로 이등분함을 보여라.

9. 다음에서, 주어진 직선과 평행하고 주어진 점을 지나는 선형관계를 갖는 그래프를 써라.

(a) $\{(x,y)|2x-(\frac{1}{2})y=1\}, \quad (1,1)$
(b) $\{(x,y)|7-5y+x=0\}, \quad (6,2)$

10. 다음에서, 주어진 직선과 직각이고 주어진 점을 지나는 선형관계를 갖는 그래프를 써라.

(a) $\{(x,y)|x-y=0\}, \quad (-1,-1)$
(b) $\{(x,y)|y+1=(\frac{1}{3})x\}, \quad (2,\frac{5}{4})$

11. 다음의 선형관계 그래프가 정확히 한점을 지나면 $AE-BD \neq 0$ 임을 보여라.

$$\{(x,y)|Ax+By=C\} \quad \text{이고} \quad \{(x,y)|Dx+Ey=F\}$$

12. 주어진 직선과 점과의 거리를 구하여라.

(a) $\{(x,y)|x+y-1=0\}, \quad (2,5)$
(b) $\{(x,y)|2x-8=y\}, \quad (0,0)$

13. 직선 k와 x축이 만나는 점과 원점과의 거리가 $|a|$이고 y축과 만나는 점과 원점과의 거리가 $|b|$인 그래프k가 $\{(x,y)|\frac{x}{a}+\frac{y}{b}=1\}$ 임을 보여라.

6.2 포물선

두 점 X, Y사이의 거리를 $d(X,Y)$로 표시하자. 또한 점 X와 직선 k사이의 직교 거리를 $d(X,k)$로 표시한다.

정의 6.2.1. F가 점 (x,y)라 하고 k가 직선이고 F는 k상에 있지 않다고 하자. 그러면

$$\{(x,y)|d((x,y),F) = d((x,y),k)\}$$

을 **포물선**(parabola) 이라 한다. 점 F는 포물선의 **초점**(focus)이고 k를 **준선**(directrix)이라 한다.

이제 나음의 두가지를 살펴보자:
(1) 초점 F는 x축 위에 있고 준선 k는 x축과 수직이다.
(2) 초점 F는 y축 위에 있고 준선 k는 y축과 수직이다.

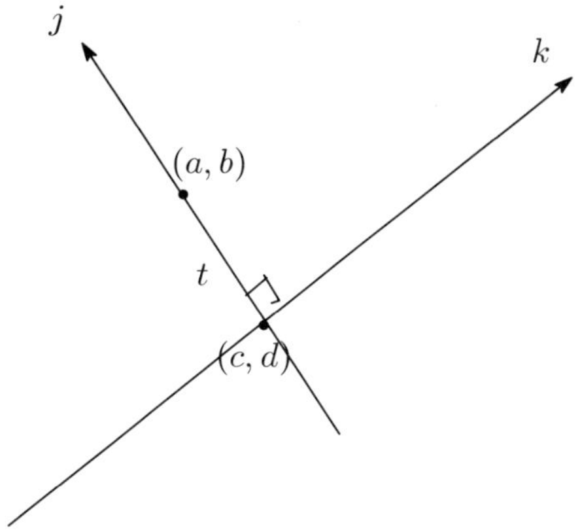

그림 6.6: 초점 F의 위치

(1)의 경우에서 F의 좌표가 $(0,0)$이고 $k = \{(x,y)|x = -c\}$인 경우를 보자.(그림(6.6)을 참조) 정의에 의한 표현은 다음과 같다.

$$d((x,y),(c,0)) = \sqrt{(x-c)^2 + y^2}$$

그리고 $d((x,y),k) = |x+c|$.
이것들은 다음과 필요충분조건이다.

$$(x-c)^2 + y^2 = (x+c)^2$$

그러므로 다음식과 필요충분조건이다.

$$y^2 = 4cx$$

이 경우 포물선은

$$\{(x,y)|y^2 = 4cx\}$$

이다.

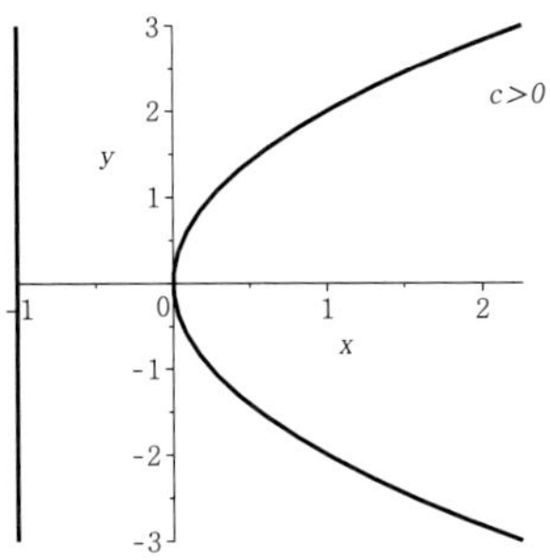

그림 6.7: $c > 0$인 포물선

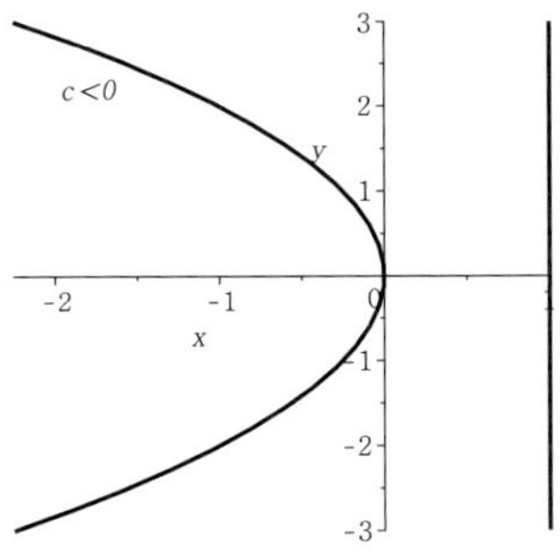

그림 6.8: $c < 0$인 포물선

이러한 포물선 그래프는 그림(6.7)에 나타나 있는데, $c > 0$이면 y축의 왼편에는 없고, $c < 0$이면 y축의 오른편에는 없다.

촛점 F가 $(0,c)$이고 k가 $\{(x,y)|y = -c\}$이면, 포물선은 $\{(x,y)|x^2 = 4cy\}$이다.

예제 6.2.1. 초점이 $(1,0)$이고 준선이 $\{(-1,y)\}$인 포물선은 $\{(x,y)|y^2 = 4x\}$이다. 여기서 함수는 $c = 1$이다. □

포물선의 초점을 지나는 직선이 준선과 수직일 때 그 직선을 포물선의 축(axis)이라 한다. 축 위의 점과 초점과 준선 사이의 중간을 포물선의 **꼭지점**(vertex)이라 한다. 꼭지점이 포물선의 한 점임을 기억하자.(그림(6.6(a))과 (6.7(b))을 참조.)

예제 6.2.2. 포물선 $\{(x,y)|y = 2x^2\}$을 설명하여라.

풀이. $y = 2x^2$을 $x^2 = 4(\frac{1}{8})y$라고 쓸 수 있으므로,

$$\{(x,y)|y = 2x^2\} = \{(x,y)|x^2 = 4(\frac{1}{8})y\}$$

이 성립한다. 이것은 초점이 $(0,\frac{1}{8})$이고 준선이 $\{(x,-\frac{1}{8})\}$인 포물선이다. 이 포물선의 축은 y축이고 꼭지점은 원점이다. □

초점 F가 점 $(a-c,b)$이고 준선 k가 $\{(a-c,y)\}$인 포물선을 살펴보자. 이는 다음과 같은 관계의 포물선임을 알 수 있다:

$$\{(x,y)|(y-b)^2 = 4c(x-a)\}$$

$$d((x,y),(a+c,b)) = \sqrt{[x-(a+c)]^2+(y-b)^2}$$

이고

$$d((x,y),k) = |x-(a-c)|$$

임을 갖는다. 이 관계식은 다음과 같다.

$$[x-(a+c)]^2+(y-b)^2 = [x-(a-c)]^2$$

정리하면 다음과 같다.

$$(y-b)^2 = 4c(x-a)$$

정의에 의해 이 경우 포물선의 축은 직선 $\{(x,b)\}$이고 꼭지점은 $(a-c,b)$와 $(a+c,b)$를 잇는 직선의 중간점인 (a,b)가 꼭지점이다.(그림 (6.9)(a)를 참조.)

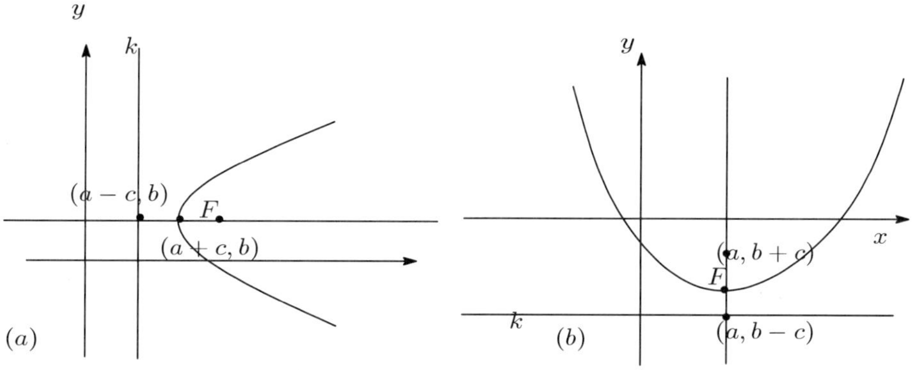

그림 6.9: 이동한 포물선

유사한 방법으로 초점은 $(a,b+c)$이고 준선이 $\{(x,b-c)\}$인 포물선을 살펴보면 다음과 같이 표현할 수 있다.

$$\{(x,y)|(x-a)^2 = 4c(y-b)\}$$

이 경우 포물선은 (a,b)를 꼭지점으로 갖고 축은 $\{(a,y)\}$ 이다.

예제 6.2.3. $\{(x,y)|4y - x^2 - 4x = 0\}$을 설명하라.

풀이. 함수 $4y - x^2 - 4x = 0$을 다음과 같이 쓸 수 있다.

$$4y = x^2 - 4x = (x^2 + 4x + 4) - 4 = (x+2)^2 - 4$$

그러므로

$$\{(x,y)|4y - x^2 - 4x = 0\} = \{(x,y)|(x+2)^2 = 4(y+1)\}$$

이다. 꼭지점 $(-2,-1)$을 갖는 포물선으로 초점 $(-2,-1+1) = (-2,0)(c = 1$로 부터$)$, 준선은$\{(x,-2)\}$인 그래프이다. (이 관계를 나타낸 그래프인 그림 (6.9)(b)을 참조.)

□

◇ 연습 문제

1. 다음의 관계는 포물선이다. 각 경우에 꼭지점, 준선, 축, 초점을 말하고 그것의 그래프를 그려라.
   (a) $\{(x,y)|y^2 = 2x\}$
   (b) $\{(x,y)|x^2 = 16y\}$
   (c) $\{(x,y)|x^2 = 4(y-1)\}$
   (d) $\{(x,y)|(x-1)^2 - 8(y+2) = 0\}$
   (e) $\{(x,y)|y = 7x^2 + 2\}$
   (f) $\{(x,y)|x + 8 - y^2 + 2y = 0\}$
2. 다음의 $(a)-(d)$ 포물선에 관한 식을 쓰고, 그래프를 그려라.
   (a) 초점: $(0,1)$; 준선 : $\{(x,-1)\}$
   (b) 초점: $(-2,0)$; 준선 : $\{(2,y)\}$
   (c) 초점: $(2,0)$; 준선 : $\{(0,y)\}$
   (d) 초점: $(-1,8)$; 준선 : $\{(x,2)\}$
3. 포물선의 정의를 사용해 초점이 $(0,0)$이고 준선이 $\{(x,y)|y = x+1\}$인 포물선을 분석하여 설명하여라.

6.3 타 원

이제는 타원의 관계식에 대해 알아 보자.

> **정의 6.3.1.** F_1, F_2가 점들이고 a가 양수라 하자. 이때
>
> $$\{(x,y)|d((x,y),F_1)+d((x,y),F_2)=2a\}$$
>
> 이 관계식을 **타원**(ellipse)이라한다. 두 점 F_1, F_2를 타원의 초점(foci)이라 한다.

정의에서 중요한 점은 합 $d((x,y),F_1)+d((x,y),F_2)$이 상수라는 것이다. 이 상수를 $2a$로 하여 타원을 구한다.

$0 \leq c < a$인 수 c에 대하여 $F_1=(c,0)$와 $F_2=(-c,0)$라 하면, 다음과 같은 방정식

$$d((x,y),F_1)+d((x,y),F_2)=2a$$

은 공식에 의해,

$$\sqrt{(x-c)^2+y^2}+\sqrt{(x+c)^2+y^2}=2a$$

으로 쓸수있다. 이 방정식으로부터 다음이 유도된다.

$$\begin{aligned}
\sqrt{(x-c)^2+y^2} &= 2a-\sqrt{(x+c)^2+y^2} \\
(x-c)^2+y^2 &= 4a^2-4a\sqrt{(x+c)^{2+y^2}}+(x+c)^2+y^2 \\
a\sqrt{(x-c)^2+y^2} &= cx+a^2 \\
a^2(x+c)^2+a^2y^2 &= c^2x^2+2cxa^2+a^4 \\
(a^2-c^2)x^2+a^2y^2 &= a^4-a^2c^2=a^2(a^2-c^2) \\
\frac{x^2}{a^2}+\frac{y^2}{a^2-c^2} &= 1
\end{aligned}$$

이것은 다음이 성립한다.

$$E \subseteq \{(x,y)|\frac{x^2}{a^2}+\frac{y^2}{(a^2-c^2)}=1\}=S$$

이와는 반대로 $(x,y)\in S$이면,

$$\frac{x^2}{a^2}+\frac{y^2}{(a^2-c^2)}=1$$

이고 위의 관계식을 얻기 위한 과정은 $(x, y) \in E$ 를 보이기 위한 과정의 반대이다. 그러면 $S \subseteq E$이다. 따라서 이 경우에 타원은 다음 집합이고, 이 타원의 그래프는 그림(6.11) 이다.

$$\{(x, y) | \frac{x^2}{a^2} + \frac{y^2}{(a^2 - c^2)} = 1\}$$

그림(6.11)로 부터 $0 \leq c < a$인 범위 제한이 생겼는지 알 수 있다.
$a \leq c$라면

$$d((x, y), F_1) + d((x, y), F_2) = 2a \leq 2c$$

에서 삼각형 F_1F_2X의 두 변의 길이의 합은 커봐야 변의 길이와 같음을 알 수 있다 . 그러므로 $c < a$인 제한이 없으면 타원에서 한점 정도밖에 갖지 못하게 된다.

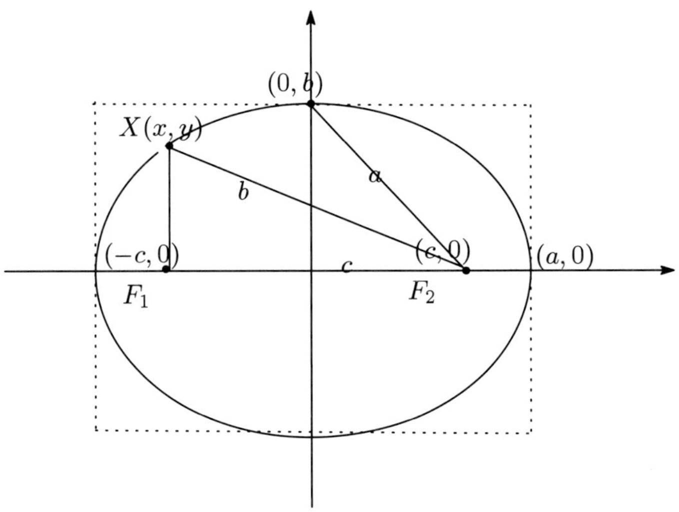

그림 6.10: 타원

$0 \leq c < a$로 부터 $c^2 < a^2$이고 $0 < a^2 - c^2$임을 알 수 있다. 이제 $b = \sqrt{a^2 - c^2}$라 하면 위의 타원은 다음과 같이 표현할 수 있다.

$$\{(x, y) | \frac{x^2}{a^2} + \frac{y^2}{b^2} = 1\}$$

이것은 **타원의 표준형**(standard form)을 말한다.

$(a, 0)$, $(-a, 0)$, $(0, b)$, $(0, -b)$는 타원위의 점이다. **주축**(major axis)이라 불리는 직선은 두 초점 F_1, F_2을 포함하고 그것의 중점은 타원의 중심이라 부른다. 타원의 중심에서 주축과 직각인 직선은 **보조축**(minor axis)이라 한다.

$F_1 = (c, 0)$, $F_2 = (-c, 0)$의 경우에 대해서만 논의하였다, 이 때 타원의 점인 $(a, 0), (-a, 0)$은 보조축에 있다. 초점이 $F_1 = (0, c)$, $F_2 = (0, -c)$라고 하면, x축과 y축의 역할은 반대가 된다. 점 $(0, a)$, $(0, -a)$는 주축에 있고, 점 $(b, 0)$, $(-b, 0)$는 보조축에 있다. 이 경우 타원을 다음과 같이 쓸 수 있다.

$$\{(x, y) | \frac{x^2}{a^2} + \frac{y^2}{b^2} = 1\}$$

이 두 경우에서 양쪽 타원의 주축은 x축 또는 y축이고 이것은 x^2 또는 y^2중 하나가 큰 수를 가짐으로서 결정된다.

점 (x, y)이 타원 $\{(x, y) | \frac{x^2}{a^2} + \frac{y^2}{b^2} = 1\}$ 위에 있을 때, 다음과 같다.

$$\frac{x^2}{a^2} + \frac{y^2}{b^2} = 1$$

그러므로

$$\frac{x^2}{a^2} \leq 1 \quad \text{이고} \quad \frac{y^2}{b^2} \leq 1$$

이다. 또는

$$x^2 \leq a^2 \quad \text{이고} \quad y^2 \leq b^2$$

이다. 따라서

$$-a \leq x \leq a \quad \text{이고} \quad -b \leq y \leq b$$

이 된다. 두 조건을 모두 만족하는 모든 점(x, y)는 그림 (6.11)의 사각형안에 있다. 즉, 타원의 그래프는 이 사각형 안에 포함된다.

예제 6.3.1. 타원 $\{(x, y) | x^2 + \frac{y^2}{4} = 1\}$의 그래프를 그려라.

풀이. 이 경우 $a^2 = 1$, $b^2 = 4$ 이다. 보조축은 x축 위에 있고, 주축은 y축 위에 있다. 그래프는 $-1 \leq x < 1$, $-2 \leq y < 2$로 정의된 사각형 안에 놓여진다. 초점은 다음의 두 식인 $a^2 = b^2 - c^2$ 또는$1 = 4 - c^2$ 을 풀면 알 수 있다. 결국 $c = \sqrt{3}$이다.(그림 (6.12)을 참조.) □

예제 6.3.2. 타원 $\{(x, y) | 2x^2 + 8y^2 - 16 = 0\}$의 그래프를 그려라.

풀이. 우선 타원의 표준형으로 표현하면: $\{(x, y) | 2x^2 + 8y^2 - 16 = 0\} = \{(x, y) | \frac{x^2}{8} + \frac{y^2}{2} = 1\}$이다. 그러므로 $a^2 = 8$, $b^2 = 2$이고, 주축은 x축이고, 보조축은 y축이다. $b^2 = a^2 - c^2$이므로, $c = \pm\sqrt{a^2 - b^2} = \pm\sqrt{6}$이고 초점은 $(\sqrt{6}, 0)$, $(-\sqrt{6}, 0)$이다. 그래프는 $-2\sqrt{2} \leq x < 2\sqrt{2}$, $-\sqrt{2} \leq y < \sqrt{2}$로 정의된 사각형 내부에 그려신다.(그림(**??**)를 참조.) □

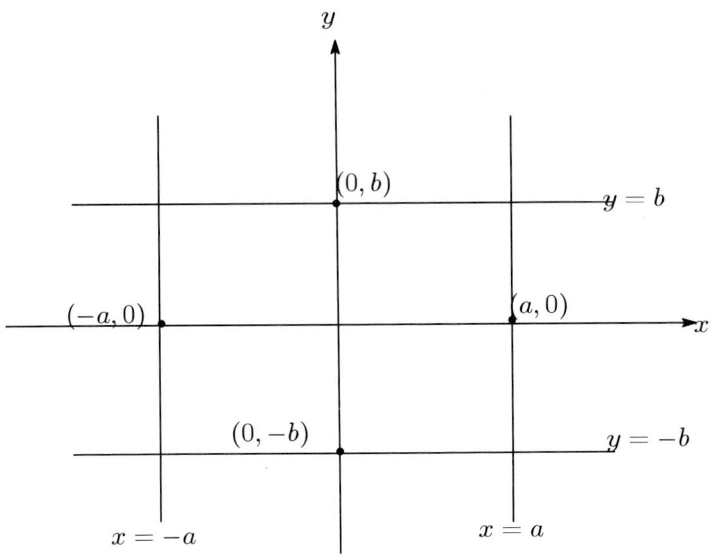

그림 6.11:

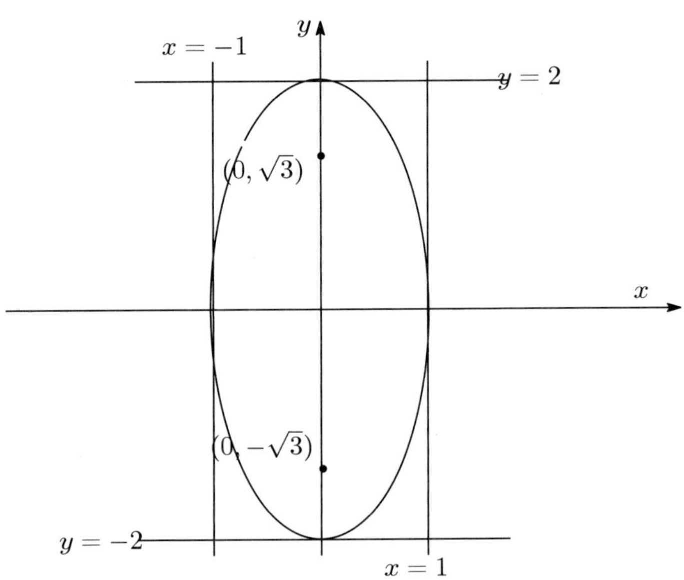

그림 6.12: 타원

타원 $\{(x,y)|\frac{x^2}{a^2}+\frac{y^2}{b^2}=1\}$은 $a=b$ 일때 $(0,0)$이 중심이고 반지름 a인 원이다. 타원이 $-a \le x < a,\ -b \le y < b$의 사각형 안에 놓여지므로, a와 비교했

을때 b가 더 작으면 타원은 원과 어긋남을 알 수 있다.(그림6.11를 참조.) 타원이 원에서 어긋남을 재는 편리한 방법은 **이심률**(eccentricity)이라고 불리는 수 $\sqrt{1-(\frac{b}{a})^2}$로 나타낸다.

초점 F_1, F_2 가 각각 $(c, 0)$, $(-c, 0)$대신에 $(d+c, e)$, $(d-c, e)$으로 주어지면, 타원–위와 유사한 인수를 사용하여–을 다음과 같이 보일 수 있다.

$$\{(x, y) | \frac{(x-d)^2}{a^2} + \frac{(y-e)^2}{b^2} = 1\}$$

그러므로 중심은 (d, e)이고, 주축은 직선 $\{(x, e)\}$, 보조축은 직선 $\{(d, y)\}$이다.(그림 (6.13)을 참조.)

앞에서와 같이, x축과 y축의 역할은 초점 $(d, e+c)$, $(d, e-c)$이고 타원의 방정식은

$$\{(x, y) | \frac{(x-d)^2}{b^2} + \frac{(y-e)^2}{a^2} = 1\}$$

이다.(그림(6.14)을 참조.)

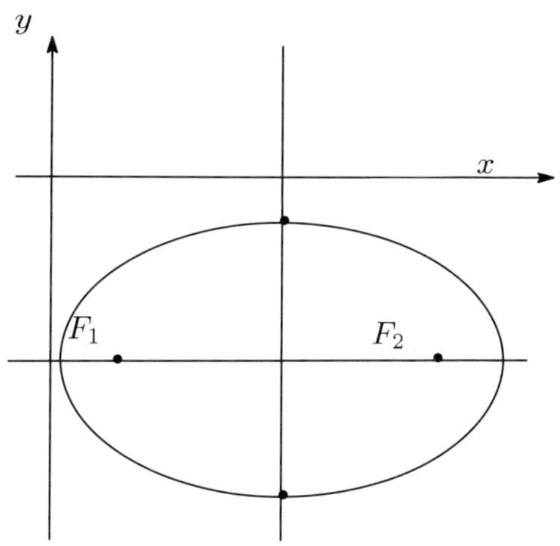

그림 6.13: 이동한 타원

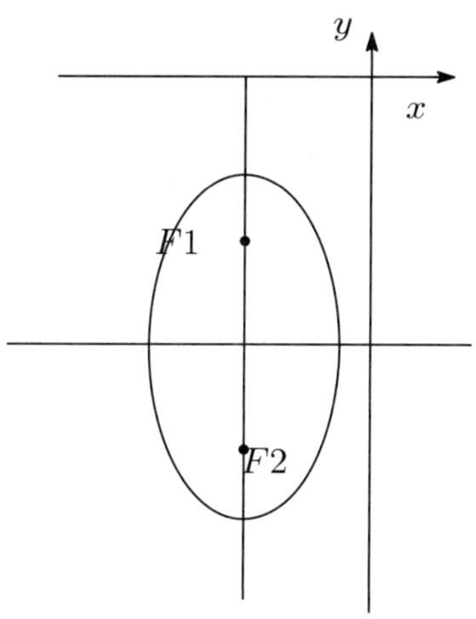

그림 6.14: 이동한 타원

예제 6.3.3. 다음 그래프를 그려라.

$$\{(x, y) | 9x^2 - 18x + 4y^2 + 8y - 23 = 0\}$$

풀이. 첫 번째로 식 $9x^2 - 18x + 4y^2 + 8y - 23 = 0$은 x와 y의 완전 제곱식으로

쓸 수 있다:

$$
\begin{aligned}
9(x^2-2x)+4(y^2+2y) &= 23 \\
9(x^2-2x+1)+4(y^2+2y+1) &= 23+9+4 \\
9(x-1)^2+4(y+1)^2 &= 36 \\
\frac{(x-1)^2}{4}+\frac{(y+1)^2}{9} &= 1.
\end{aligned}
$$

이 타원의 중심은 $(1,-1)$임을 알 수 있다. 또한 $b=2$, $a=3$이며 주축은 y축과 평행하고 $c=\sqrt{a^2-b^2}=\sqrt{9-4}=\sqrt{5}$이다. 또한 초점은 $(1,-1+\sqrt{5})$, $(1,-1-\sqrt{5})$이다. 이 경우에

$$\frac{(x-1)^2}{4}\le 1 \quad \text{이고} \quad \frac{(y+1)^2}{9}\le 1$$

또는,

$$(x-1)^2\le 4 \quad \text{이고} \quad (y+1)^2\le 9$$

이다. 따라서,

$$-2\le x-1\le 2 \quad \text{이고} \quad -3\le y+1\le 3$$

이다. 이것은 그래프가 정의된 사각형 안에 놓여 있음을 의미한다. □

◇ 연습 문제

1. 다음 관계의 그래프를 그려라.

   (a) $\{(x,y)|\frac{x^2}{4}+y^2=1\}$

   (b) $\{(x,y)|x^2+8y^2=8\}$

   (c) $\{(x,y)|4x^2+9y^2=36\}$

   (d) $\{(x,y)|x^2+(y-1)^2=1\}$

   (e) $\{(x,y)|6x^2+(y+2)^2=4\}$

   (f) $\{(x,y)|2x^2-2y^2=0\}$

   (g) $\{(x,y)|\frac{(2x-1)^2}{4}+\frac{(y+2)^2}{16}=1\}$

   (h) $\{(x,y)|x^2+16x+4y^2-16y+76=0\}$

   (i) $\{(x,y)|4x^2-4x+8y^2+8y-1=0\}$

2. 연습문제 1에서 주어진 각 식에서의 타원의 이심률을 구하여라.

3. 다음의 그래프를 그려라:

   (a) $\{(x,y)|x^2+8(y^2-1)\leq 0\}$
   (b) $\{(x,y)|x^2+8(y^2-1)\leq 0$ 이고 $x\leq y\}$
   (c) $\{(x,y)|4(4x^2-1)+(y+2)^2\leq 0\}$
   (d) $\{(x,y)|x^2-y^2=0$ 이고 $x^2+y^2\leq 1\}$
   (e) $\{(x,y)|x^2+y^2\leq 4$ 이고 $\frac{x^2}{4}+y^2\geq 1\}$

6.4 쌍곡선

쌍곡선의 정의는 타원의 정의와 매우 비슷하다. 타원에서의 거리의 합 대신에 쌍곡선은 어떤 거리의 차로 정의한다.

정의 6.4.1. a가 양수라 하고 F_1, F_2를 점이라 하자. 그리고 다음의 관계식을 **쌍곡선**(hyperbola)이라 부른다.

$$\{(x,y)|d((x,y),F_1)-d((x,y),F_2)=2a\}$$

점 F_1, F_2 는 쌍곡선의 초점이라 한다.

타원에서처럼 초점이 $F_1=(c,0)$과 $F_2=(-c,0)$인 쌍곡선은 다음과 같다.

$$\{(x,y)|\frac{x^2}{a^2}-\frac{y^2}{(c^2-a^2)}=1\}$$

쌍곡선에서의 설명은 대응되는 타원의 설명과 두 가지가 다르다:
좌변이 합 대신 차이고 a^2-c^2대신 c^2-a^2인 점이다. 타원의 경우 c는 $0\leq c<a$이지만, 쌍곡선의 경우 c는 $a<c$인 조건을 만족해야 한다. 그림 6.15에서와 같이 조건 $a<c$는 $d_1<d_2+2c$이다. 그러므로, $2a=d_1-d_2<2c$ 또는 $a<c$이다. 이 때문에 c^2-a^2은 양수이고 $b=\sqrt{c^2-a^2}$로 정의할 수 있다. 따라서 쌍곡선은 다음과 같이 간단히 표현할 수 있다.

$$\{(x,y)|\frac{x^2}{a^2}-\frac{y^2}{b^2}=1\}$$

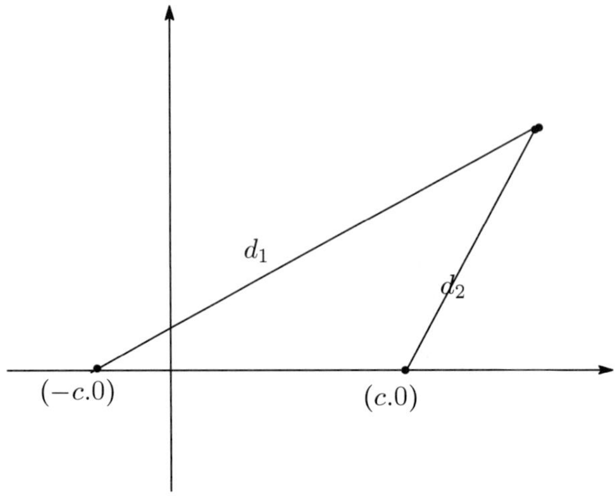

그림 6.15: $d_1 < d_2 + 2c$

예제 6.4.1. $\{(x,y)|x^2 - y^2 = 1\}$의 그래프를 그려라.

풀이. 이 방정식은 $a = 1, b = 1$이고 따라서 $1 = \sqrt{c^2 - a^2}, c = \sqrt{2}$인 쌍곡선이다. (x,y)가 그래프 위의 점이라면 $x^2 - y^2 = 1$이므로

$$y^2 = x^2 - 1, \quad y = \pm\sqrt{x^2 - 1}$$

이 된다. $x \geq 1$인 $y = \sqrt{x^2 - 1}$을 살펴 보자. 그러면

$$y = \sqrt{x^2 - 1} < \sqrt{x^2} = |x| = x\text{이다.}$$

그래프 $\{(x,y)|x^2 - y^2 = 1\}$은 $x \geq 1$에 대해 $y = -\sqrt{x^2 - 1}$과 $x \leq -1$에 대해 그래프 $y = \sqrt{x^2 - 1}$ 그리고 $x \leq -1$에 대해 $y = -\sqrt{x^2 - 1}$이 그래프의 조건이다. (그림 (6.17)을 참조.)

a, b는 쌍곡선 $\{(x,y)|\frac{x^2}{a^2} - \frac{y^2}{b^2} = 1\}$와 관련되고 타원의 경우처럼 직사각형을 고려한다. 그러나 쌍곡선은 사각형 내부가 아닌 외부에 위치한다. 이것은 쌍곡선 위의 점 (x,y)를 살펴봄으로서 알 수 있다.

$$\{(x,y)|\frac{x^2}{a^2} - \frac{y^2}{b^2} = 1\}$$

그러므로

$$\frac{y^2}{b^2} = \frac{x^2}{a^2} - 1$$

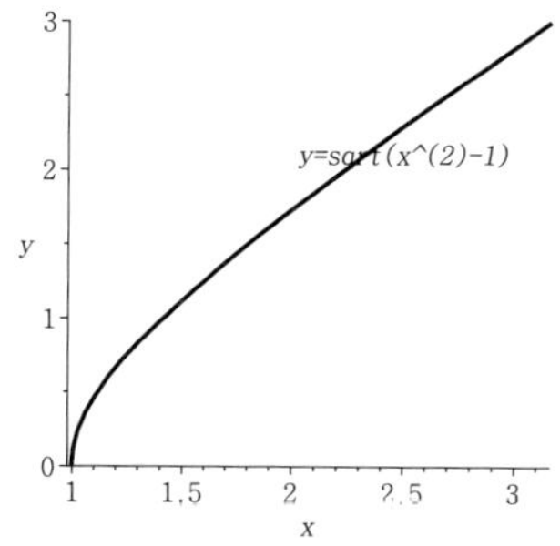

그림 6.16: $y = \sqrt{x^2 - 1}$그래프

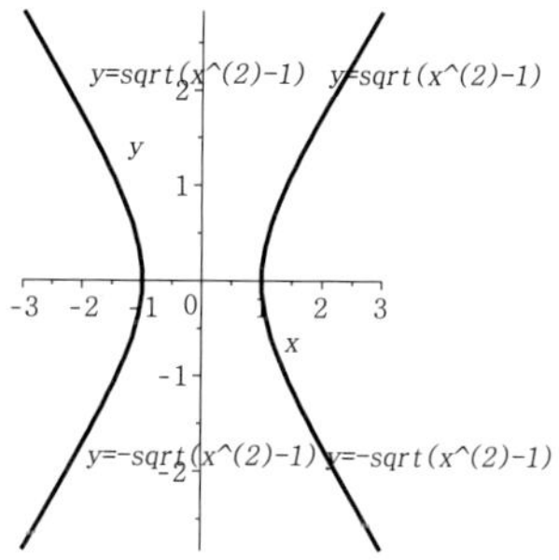

그림 6.17: 쌍곡선 $x^2 - y^2 = 1$의 그래프

이고, 따라서

$$y^2 = b^2(\frac{x^2 - a^2}{a^2}) \text{ 또는 } y = \pm(\frac{b}{a})\sqrt{x^2 - a^2}.$$

이 된다. 이것은 $a^2 \le x^2$임을 의미하므로 $x \ge a$ 또는 $x \le -a$이다. $x \ge a$일 때 $\sqrt{x^2 - a^2} < \sqrt{x^2} = |x| = x$ 이다. 따라서

$$(b/a)\sqrt{x^2 - a^2} < (b/a)x$$

이 된다. 그러므로 $x \ge a$ 이고 $(\frac{b}{a})\sqrt{x^2 - a^2}$인 쌍곡선 위의 점$(x, y)$는 직선 $y = (\frac{b}{a})x$에 대응되는 점에 있다.(그림 (6.18)를 참고.)
$y = -(\frac{b}{a})\sqrt{x^2 - a^2}$는 그림(6.18)와 같이 직선 $\{(x, (\frac{b}{a})x)\}$와 $\{(x, -(\frac{b}{a})x)\}$ 사이에 놓인 쌍곡선 $\{(x, y) | \frac{x^2}{a^2} - \frac{y^2}{b^2} = 1\}$의 그래프임을 보여준다.

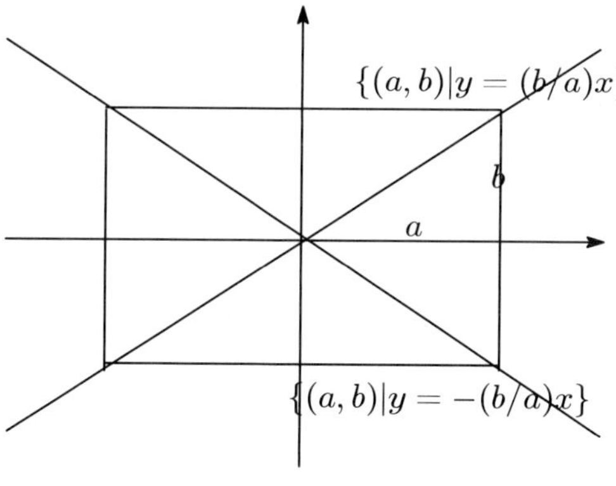

그림 6.18: 섬근선 $y = \frac{b}{a}x$와 $y = -\frac{b}{a}x$

쌍곡선의 주축과 보조축은 타원에서 정의된 바와 같이 정의된다. 일반적인 경우는 초점을 $(d+c,e)$, $(d-c,e)$으로 잡으면 쌍곡선은 다음과 같다.

$$\{(x,y)|\frac{(x-d)^2}{a^2}-\frac{(y-e)^2}{b^2}=1\}$$

여기서 주축은 직선 $\{(x,e)\}$이고 보조축은 $\{(d,y)\}$이며 중심은 (d,e)이다. 그림(6.19)과 같이 그래프는 직선 $y-e=(\frac{b}{a})(x-d)$와 $y-e=-(\frac{b}{a})(x-d)$사이에 놓인다. 이러한 직선들을 쌍곡선의 **점근선**(asymptotes)이라 한다.

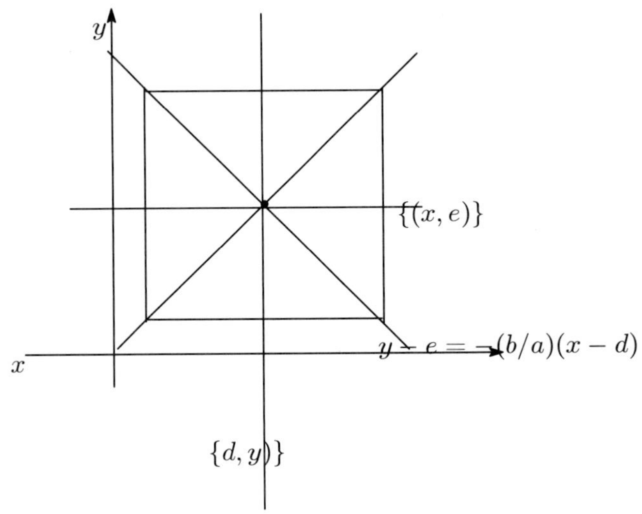

그림 6.19: 점근선 $y-e=(\frac{b}{a})(x-d)$와 $y-e=-(\frac{b}{a})(x-d)$

x축과 y축의 역할은 초점이 $(d,e+c)$와 $(d,e-c)$에 놓여짐으로서 바뀐다. 그러므로 쌍곡선은

$$\{(x,y)|\frac{(y-e)^2}{b^2}-\frac{(x-d)^2}{a^2}=1\}$$

이 된다. 이 경우 주축은 그림(6.20)와 같이 y축과 평행하다.

□

예제 6.4.2. $\{(x,y)|4x^2-8x-y^2-2y-1=0\}$의 그래프를 그려라.

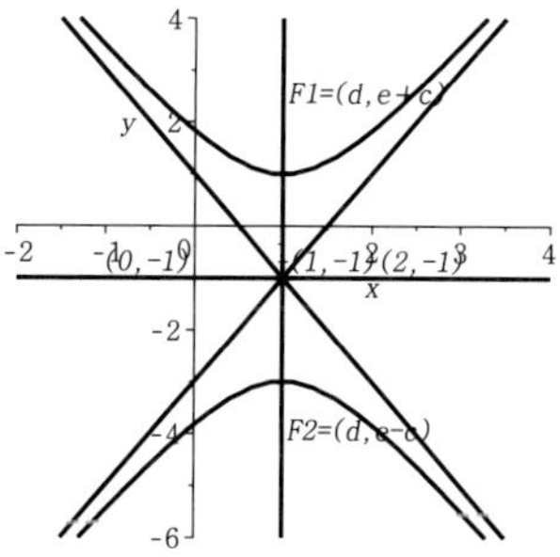

그림 6.20: y축과 평행한 주축

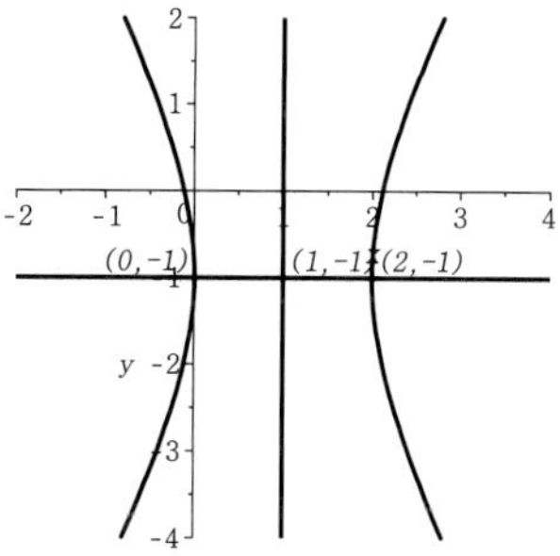

그림 6.21: $4x^2 - 8x - y^2 - 2y - 1 = 0$ 그래프

풀이. $4x^2 - 8x - y^2 - 2y - 1 = 0$을 x와 y의 완전제곱식으로 만들어라:

$$\begin{aligned} 4(x^2 - 2x) - (y^2 + 2y + 1) &= 0 \\ 4(x^2 - 2x + 1) - (y^2 + 2y + 1) &= 4 \\ 4(x-1)^2 - (y+1)^2 &= 4 \\ (x-1)^2 - \frac{(y+1)^2}{4} &= 1 \end{aligned}$$

그러므로 그래프는 중심이 $(1, -1)$이고 주축이 x축과 평행한 쌍곡선이다. 이 그래프는 그림(6.21)와 같이 다음 두 직선 사이에 위치한다.

$$y + 1 = 2(x - 1) \quad \text{그리고} \quad y + 1 = -2(x - 1)$$

여기서 $a = 1$이고 $b = 2$이므로

$$c = \sqrt{a^2 + b^2} = \sqrt{1 + 4} = \sqrt{5}$$

임을 알 수 있다. 따라서 초점은 $(1 + \sqrt{5}, -1)$이고 $(1 - \sqrt{5}, -1)$이다. □

◇ 연습 문제

1. 다음 그래프를 그려라.

   (a) $\{(x, y) | \frac{x^2}{4} - \frac{y^2}{16} = 1\}$

   (b) $\{(x, y) | \frac{y^2}{16} - \frac{x^2}{4} = 1\}$

(c) $\{(x,y)|\frac{(x+2)^2}{4} - \frac{y^2}{16} = 1\}$

(d) $\{(x,y)|\frac{y^2}{16} - \frac{(x+2)^2}{4} = 1\}$

(e) $\{(x,y)|\frac{(y-1)^2}{9} - \frac{(x-1)^2}{2} = 1\}$

(f) $\{(x,y)|\frac{(x-1)^2}{2} - \frac{(y-1)^2}{9} = 1\}$

(g) $\{(x,y)|(2y+1)^2 - (2x-1)^2 = 4\}$

(h) $\{(x,y)|(2y+1)^2 - (2x-1)^2 = 1\}$

(i) $\{(x,y)|12x^2 - 12x - 8y^2 - 21 = 0\}$

(j) $\{(x,y)|12y^2 - 12y - 8x^2 - 21 = 0\}$

2. 다음의 조건을 만족시키는 쌍곡선을 구하여라.

   (a) 초점: $(1,0), (-1,0)$;   점근선 : $y = \pm(\frac{1}{7})x$

   (b) 점근선: $y+1 = \pm(x-1)$;   점 $(4,1)$은 쌍곡선 위의 점이다.

6.5 평행이동과 회전

평면에서의 다른 두 좌표축에 대해 생각해 보자. 좌표축이 평행이동할 때의 도형에 대해 알아보자. 그림(6.22(a))에 주어진 점$O'(0,0)$이 새로운 원점이 되도록 좌표축을 평행이동한 것이 좌표축의 평행이동이다. 좌표축 I 의 점인 P는

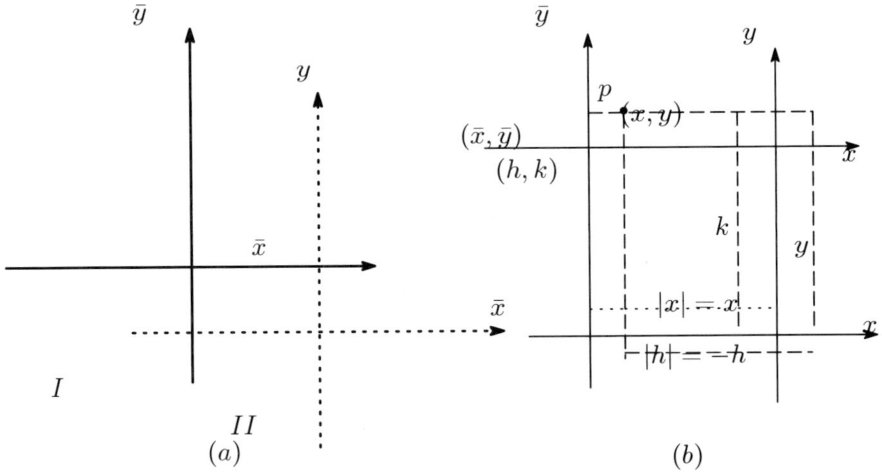

그림 6.22: 평행이동

순서쌍 (x,y)를 갖고, 마찬가지로 좌표축 II 의 점인 순서쌍 $(\overline{x},\overline{y})$을 갖는다. 좌

표축 I 에 좌표 $(h,\ k)$를 가진다면, 점P의 좌표 (x,y)와 $(\overline{x},\overline{y})$는 다음 관계가 있다.

$$\overline{x} = x - h$$
$$\overline{y} = y - k$$

이것은 그림 (6.22(b))에 그려져 있다. 두 좌표축 I 과 II 가 위와 같이 표현되면, 첫번째 좌표축의 원점이 점$(h,\ k)$로 평행이동되었다고 할 수 있다

예제 6.5.1. 좌표가 점 $(1,-\sqrt{2})$으로 평행이동 되면, 첫번째 좌표축의 점 P는 (x,y)인 점이고 두 번째 좌표는 $(x-1, y+\sqrt{2})$이다. 첫번째 좌표축의 y축위의 점들은 $(0,c)$이다. 이 점들은 두번째 좌표축에서는 $(-1, c+\sqrt{2})$을 나타낸다. □

예제 6.5.2. 좌표가 점 $(1,-\sqrt{2})$만큼 평행이동되면 중심을 원점으로 가진 단위원은 어떻게 표현할 수 있는가?

풀이. $\{(x,y)|x^2+y^2=1\}$은 원점을 중심으로 하는 단위원을 나타낸 것이다. P를 원 위의 한점이라 하면 좌표축 I 에서의 P의 좌표는 (a,b)이다. 그러면 $(1,-\sqrt{2})$만큼 평행이동 한 후에 P는 좌표축 II 에서 $\overline{a}=a-1, \overline{b}=b+\sqrt{2}$인 새로운 좌표 $(\overline{a},\overline{b})$를 갖는다. 원위의 점인 P로부터 $a^2+b^2=1$과 대입한 결과

$$(\overline{a}+1)^2 + (\overline{b}-\sqrt{2})^2 = 1$$

을 얻는다. 따라서 이 단위원은 좌표축 II 에서 다음과 같이 표현되었다고 하자.

$$\{(\overline{x},\overline{y})|(\overline{x}+1)^2 + (\overline{y}-\sqrt{2})^2 = 1\}$$

(그림(6.23)을 참조.)

□

기하학적인 모양을 주어진 좌표와 관련하여 평행이동 시킴으로서 훨씬 더 간편하게 될 수 있을 것이다. 예를 들어 쌍곡선 H가 다음과 같이 표현될 수 있다.

$$H = \{(x,y)|\frac{(x-e)^2}{a^2} - \frac{(y-d)^2}{b^2} = 1\}$$

점 (e,d)에 대해 평행이동하면 다음과 같다.

$$\{(\overline{x},\overline{y})|\frac{\overline{x}^2}{a^2} - \frac{\overline{y}^2}{b^2} = 1\}$$

두 좌표축 I , II 를 보면 두 좌표축 모두 같은 원점을 가지지만 그림(6.24)와 같이 x축과 $\overline{x}$축은 φ만큼의 각을 이룬다. 좌표축 II 는 좌표축 I 이 **회전**(rotation)되

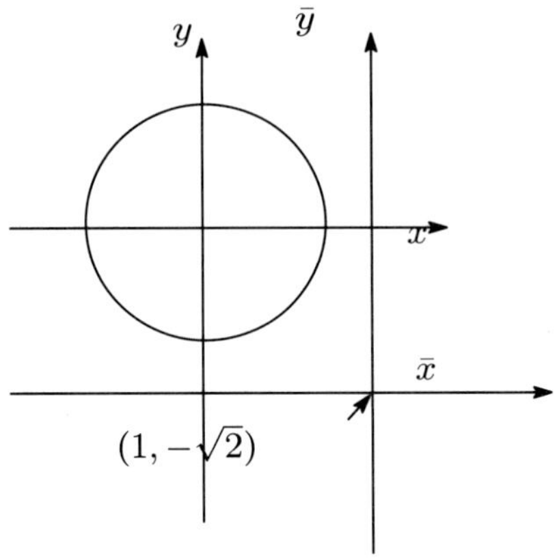

그림 6.23: $x^2 + y^2 = 1$의 평행이동

었다고 말할 수 있다. 앞서 점 P는 좌표축 I 에서 좌표 (x, y)이고 점 $(\overline{x}, \overline{y})$는 좌표축 II 에서의 좌표임을 알았다. 이 점들은 서로 어떤 연관성을 가지고 있는가?

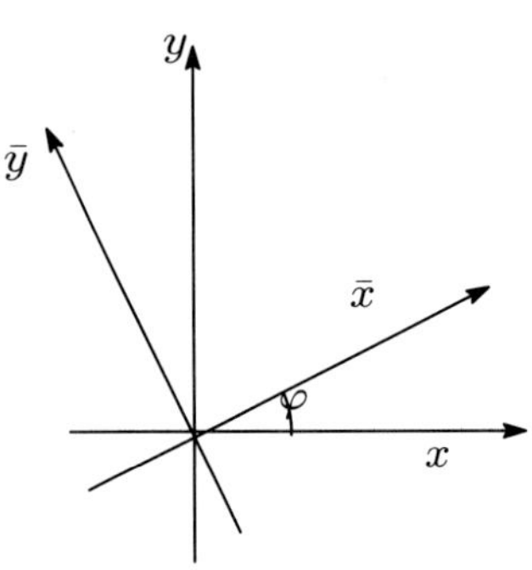

그림 6.24: 회전

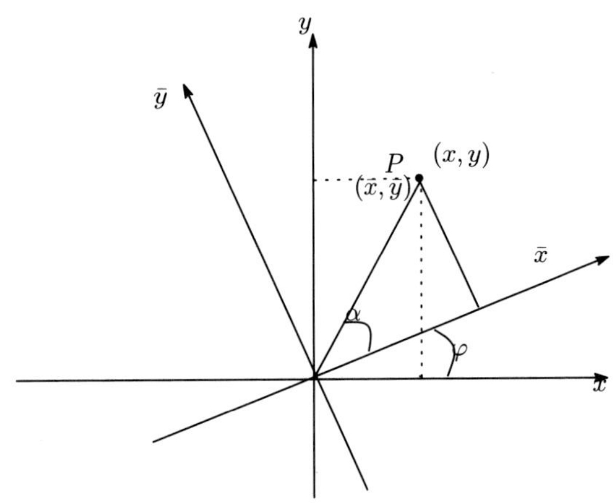

그림 6.25: 회전이동

그림(6.25)에서 알수 있듯 r은 두 좌표축이 원점에서 부터의 P까지 거리라 하고 α를 보는 바와 같이 이루는 각도라 하면

$$x = r\cos\alpha,\ y = r\sin\alpha,\ \overline{x} = r\cos(\alpha - \varphi),\ \overline{y} = r\sin(\alpha - \varphi)$$

가 된다. 그러므로

$$\begin{aligned}\overline{x} &= r[\cos(\alpha-\varphi)]\\ &= r[\cos\alpha\cos\varphi+\sin\alpha\sin\varphi]\\ &= (r\cos\alpha)\cos\varphi+(r\sin\alpha)\sin\varphi\\ &= x\cos\varphi+y\sin\varphi\end{aligned}$$

이고

$$\begin{aligned}\overline{y} &= r\sin(\alpha-\varphi)\\ &= r[\sin\alpha\cos\varphi-\cos\alpha\sin\varphi]\\ &= (r\sin\alpha)\cos\varphi-(r\cos\alpha)\sin\varphi\\ &= y\cos\varphi-x\sin\varphi\end{aligned}$$

이다. 따라서 다음 방정식들을 얻을 수 있다:

$$\overline{x} = x\cos\varphi+y\sin\varphi, \qquad \overline{y} = y\cos\varphi-x\sin\varphi \tag{6.6}$$

이 방정식들은 좌표 (x, y)가 주어지면 좌표$(\overline{x}, \overline{y})$를 계산할 수 있다. 그림(6.25)으로부터 $-r\cos(\alpha+\varphi)$와 $r\sin(\alpha+\varphi)$을 계산하면- 다음 방정식을 구할 수 있다.

$$x = \overline{x}\cos\varphi-\overline{y}\sin\varphi, \qquad y = \overline{y}\cos\varphi+\overline{x}\sin\varphi \tag{6.7}$$

방정식 (6.7)은 $(\overline{x}, \overline{y})$이 주어지면 좌표 (x, y)를 알아내는데 사용할 수 있다.

예제 6.5.3. 주어진 좌표에서 직선이 $1, 3$사분면을 양분한다고 하자. 주어진 좌표에서, 직선은 $\{(x, y)|x = y\} = \{(x, x)\}$으로 표현된다. 이제 주어진 좌표축이 $\frac{\pi}{4}$ (radian) 만큼 회전한다고 하면 새로운 좌표축에서 이 직선은 어떻게 표현되겠는가?

풀이. 모든 점의 평행이동 전과 후의 좌표는 방정식 (6.7)에서 $\varphi = \frac{\pi}{4}$이다:

$$\begin{aligned}x &= \overline{x}\cos(\frac{\pi}{4})-\overline{y}\sin(\frac{\pi}{4})\\ y &= \overline{y}\cos(\frac{\pi}{4})+\overline{x}\sin(\frac{\pi}{4})\end{aligned}$$

또는

$$x = \frac{1}{2}\sqrt{2}\overline{x}-\frac{1}{2}\sqrt{2}\overline{y}, \qquad y = \frac{1}{2}\sqrt{2}\overline{y}+\frac{1}{2}\sqrt{2}\overline{x}$$

가 된다. $x = y$ 직선위의 점이므로,

$$\frac{1}{2}\sqrt{2}\overline{x}-\frac{1}{2}\sqrt{2}\overline{y} = \frac{1}{2}\sqrt{2}\overline{y}+\frac{1}{2}\sqrt{2}\overline{x}$$

이다. 간단히 하면,

$$\overline{y} = 0$$

이 된다. 이것은 새로운 좌표축의 주어진 직선의 모든 점$(\overline{x}, \overline{y})$은

$$\{(\overline{x}, \overline{y}) | \overline{y} = 0\} = \{(\overline{x}, 0)\}$$

그림(6.26)로 표현된다. □

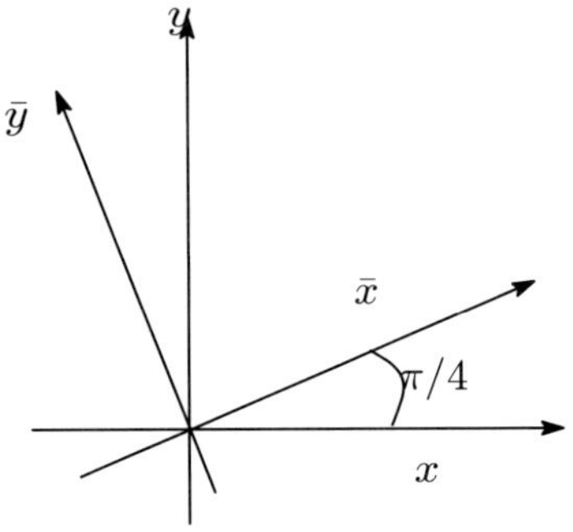

그림 6.26:

예제 6.5.4. $\{(x, y) | xy = 1\}$의 그래프를 생각해 보자. 좌표축이 회전했다면 $\{(x, y) | xy = 1\}$의 그래프는 변하지 않는다. 그러나 그래프의 표현은 변할 것이다. 위와 같이 $\frac{\pi}{4}$(radian)만큼 회전된다면 다음과 같이 쓸 수 있다.

$$x = \frac{1}{2}\sqrt{2}\overline{x} - \frac{1}{2}\sqrt{2}\overline{y}, \quad y = \frac{1}{2}\sqrt{2}\overline{y} + \frac{1}{2}\sqrt{2}\overline{x}.$$

그러면

$$xy = \frac{1}{2}(\overline{x})^2 - (\frac{1}{2}\overline{y})^2$$

이고, $xy = 1$이면,

$$(\overline{x})^2 - (\overline{y})^2 = 2 \text{ 이다.}$$

원래의 그래프는 새로운 좌표축에서 다음과 같이 표현된다.

$$\text{그래프}\{(x, y) | (\overline{x})^2 - (\overline{y})^2 = 2\}.$$

이 그래프는 쌍곡선 임을 알 수 있다.

$$\{(x, y) | \frac{(\overline{x})^2}{(\sqrt{2})^2} - \frac{(\overline{y})^2}{(\sqrt{2})^2} = 1\}.$$

이것은 $a = b = \sqrt{2}$인 표준형이다. □

$$\{(x,y)|Ax^2+By^2+Cxy+Dx+Ey+F=0\}$$

의 형식을 **이차관계(곡선)**(quadratic)라 부르고 여기서 A,B,C,D,E,F 는 실수이고 A,B,C가 모두 0이 아니다. 원, 포물선, 타원 그리고 쌍곡선은 모두 이차관계의 그래프이다. $c=0$인 이차관계라면, 그것의 완전제곱식으로 나타낼 수 있다. $c\neq 0$ 이면, 축의 회전은 xy항을 갖지 않는 새로운 이차관계식으로 만들 수 있다. 따라서 그래프는 완전제곱식으로 결정된다.

예제 6.5.5. $\{(x,y)|x^2+3xy+y^2=1\}$의 그래프를 그려라.

풀이. φ (radian) 만큼 축을 회전시키면 회전하기 전의 좌표와 새 좌표는 다음과 같은 관계를 갖는다.

$$x=\overline{x}\cos\varphi-\overline{y}\sin\varphi,\quad y=\overline{y}\cos\varphi+\overline{x}\sin\varphi$$

점의 좌표 (x,y)가 $x^2+3xy+y^2=1$을 만족시키면, 위의 방정식들을 대입함으로써 다음 방정식을 얻을 수 있다.

$$(\overline{x}\cos\varphi-\overline{y}\sin\varphi)^2+3(\overline{x}\cos\varphi-\overline{y}\sin\varphi)(\overline{y}\cos\varphi+\overline{x}\sin\varphi)+(\overline{y}\cos\varphi+\overline{x}\sin\varphi)^2=1.$$

여기서 마지막 방정식은,

$$\begin{aligned}&(\overline{x})^2\cos^2\varphi-2\overline{xy}\cos\varphi\sin\varphi+(\overline{y})^2\sin^2\varphi\\&\quad+3(\overline{xy}\cos^2\varphi-\overline{xy}\sin^2\varphi+(\overline{x})^2\sin\varphi\cos\varphi-(\overline{y})^2\sin\varphi\cos\varphi)\\&\qquad+(\overline{y})^2\cos^2\varphi+2\overline{xy}\sin\varphi\cos\varphi+(\overline{x})^2\sin^2\varphi=1,\end{aligned}$$

또는

$$\begin{aligned}&(1+3\sin\varphi\cos\varphi)(\overline{x})^2+(1-3\sin\varphi\cos\varphi)(\overline{y})^2\\&\qquad+2(\cos^2\varphi-\sin^2\varphi)\overline{xy}=1,\end{aligned}$$

또는

$$(1+\frac{3}{2}\sin 2\varphi)(\overline{x})^2+(1-\frac{3}{2}\sin 2\varphi)(\overline{y})^2+(2\cos 2\varphi)\overline{xy}=1\text{이다.}$$

여기서 φ가 $\frac{\pi}{4}$라고 하면 좀 더 쉽게 위의 방정식을 볼 수 있다. 그러므로 $(2\cos 2\varphi)\overline{xy}=(2\cos\frac{\pi}{2})\overline{xy}=0$이 된다. φ 값을 선택함으로서 위의 방정식은

$$(\frac{5}{2})(\overline{x})^2-(\frac{1}{2})(\overline{y})^2=1$$

이 된다. 원래의 그래프 관계식은

$$\{(\overline{x}\overline{y})|\frac{(\overline{x})^2}{\frac{2}{5}}-\frac{(\overline{y})^2}{2}=1\}$$

이다. 이 그래프는 $a=\sqrt{\frac{2}{5}}$, $b=\sqrt{2}$ 그리고 $c=\sqrt{\frac{2}{5}+2}=2\sqrt{\frac{3}{5}}$인 쌍곡선임을 쉽게 알수 있다. 지금까지 설명한 $\overline{x}$, $\overline{y}$좌표축의 쌍곡선은 중심이 $(0,0)$일 때, 초점은 $(2\sqrt{\frac{3}{5}},0)$, $(-2\sqrt{\frac{3}{5}},0)$이다. 점근선은

$$\{(\overline{x}\overline{y})|\overline{y}=\pm(\sqrt{5})\overline{x}\}$$

이다. 원래의 x, y 좌표축의 점과 곡선들을 표현하고자 한다면, x, y 좌표축을 식으로 $\overline{x}$, $\overline{y}$좌표축으로 나타낼 수 있어야 한다. 우리는 다음식을 이용할 수 있다. 관계식(6.7)로 부터,

$$x=\overline{x}\cos\frac{\pi}{4}-\overline{y}\sin\frac{\pi}{4},\quad y=\overline{y}\cos\frac{\pi}{4}+\overline{x}\sin\frac{\pi}{4}$$

또는

$$x=\frac{1}{2}\sqrt{2}\overline{x}-\frac{1}{2}\sqrt{2}\overline{y},\quad y=\frac{1}{2}\sqrt{2}\overline{y}+\frac{1}{2}\sqrt{2}\overline{x}$$

x,y좌표에서, 점 $(0,0)$은 좌표

$$x=\frac{1}{2}2\cdot 0-\frac{1}{2}2\cdot 0=0,\quad y=\frac{1}{2}2\cdot 0+\frac{1}{2}2\cdot 0=0$$

을 갖는다. x,y좌표의 초점 $(2\sqrt{\frac{3}{5}},0),(-2\sqrt{\frac{3}{5}},0)$는

$$x=(\frac{1}{2}\sqrt{2})(2\sqrt{\frac{3}{5}})-\frac{1}{2}\sqrt{2}\cdot 0=\sqrt{\frac{6}{5}}$$
$$y=(\frac{1}{2}\sqrt{2})\cdot 0+\frac{1}{2}\sqrt{2}(2\sqrt{\frac{3}{5}})=\sqrt{\frac{6}{5}}$$

이고

$$x=(\frac{1}{2}\sqrt{2})(-2\sqrt{\frac{3}{5}})-\frac{1}{2}\sqrt{2}\cdot 0=-\sqrt{\frac{6}{5}}$$
$$y=(\frac{1}{2}\sqrt{2})\cdot 0+\frac{1}{2}\sqrt{2}(-2\sqrt{\frac{3}{5}})=-\sqrt{\frac{6}{5}}$$

이 된다. x,y좌표축에서의 점근선을 얻기 위해 다음식을 이용하자. 관계식6.6으로 부터

$$\overline{x}=(\frac{1}{2})\sqrt{2}x+(\frac{1}{2})\sqrt{2}y,\quad \overline{y}=(\frac{1}{2})\sqrt{2}y-(\frac{1}{2})\sqrt{2}x$$

$\overline{x}, \overline{y}$좌표축에서 점근선은

$$\{(\overline{x}, \overline{y}) | \overline{y} = (\pm\sqrt{5})\overline{x}\}$$

으로 나타낼 수 있으므로, 방정식 $\overline{y} = (\pm\sqrt{5})\overline{x}$에 대입하면

$$\frac{1}{2}\sqrt{2}y - \frac{1}{2}\sqrt{x} = (\pm\sqrt{5})[\frac{1}{2}\sqrt{2}x + \frac{1}{2}\sqrt{2}y]$$

를 얻을 수 있고, 이 방정식을 간단히 하면,

$$y = (\frac{1+\sqrt{5}}{1-\sqrt{5}})x, \quad +\sqrt{5}\text{이고} \quad y = (\frac{1-\sqrt{5}}{1+\sqrt{5}})x \quad -\sqrt{5}$$

이 된다. 그러므로 x, y 좌표에서의 점근선은

$$\{(x, y) | y = ax \text{ 또는 } y = a^{-1}x\}$$

이고 여기서 $a = \frac{(1+\sqrt{5})}{1-\sqrt{5}}$이다.(그림 (6.27)을 참조.)

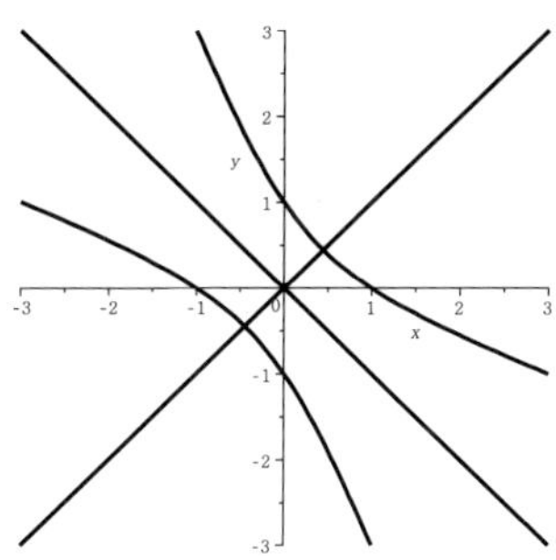

그림 6.27: 회전한 쌍곡선

□

◇ 연습 문제

1. 좌표축의 점 $(\frac{1}{2}, -\frac{3}{5})$으로 평행이동되었다. 다음의 주어진 점의 좌표축가 본래의 좌표축에서의 값이다. 새로운 좌표에서 이 점들의 좌표를 계산하여라.

(a) $(0,0)$ (c) $(0,5)$ (e) $(\sqrt{2},\frac{1}{2})$

(b) $(1,0)$ (d) $(1,1)$ (f) $(x+\frac{1}{2},-\frac{3}{5})$

2. 다음 각 그래프의 방정식들이 점 $(\frac{1}{2},-\frac{3}{5})$으로 평행이동 된 후의 방정식을 구하여라.

   (a) $\{(x,y)|x=y\}$

   (b) $\{(x,y)|x+\frac{1}{2}=y-\frac{3}{5}\}$

   (c) $\{(x,y)|x-\frac{1}{2}=y+\frac{3}{5}\}$

   (d) $\{(x,y)|(y+\frac{3}{5})^2=4(x-\frac{1}{2})\}$

   (e) $\{(x,y)|(y-\frac{3}{5})^2=4(x+\frac{1}{2})\}$

   (f) $\{(x,y)|x^2+2x+3y=1\}$

3. 다음의 각 그래프가 $\frac{\pi}{6}$(radian)만큼 회전된 후의 방정식을 구하여라.

   (a) $\{(x,y)|y=(\frac{1}{\sqrt{3}})x\}$

   (b) $\{(x,y)|x(x-y)=1\}$

   (c) $\{(x,y)|y^2-2xy+x=7\}$

   (d) $\{(x,y)|x^2+y^2=1\}$

4. 다음 각각의 그래프를 그려라.(가능하다면):

   (a) $\{(x,y)|x^2+y^2=0\}$

   (b) $\{(x,y)|2x^2+y^2+1=0\}$

   (c) $\{(x,y)|x^2+2xy+y^2=0\}$

   (d) $\{(x,y)|x^2-y^2=0\}$

   (e) $\{(x,y)|2x^2-2xy+2y^2=1\}$

   (f) $\{(x,y)|x^2+\sqrt{3}xy=1\}$

   (g) $\{(x,y)|2x^2-3xy+y^2-2x-3y=0\}$

5. 위의 (3)번에서 임의의 그래프가 포물선, 타원, 쌍곡선이라면, 초점, 중심을 찾고 쌍곡선일 경우에는 점근선도 구하여라.

6.6 매개변수 방정식

임의의 실수 t에 대해 평면에서 점 $(\cos t, \sin t)$를 살펴보자. $\cos^2 t + \sin^2 t = 1$로부터 이 점은 단위원 $\{(x, y)|x^2 + y^2 = 1\}$위에 있다. $P(x, y)$가 평면위의 임의의 점(원점이 아닌)이고 r은 원점과 P사이의 거리라면

$$x = r\cos t, \quad y = r\sin t$$

이다. 여기서 t는 점 P와 원점을 지나는 직선과 x축이 이루는 각도를 말한다.(그림(6.28)참조.) 점(x, y)가 원점이 중심인 단위원의 한점이라고 하면, $r = 1$이고

$$x = \cos t, \quad y = \sin t$$

이다. 이것은

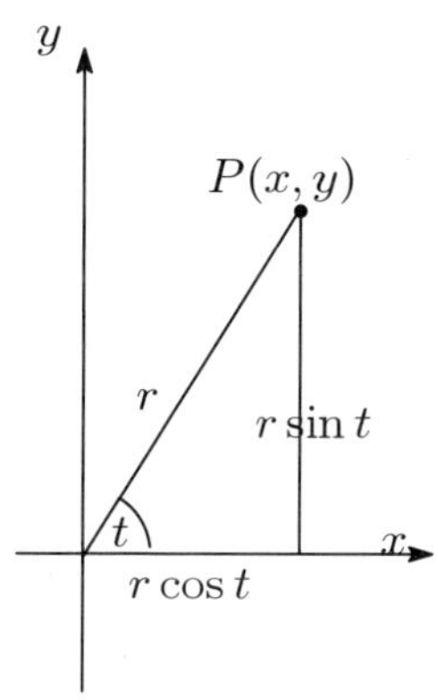

그림 6.28: $(x, y) = (\cos t, \sin t)$

$$\{(x, y)|x^2 + y^2 = 1\} = \{(\cos t, \sin t)|t\text{는 실수}\}$$

이다. 이것은 원점이 중심이고 t가 **매개변수**(parameter)인 단위원에서의 **매개변수방정식**(parametric equation) 또는 **매개변수 표현**(parametric representation)인

$$x = \cos t, \quad y = \sin t$$

으로 표현하는것이 일반적인 방법이다. u, s가 함수이면 집합 $\{(u(t), s(t))|t \in \mathfrak{D}(u) \cap \mathfrak{D}(s)\}$은 평면에서의 그래프를 결정한다. 이것은 매개변수 t를 가진

$$x = u(t), \quad y = s(t)$$

을 이용하여 주어진 그래프를 그릴 수 있다

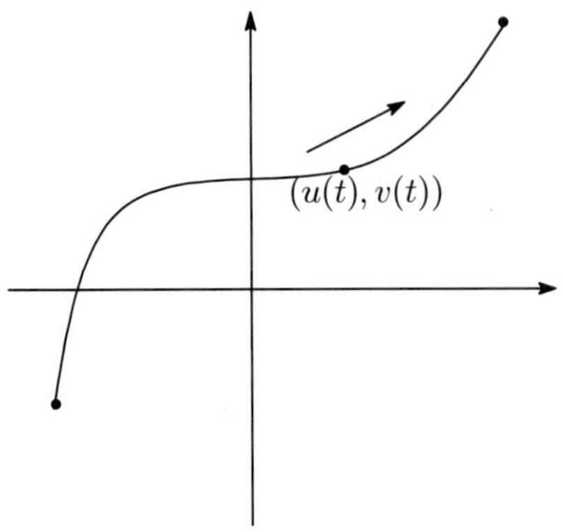

그림 6.29: 매개변수 표현 $(u(t), s(t))$

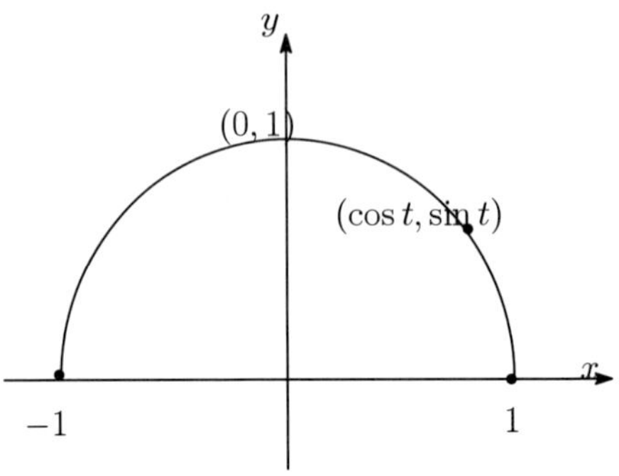

그림 6.30: $t \in [0, \pi]$에서의 $(\cos t, \sin t)$

예제 6.6.1. 아래의 매개변수 방정식을 사용하여 주어진 곡선을 그려라.

$$x = \cos t, \quad y = \sin t, \ t \in [0, \pi]$$

풀이. $t \in [0, \pi]$이고 $(\cos t, \sin t)$인 모든 점은 원점을 중심으로 하는 단위원 위에 있다. 그러나 단위원의 모든 점이 $(\cos t, \sin t)$으로 주어지는 것은 아니다. $t \in [0, \pi]$에서

$$\Re(\cos t) = [-1, 1] \quad \text{이고} \quad \Re(\sin t) = [0, 1]$$

이다. 그러므로, 순서쌍 $(\cos t, \sin t)$의 두번째 좌표는 음수가 될 수 없으며 그래프는 단위원의 반쪽인 x축 위쪽이다.(그림 (6.30)참조.) □

예제 6.6.2. t는 임의의 실수이다. 다음의 매개변수방정식으로 주어진 곡선을 그려라.

$$x = t^2, \quad y = t^4$$

풀이. $x \geq 0, \ y \geq 0$ 이고, $y = x^2$임은 분명하다. 그러므로, 그래프는 다음식과 같다.

$$\{(x, y) | y = x^2, \qquad x \geq 0\}.$$

이것은 포물선의 일부분이다. □

평면에서의 두 점(a, b)와 (c, d)는 y축과 평행한 직선 위에 있지 않다고 하자. 그러므로 $a \neq c$이고, 직선의 기울기는

$$m = \frac{(d - b)}{(c - a)}$$

이다. 두 점을 지나는 직선의 그래프는 다음과 같다.(연습문제 2참조.)

$$\{(x, y)|y - b = m(x - a)\}.$$

이 직선의 매개변수방정식은,

$$x = a + t(c - a), \quad y = b + t(d - b) \quad \text{이때} \quad t \in \mathbb{R}.$$

$t = 0$인 방정식은 (a, b)를 갖고, $t = 1$이면 (c, d)이다. $t \in (0, 1)$일 때 매개변수 방정식은 점 (a, b)와 (c, d)사이의 점들을 나타낸다. 여기서, $c - a$와 $d - b$가 양의 값을 가진다고 하자. 이제 $0 < t < 1$이면,

$$a < a + t(c - a) < c, \quad b < b + t(d - b) < d$$

이다.(그림(6.31)참조.)

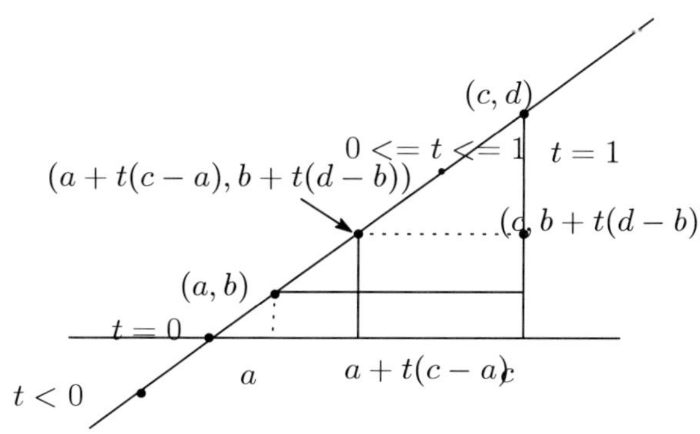

그림 6.31: $x = a + t(c - a), y = b + t(d - b)$인 매개변수방정식

◇ 연습 문제

1. 다음 매개변수 방정식의 그래프를 그려라.

   (a) $x = 2\cos t, \quad y = 2\sin t, \ t \in [0, \pi]$

   (b) $x = 1 + \cos t, y = 1 - \sin t, \quad t \in [0, \pi]$

   (c) $x = \sin t, \quad y = \sec t, \quad t \in (0, \frac{\pi}{2})$

   (d) $x = \tan t, \quad y = \sec t, \quad t \in (-\frac{\pi}{2}, \frac{\pi}{2})$

   (e) $x = 1 - t, \quad y = t + 1, \quad t \in R$

(f) $x = 2\cos t, \quad y = 3\sin t, \quad t \in [0, \pi]$

(g) $x = a\cos t, \quad y = b\sin t, \quad a, b > 0, \quad t \in [0, \pi]$

(h) $x = 2^t, \quad y = 2^t(2^t + 1), \quad t \geq 0$

(i) $x = 3^t, \quad y = 3^{-t}, \quad t \geq 0$

(j) $x = \frac{1}{2}t, \quad y = \sqrt{1 - t^2}, \quad t \in [-1, 1]$

2. (a) $(a, b) \neq (c, d)$일 때, 점 (a, b)와 (c, d)위의 직선인 다음의 매개변수 방정식의 그래프를 보여라.

$$x = a + t(c - a), \quad y = b + t(d - b), \ t \in R$$

(b) (a)의 식들은 직선의 점을 $c - a > 0$이고 $d - b > 0$인 경우에 $0 < t < 1$인 (a, b), (c, d)간의 선분의 점들을 나타낸다. 다른 경우를 열거하고 각각의 경우 모두 같은 결과가 나옴을 보여라.

(c) 모든 직선이 어떠한 매개변수 방정식의 그래프임을 보여라. 여기서 φ는 어떤 수이다.

$$x = a + t\cos\varphi, \quad y = b + t\sin\varphi, \quad t \in R$$

3. 다음의 매개변수 방정식의 그래프가 타원임을 보여라:

$$x = c + a\cos t, \quad y = b + t\sin t, \quad t \in [0, 2\pi]$$

여기서 a, b, c, d는 실수이고 $a > 0, b > 0$ 이다.

6.7 극좌표

살펴보았던 보통의 직교 좌표와는 다른 좌표가 있다. 이러한 좌표를 극좌표라고 한다. 좌표의 목적은 평면에서 점들을 순서쌍으로 나타내기 위함이나 직교좌표와는 어떤 면에서는 다르다. 평면에서 점 O를 정하고 반직선 M은 그림(6.32(a))와 같이 점 O를 지난다. 반직선 M을 극(pole)이라 한다. P가 평면에서 원점 O와 다른 임의의 점이라고 하면, P의 위치는 거리 $r = |OP|$에 유일하게 정해지고 각 θ는 $|OP|$와 $|OM|$으로 이루어지는 각으로 만들어진다.(그림(6.32(a))참조.) 이런 방식으로 순서쌍 (r, θ)는 P와 연관되어 있다. 순서쌍 (r, θ)가 P를 정하는 것이 유일한 것은 아니다. 예를 들어, 순서쌍 $(r, \theta + 360)$, $(r, \theta + 720)$ 또한 P를 정한다. 각 θ는 반시계방향(양) 또는 시계방향(음) 모두 가능하다. $r > 0$일 때 뿐만 아니라 $r \leq 0$일 경우에도 (r, θ)가 의미를 갖는다. $r = 0$일 때의 모든 θ에 대해 (r, θ)는 $O(0, 0)$를 의미하고, $r < 0$이면 길이 $|r|$을 각 $\theta + 180°$만큼 적당한 점을 정할 수 있다.(그림 (6.32(b)) 참조.)

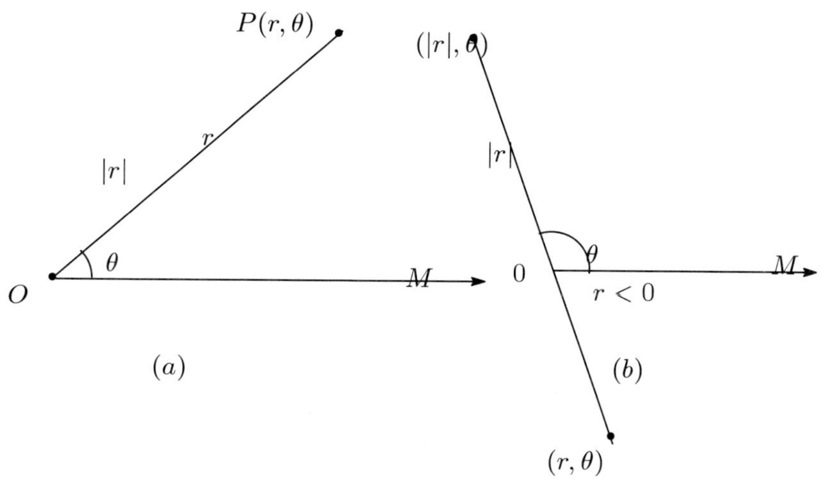

그림 6.32: 반직선 M과 각

예제 6.7.1. 극좌표 $(1, 30°)$, $(2, 90°)$, $(2, 120°)$, $(-1, 30°)$, $(1, 210°)$, $(2, -150°)$, $(-1, 45°)$인 점을 표시하여라.

풀이. 이 점들은 그림(6.33)에서과 같이 위치가 정해진다. $(1, 210°)$와 $(-1, 30°)$가 같은 점임을 주의해라. □

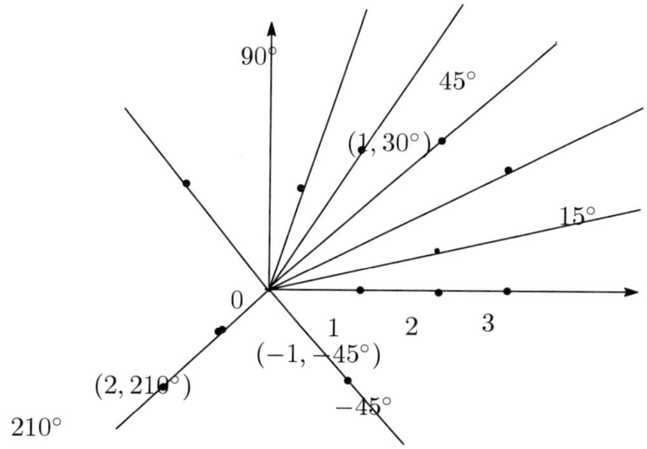

그림 6.33: 극좌표에서의 각의 위치

이제 극좌표와 그것의 그래프를 포함하는 간단한 몇가지의 식들을 생각하여 보자.

예제 6.7.2. $r = a$의 그래프를 구하여라. 단 $a > 0$이다.

풀이. 집합 $\{(r, \theta) | r = a, \theta \in R\}$은 반지름 r이 길이 a를 가지므로, θ가 모든 실수값을 가지므로 $r = a$의 그래프는 원이다.(그림6.34(a)참조.) □

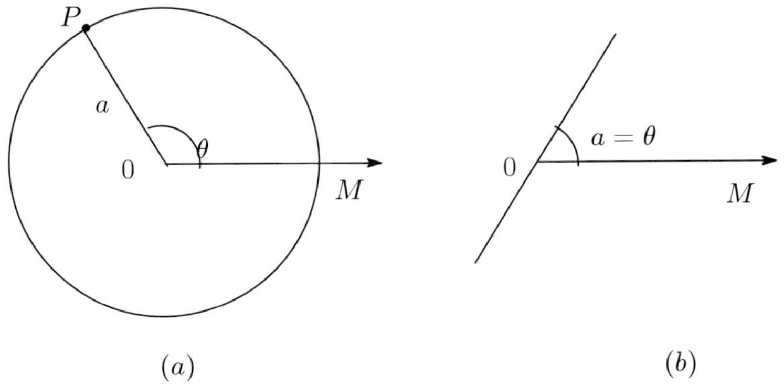

그림 6.34: $r = a$의 그래프

예제 6.7.3. $\theta = a$의 그래프를 구하여라. 여기서 $a \neq 0$이다.

풀이. $\{(r, \theta) | \theta = a,\ r \in R\}$의 모든 점들을 나타낸다. r이 모든 실수 값을 가지지만 이 경우 θ는 변하지 않는다. 따라서 원점을 지나는 직선을 얻을 수 있다. □

예제 6.7.4. $\theta \in [0, 90°]$일때 $r = \cos\theta$의 그래프를 구하여라.

풀이. 이 경우 $r \in [0, 1]$이다. 아래 표를 보고 θ의 값을 통해 r을 구할 수 있다:

θ	0°	15°	30°	45°	60°	75°	90°
r	1	0.97	0.87	0.71	0.5	0.26	0

이러한 점들은 그림(6.35)에 나타내고, 그래프는 이 점들을 연결하면 완성된다. □

직각 좌표에서 x축이 극좌표의 극에 해당하고 원점이 같게 주어진다면 두 좌표 사이에 존재하는 것을 쉽게 표현할 수 있다. 그림(6.36(a))에 표시된 것과 같이 $r > 0$이면 다음과 같다.

$$x = r \cdot \cos\theta \quad \text{그리고} \quad y = r \cdot \sin\theta \tag{6.8}$$

그림(6.36(b))과 같이 $r < 0$이면

$$-x = |r| \cdot \cos\theta \text{ 그리고 } -y = |r| \cdot \sin\theta$$

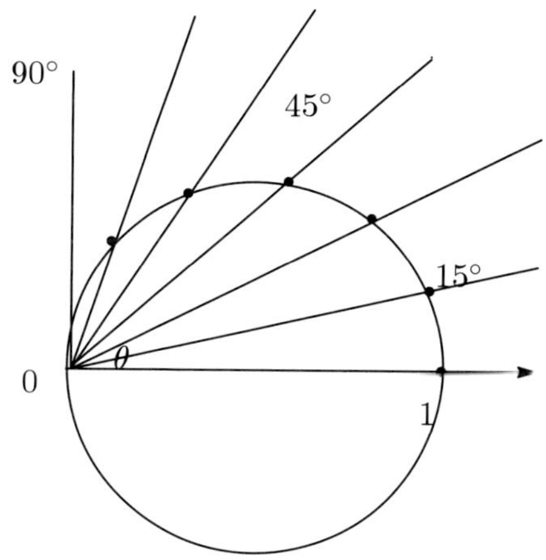

그림 6.35: $r = \cos\theta$의 그래프

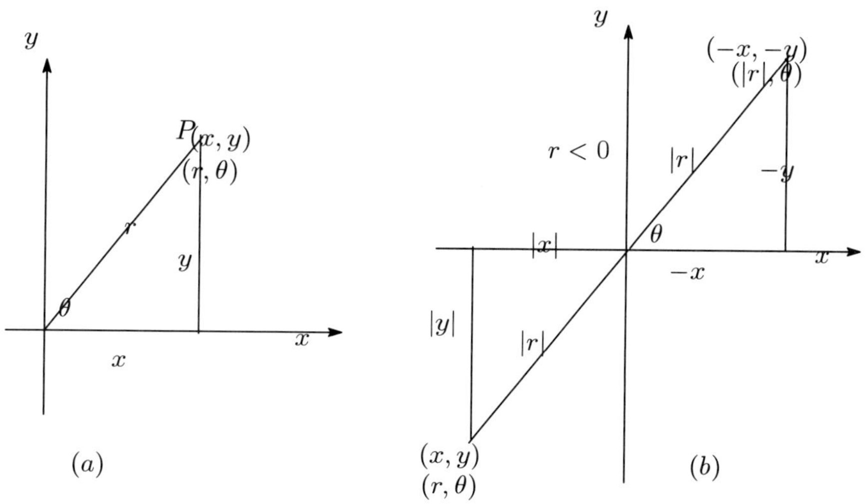

그림 6.36: 원점에 대칭

또는 $r > 0$일 때,

$$-x = -r \cdot \cos\theta \text{ 그리고 } -y = -r \cdot \sin\theta$$

이다. 위의 식들이 식(6.8)과 같으므로 식(6.8)이 모든 경우에 해당함을 보여준다.

예제 6.7.5. 극 방정식 $r = \cos\theta + \sin\theta$를 직각 좌표의 방정식으로 나타내라.

풀이. 식(6.8)을 사용한다. $r = \cos\theta + \sin\theta$이면 $r^2 = r\cos\theta + r\sin\theta$, 즉, $r^2 = x + y$이다. 또한 식 (6.8)로 부터

$$x^2 + y^2 = r^2\cos^2\theta + r^2\sin^2\theta = r^2(\cos^2\theta + \sin^2\theta) = r^2$$

이 된다. 따라서 $x^2 + y^2 = x + y$이다. □

예제 6.7.6. 방정식 $y = x^2$을 극좌표 방정식으로 표현하라.

풀이. 식(6.8)로부터 $y = r\sin\theta$ 이고 $x^2 = r^2\cos^2\theta$이므로 $r\sin\theta = r^2\cos^2\theta$이다. □

예제 6.7.7. $\theta \geq 0$일 때, 방정식 $r = \theta$의 그래프를 그려라.

풀이. 이 경우 r이 길이를 나타내기 때문에 여기서의 θ는 *radian*만으로 준다. θ가 증가하면 r도 증가한다. 그러므로 그래프는 그림(6.37)와 같이 나선 모양이다. □

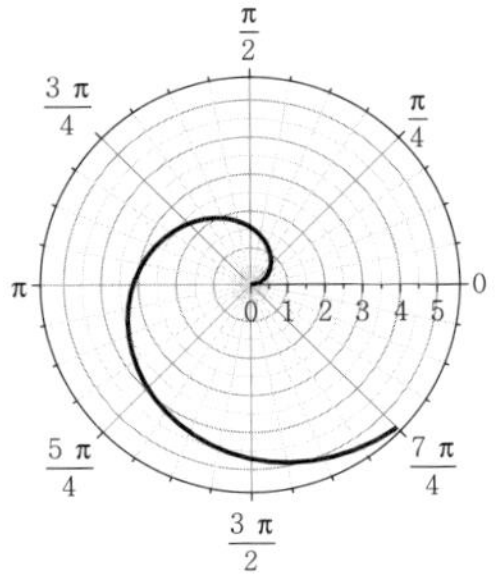

그림 6.37: $r = \theta$의 그래프

◇ 연습 문제

1. 아래의 극방정식의 그래프를 스케치하라.

   (a) $r = \sin\theta$

   (b) $r = 3\sin\theta$

   (c) $2r = \sin\theta$

   (d) $r = 2\cos\theta + 1$

   (e) $r = \sin(2\theta)$

   (f) $r = 2\cos(3\theta)$

(g) $r^2 = 2\cos(2\theta)$

(h) $r = \cos\theta - \sin\theta$

(i) $r = 4(\sin\theta - \cos\theta)$

(j) $r\theta = 1$

2. 다음의 극방정식들을 직각 좌표로 나타내라.

(a) $r = 2\cos\theta$

(b) $3r = 2\sin\theta$

(c) $r = \sin(2\theta)$

(d) $r^2 = 2\cos(2\theta)$

3. 다음의 방정식 각각을 직각좌표와 극좌표에서 설명하여라.

(a) $x + 2y + 1 = 0$

(b) $x^2 + y^2 = 1$

(c) $x^2 - y^2 = 4$

(d) $x^2 + 2y^2 = 4$

(e) $2x^2 + 2x + y^2 - y = 1$

제 7 장

극한과 연속

7.1 극한

극한에 관한 개념은 실수체계를 바탕으로 전개된다. 즉 실수들은 수직선 위에 띄엄 띄엄 존재하지 않고, 빈틈이 없이 배열되어 있다. 또한 서로 다른 두 실수 사이에는 그것들이 아무리 가깝더라도 무한히 많은 실수들이 존재한다. 이러한 실수의 성질에 의하여 x가 실수이고 c는 고정된 실수라 할 때 x가 c에 접근한다는 것은 x가 c에 아주 가까와 진다는 의미이고 $x \to c$라는 기호로 표현한다.

x가 어떤 수 c에 접근할 때 대응되는 $f(x)$의 함수값이 어떻게 변화되는지 알아보기 위해 다음과 같은 함수의 예를 살펴보자. 여기에서 $x \to 2$일때 의 극

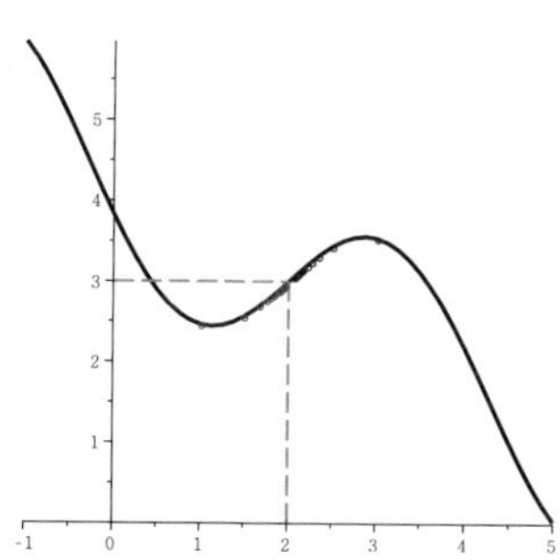

그림 7.1: $f(x) = x + (x-2)\cos(x-2)$의 (2,2)근처에서의 그래프

한값이 2라는 것은 $x \to 2$이면 2에 얼마든지 접근할수 있다는것을 의미하는 것이지 실제로 2가 된다는 것은 결코 아니다. 우연히 $f(2)$가 2에 일치하는 경

우가 있을지는 모르나 처음부터 그것이 $x \to 2$일때 $f(x)$의 극한값이 2라고 생각하는 것은 아니다.

예제 7.1.1. $f(x) = x + (x-2)\cos(x-2)$에서 x가 2로 접근할 때 의 극한값을 구하여라

풀이. $f(x) = x + (x-2)\cos(x-2) = 2$ 이므로, x가 2로 접근할 때 $f(x)$는 2로 접근한다. □

예제7.1.1에서와 같이 $x \to 2$일 때 $f(x)$가 2로 접근하는 것을 $\lim_{x\to 2} f(x) = 2$와 같이 쓴다. 즉 x가 c로 접근할 때 $f(x)$가 접근하는 실수 L이 존재하면

$$\lim_{x\to c} f(x) = L$$

이라고 나타낸다 (그림7.1 참조). 이 경우 "x가 c로 접근할 때 $f(x)$의 극한이 L이다"라고 한다. 또 함수 $f(x)$는 점 c에서 정의되지 않아도 되지만, 점 c 근처의 모든 점에서는 반드시 정의되어야 한다.

예제 7.1.2. $\lim_{x\to 0} \frac{\cos x}{x}$를 구하여라.

풀이. 표9.1에서 보는 바와 같이 $\lim_{x\to 0} \frac{\cos x}{x} = 1$이다.

x	1	0.1	0.01	0.001	-0.001	-0.01	-0.1	-1
$f(x)$	0.5403	0.9950	0.99995	0.99999	-0.99999	-0.99995	-0.99500	-0.5403

표 9.1: $f(x) = \frac{\cos x}{x}$의 0 근처에서의 함수값

□

예제 7.1.3. 다음 함수의 극한을 구하여라.
(1) $\lim_{x\to 0} \frac{\sin x}{x}$
(2)

$$\lim_{x\to 3} g(x) = \begin{cases} (x-3)^2, & x \neq 3, \\ 4, & x = 3 \end{cases}$$

□

이제 극한에 관련된 정리를 소개하고 그 정리를 이용하여 함수의 극한을 구하는 방법을 알아보자. 극한의 유일성 및 극한에 관한 정리를 소개한다. 이 정리에 대한 증명은 생략한다.

정리 7.1.1. 1. $\lim_{x\to c} f(x) = L$이고 $\lim_{x\to c} f(x) = M$ 이면, $L = M$이다.

2. $\lim_{x\to c} f(x) = L$, $\lim_{x\to c} g(x) = M$이면,

   (a) $\lim_{x\to c}(f(x) \pm g(x)) = L \pm M$

   (b) $\lim_{x\to c} k \cdot g(x) = kM$ (단 k는 실수)

   (c) $\lim_{x\to c}(f(x) \cdot g(x)) = LM$

   (d) $\lim_{x\to c} \frac{f(x)}{g(x)} = \frac{L}{M}$ $(M \neq 0)$

   (e) 만약 m과 n이 정수이면 $\lim_{x\to c}[f(x)]^{\frac{m}{n}} = L^{\frac{m}{n}}$ (단, $L^{\frac{m}{n}}$는 실수)

3. $\lim_{x\to c} f(x) = L$이고, $\lim_{y\to L} g(y) = g(L)$이면, $\lim_{x\to c}(g \circ f)(x) = g(L)$이다. 즉

$$\lim_{x\to c} g(f(x)) = g(\lim_{x\to c} f(x))$$

예제 7.1.4. 다음의 이유를 설명하여라.

(a) $\lim_{x\to 0} \frac{1}{x}$은 존재하지 않는다.

(b) $\lim_{x\to 2} \frac{3x}{x-2}$은 존재하지 않는다.

풀이. (a) $\lim_{x\to 0} \frac{1}{x}$이 존재한다고 가정하고, $L = \lim_{x\to 0} \frac{1}{x}$로 하자. $1 = x \cdot \frac{1}{x}$이므로 정리7.1.1의 2(c)에 의해

$$1 = \lim_{x\to 0} 1 = \lim_{x\to 0}(x \cdot \frac{1}{x}) = (\lim_{x\to 0} x)(\lim_{x\to 0} \frac{1}{x}) = 0 \cdot L = 0$$

이므로, 이것은 모순이다. 그러므로 $\lim_{x\to 0} \frac{1}{x}$ 은 존재하지 않는다.
(b) (a)와 같은 방법으로 증명한다. □

다음 정리7.1.2(2)는 짜내기(압축) 정리(squeeze theorem)으로 알려져 있는데 극한을 구하는 데 많이 응용되는 정리이다.

정리 7.1.2. (1) $\lim_{x\to c} f(x) = L$, $\lim_{x\to c} g(x) = M$이고, 점 c 근처의 모든 x에 대하여 $f(x) \le g(x)$이면,

$$L \le M\text{이다.}$$

(2) $\lim_{x\to c} f(x) = \lim_{x\to c} g(x) = L$이고 $h(x)$는 c 근처의 모든 x에 대하여 $f(x) \le h(x) \le g(x)$일 때

$$\lim_{x\to c} h(x) = L\text{이다.}$$

예제 7.1.5. 다음의 극한값을 구하여라.

(a) $\lim_{x\to 0} \sin x$ (b) $\lim_{x\to 1} \sqrt{x^2+3}$

(c) $\lim_{x\to 2} \frac{x-4}{x-2}$ (d) $\lim_{x\to 3} x^2+2$ □

예제 7.1.6. $\lim_{x\to 0} x\cos x$를 구하여라.

풀이. $x \to 0$일 때, $x \to 0$ 이고 $|\cos x| \le 1$이므로

$$\lim_{x\to 0} x\cos x = 0.$$

□

극한의 경우 $x \to c$에 접근할때 x가 c의 좌측에서 접근하는 경우와 c의 우측에서 접근하는 경우를 의미한다. 따라서 특별히 x가 c의 좌측에서 접근하는 경우는 $x \to c^-$라 쓰고 우측에서 접근하는 경우는 $x \to c^+$라 쓴다. 다음의 예를 살펴보자.

예제 7.1.7. $\lim_{x\to 0^+} \frac{|x|}{x}$와 $\lim_{x\to 0^-} \frac{|x|}{x}$를 구하여라.

풀이. $\lim_{x\to 0^+} \frac{|x|}{x} = \frac{x}{x} = 1$, $\lim_{x\to 0^-} \frac{|x|}{x} = \frac{-x}{x} = -1$. □

x가 어떠한 양수보다도 커질 때 $x \to \infty$라고 표시하고, x가 무한대로 접근한다고 한다. 또 x가 어떠한 음수보다도 작아질 때 $x \to -\infty$라고 표시하고, 음의 무한대로 접근한다고 한다. 앞으로 (a, ∞)를 무한대 근방, $(-\infty, b)$를 음의 무한대 근방이라고 부른다. 그리고 $\lim_{x\to\infty} f(x)$나 $\lim_{x\to-\infty} f(x)$를 **무한대에서의 극한**(limits at infinity)이라고 한다.

함수 f가 c 근방에서 정의되어 있다고 하자. $x \to c$일 때 $f(x)$의 극한이 양의 무한대라는 것은 기호로 $\lim_{x\to c} f(x) = \infty$라 표시하고 $x \to c$일 때

$f(x)$의 극한이 음의 무한대라는 것은 기호로 $\lim_{x\to c} f(x) = -\infty$라 표시한다. $\lim_{x\to c^+} f(x) = \infty$, $\lim_{x\to\infty} f(x) = -\infty$등도 유사하게 설명될 수 있다. 그리고 $\lim_{x\to c} f(x) = \pm\infty$이면, c에서 f의 극한은 무한대라고 한다.

◇ 연습 문제

1. 다음 문제의 극한값을 구하여라.

   (a) $\lim_{x\to\infty} \frac{1}{x}$

   (b) $\lim_{x\to 0} \frac{1}{|x|}$

   (c) $\lim_{x\to -1} \frac{1}{(x-1)^2}$

   (d) $\lim_{x\to\infty} \frac{x}{x+1}$

   (e) $\lim_{x\to\infty} \frac{2x^2+3x}{x^2-4x}$

   (f) $\frac{\lim_{x\to 1} x^2-1}{\sqrt{x+3}-\sqrt{5x-1}}$

   (g) $\lim_{x\to 0} \frac{a-\sqrt{a^2-x^2}}{x^2}, (a>0)$

   (h) $\lim_{x\to 0} \frac{\sqrt{1+x+x^2}-\sqrt{1-x+x^2}}{\sqrt{1+x}-\sqrt{1-x}}$

   (i) $\lim_{x\to\infty} \sqrt{x^2+2x-3}-x+1$

   (j) $\lim_{x\to 1} \frac{1}{x-1} - \frac{2}{x^2-1}$

2. $h(x) = \begin{cases} x-1, & x \le 3 \\ 3x-7, & x > 3 \end{cases}$ 일 때, $\lim_{x\to 3^-} h(x)$와 $\lim_{x\to 3^+} h(x)$를 구하여라.

7.2 삼각 함수의 극한

이 절에서는 삼각 함수에 대한 극한 정리와 삼각 함수들의 연산으로 정의된 함수의 극한에 관하여 다룬다.

예제 7.2.1. $\lim_{x\to 0} \frac{\sin x}{x} = 1$.

풀이. 그림에서 호 AB는 반경이 1인 원 호이고 A에서 그은 원의 접선과 OB의 연장의 교점을 C, 각$BOA = x$, $0 < x < \frac{\pi}{2}$라 하면 면적에 대해서 $\triangle BOA <$ 부채꼴 $BOA < \triangle COA$인 관계가 성립한다. $0 < x < \frac{\pi}{2}$에서만 생각하면,

$$\frac{1}{2}\sin x < \frac{1}{2}x < \frac{1}{2}\tan x$$

이다. 위의 식에 $\frac{2}{\sin x}$를 곱하면

$$1 < \frac{x}{\sin x} < \frac{1}{\cos x}$$

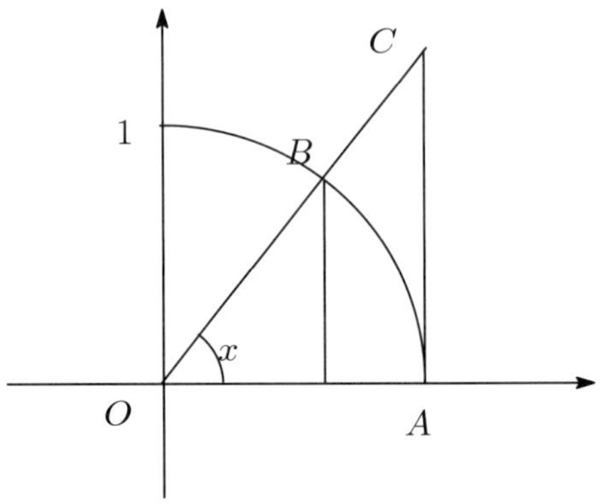

그림 7.2: $\triangle BOA <$ 부채꼴 $BOA < \triangle COA$

역수를 취한후$x \to 0$이면 짜내기(압축) 정리(정리 7.1.2)에 의하여 $\lim_{x\to 0} \frac{\sin x}{x} = 1$이다. 한편 $-\frac{\pi}{2} < x < 0$일 경우, $t = -x$ 라 하면 $\sin(-t) = -\sin t$이므로,

$$\frac{\sin x}{x} = \frac{\sin(-t)}{-t} = \frac{\sin t}{t}$$

이므로 짜내기(압축) 정리에 의하여, $\lim_{x\to 0} \frac{\sin x}{x} = 1$이다.

□

예제 7.2.2. 다음을 증명하여라.

(a) $\lim_{x\to 0} \sin x = 0$

(b) 임의의 실수 c에 대하여 $\lim_{x\to c} \sin x = \sin c$.

(c) 임의의 실수 c에 대하여 $\lim_{x\to c} \cos x = \cos c$.

풀이. (a) $x \to 0$ 이므로 x를 $-\frac{\pi}{2} \le x \le \frac{\pi}{2}$의 범위에서 생각하자.

$$0 \le \sin x \le x \ (0 \le x \le \frac{\pi}{2})$$
$$x \le \sin x < 0 \ (-\frac{\pi}{2} \le x < 0)$$

이다. 그러므로 $|x| \le \frac{\pi}{2}$ 에서

$$0 \le |\sin x| \le |x|\text{이다.}$$

또한 $\lim_{x\to 0} |x| = 0$ 이므로 $\lim_{x\to 0} |\sin x| = 0$이다. 즉,

$$\lim_{x\to 0} \sin x = 0$$

(b) 4.3절의 sin함수의 공식을 이용하면,

$$\sin x - \sin c = 2\sin\frac{(x-c)}{2}\cos\frac{(x+c)}{2}$$

이다. $x \to c$이면 $x - c \to 0$이므로 $\sin\frac{x-c}{2} \to 0$이다. 그러므로

$$\lim_{x\to c}(\sin x - \sin c) = 0, \quad \lim_{x\to c}\sin x = \sin c.$$

(c) $\cos x = \sin(\frac{\pi}{2} - x)$ 이므로 (b)에 의하여 성립한다. □

위의 예제에 의하여 삼각함수들의 합과 곱에 관한 극한을 모두 계산할 수 있다.

예제 7.2.3. 다음의 극한을 구하여라.

(a) $\lim_{x\to 0}\frac{x}{\sin x}$ (b) $\lim_{x\to 0}\frac{\sin 3x}{x}$

(c) $\lim_{x\to 0}\frac{\tan 3x}{\tan 5x}$ (d) $\lim_{x\to \pi}\frac{\sin x}{x-\pi}$

□

예제 7.2.4. $x \to 0$일 때, $f(x) = \sin\frac{1}{x}$의 극한을 구하여라.

풀이. 이 함수의 그래프는 7.3와 같다.$x_n = 1/n\pi$라 놓으면 $n \to \infty$일때 $x_n \to +0$이 되고 이때 $\lim_{x_n\to 0}\sin\frac{1}{x_n} = \sin n\pi = 0$이고 또 $x_n = \frac{2}{4n+1}$이라 놓으면 $n \to \infty$일때 $x_n \to +0$이 된다. 이때 $\lim_{x_n\to 0}\sin\frac{1}{x_n} = 1$이 되므로 극한치는 존재하지 않는다. □

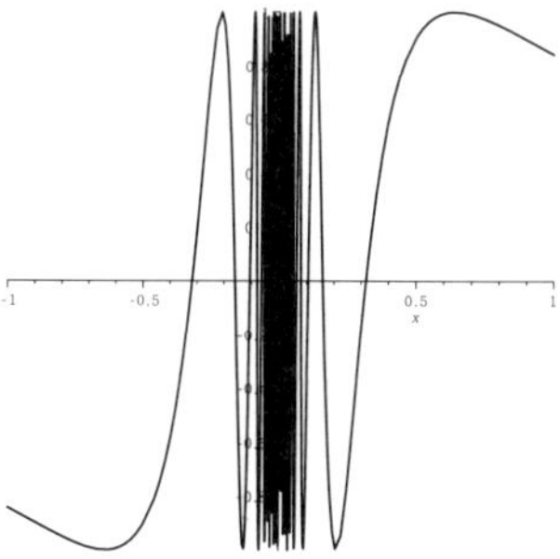

그림 7.3: $f(x) = \sin\frac{1}{x}$의 그래프

◇ 연습 문제

1. 다음 문제에서 극한값을 구하여라.

(a) $\lim_{x\to 0} \frac{\sin(3x)}{x}$ (b) $\lim_{x\to \frac{2}{3}\pi} \csc x$

(c) $\lim_{x\to 0} \frac{\sin x^2}{x^2}$ (d) $\lim_{x\to \frac{\pi}{2}} \frac{\cos x}{\frac{\pi}{2}-x}$

(e) $\lim_{x\to 0} \frac{1-\sec^2 x}{x^2}$ (f) $\lim_{x\to 0} \frac{2x}{1-\cos x}$

(g) $\lim_{x\to 0} \frac{\sec x-1}{x \sec x}$ (h) $\lim_{x\to 0} \frac{\sin x}{x^2-x}$

(i) $\lim_{x\to \frac{\pi}{4}} \frac{\cos x}{x-\frac{\pi}{2}}$ (j) $\lim_{x\to \pi} \sin x\cos x$

(k) $\lim_{x\to \frac{\pi}{6}} \frac{\sin(x+\frac{\pi}{3})-1}{x-\frac{\pi}{6}}$ (l) $\lim_{x\to \pi} \sqrt{\sin x}$

2. $\lim_{x\to 1^+} \frac{x^3-1}{x-1}$과 $\lim_{x\to 1^-} \frac{x^3-1}{x-1}$을 구하여라.

3. 다음에서 $f(x)$의 극한과 오른쪽, 왼쪽 극한을 비교하여라.

4. (a) $f(x) = [x],\ c = 3$

5. (b) $f(x) = \begin{cases} x^2-4, & x<2 \\ x+1, & x \geq 2 \end{cases}$

7.3 연속

수직선 위의 점들은 실에 꿰여 있는 구슬들처럼 성기게 배열된 것이 아니고 매우 조밀하게 끊어지지 않게 배열되어 있다.

일반적으로 함수 $f(x)$의 그래프가 x가 c로 가까이 갈 때 $f(x)$는 $f(c)$로 가까이 가는것이다. 좀 더 정확히 말하면 x를 c로 충분히 가깝게 함으로써 $f(x)$를 얼마든지 $f(c)$로 가깝게 할 수 있다. 이것을 극한을 이용하여 표현하면 다음과 같이 된다.

$$\lim_{x\to c} f(x) = f(c)$$

즉, 함수 $f(x)$가 한 점 c에서 연속이려면, 다음의 세 가지를 만족해야 한다.
(1) c가 $f(x)$의 정의역에 포함되고, $f(c)$가 존재하고,
(2) x가 c로 가까이 갈 때 $f(x)$의 극한이 존재하고,
(3) 그 극한값이 $f(c)$와 같아야 한다.

연속이 아닌점을 불연속인 점이라 한다.

불연속인 함수 중에서도 함수값을 다시 정의하면 연속이 되는 경우도 있다.

예제 7.3.1. 다음 주어진 점들이 불연속임을 밝혀라.

$$(b)\ f(x) = \begin{cases} \frac{x^2-1}{x-1}, & x \neq 1 \\ 4, & x = 1 \end{cases} ; c = 1$$

$$(c)\ f(x) = \begin{cases} 1/x, & x \neq 0 \\ 0, & x = 0 \end{cases} ; c = 0$$

□

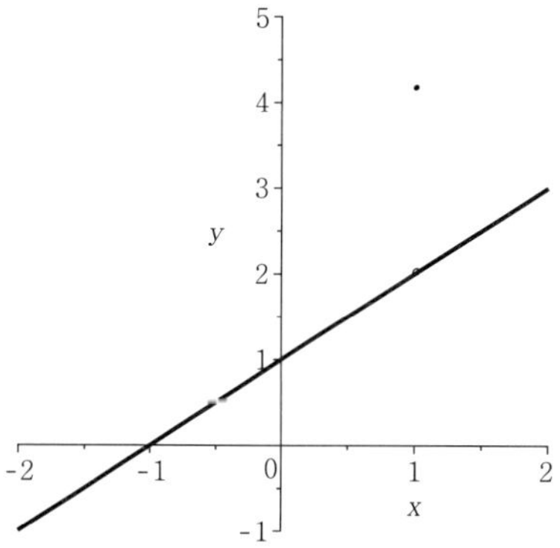

그림 7.4:
$$f(x) = \begin{cases} \frac{x^2-1}{x-1}, & x \neq 1 \\ 4, & x = 1 \end{cases}$$

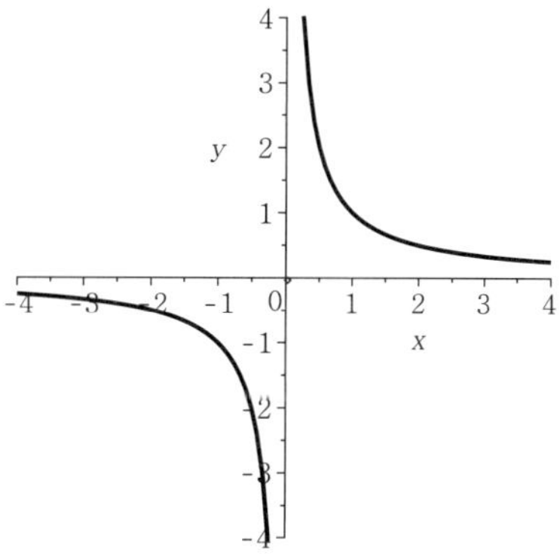

그림 7.5:
$$f(x) = \begin{cases} 1/x, & x \neq 0 \\ 0, & x = 0 \end{cases}$$

일반적으로 다음 정리들은 연속함수들의 성질이다.

정리 7.3.1.

(a) 함수 f와 g가 점 c에서 연속이면, 상수 a, b에 대해 $af + bg$와 fg는 $x = c$에서 연속이다.
또한 $g(x) \neq 0$이면 f/g도 c에서 연속이다.

(b) f가 c에서 연속이고 g가 $f(c)$에서 연속일 때, c가 함수 $g \circ f$의 정의역의 내점 또는 끝점이면, $g \circ f$는 c에서 연속이다.

예제 7.3.2. $f(x) = \sqrt{x^2+3}$은 $\mathbb{R}$에서 연속임을 보여라.

풀이. $g(x) = \sqrt{x}$라고 하면 $x \geq 0$에서 연속이다. $h(x) = x^2 + 3 \geq 0$이고, $\mathbb{R}$에서 연속이다. 그러므로 $f(x) = g \circ h(x) = \sqrt{x^2+3}$은 $\mathbb{R}$에서 연속이다. □

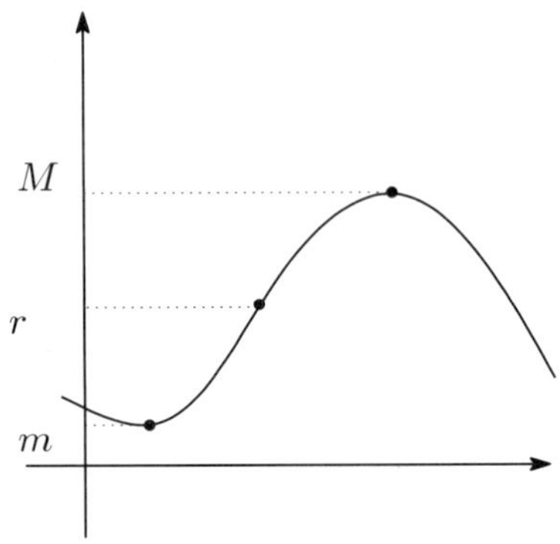

그림 7.6: 중간값 정리

닫힌 구간에서 연속인 함수는 다음의 특별히 중요한 정리를 갖는다.

정리 7.3.2. (최대·최소값의 정리) 함수 f가 닫힌 구간 $[a, b]$에서 연속일 때, f는 $[a, b]$에서 최대값과 최소값을 갖는다. 즉, 닫힌 구간내에 $f(c)$는 최대값이 되고 $f(d)$는 최소값이 되는 c, d가 존재한다.

정리 7.3.3. (중간값 정리) 함수 f가 닫힌 구간 $[a, b]$에서 연속이고, r가 구간 $[a, b]$에서의 최대값과 최소값 사이의 값이라면, $f(c) = r$가 되는 점 c가 (a, b)에 적어도 하나 존재한다.

위의 중간값 정리는 함수가 닫힌 구간에서 단 하나의 점에서라도 연속이 아니면 성립하지 않는다.

예제 7.3.3. 함수 $p(x) = (x^2 - 1)\cos x + \sqrt{2}\sin x = 0$은 구간 $(0, \pi/2)$에서 근을 가진다.

풀이. $p(x) = (x^2 - 1)\cos x + \sqrt{2}\sin x = 0$라고 하면, $p(x)$는 구간 $(0, \pi/2)$에서 연속이고 $p(0) = -1 < 0, p(\pi/2) = \sqrt{2} > 0$이므로 중간값 정리에 의해 적당한 $c \in (0, \pi/2)$가 존재하여 $p(c) = 0$이다. □

◇ 연습 문제

1. 다음 문제에서 주어진 c에서의 연속성을 밝히고 그래프를 그려라. 불연속점이 있으면 말하여라.

   (a) $f(x) = \begin{cases} 0, & x = 1 \\ \frac{x-1}{x^2-1}, & x \neq 1 \end{cases}; c = 1$

   (b) $f(x) = \begin{cases} x+1, & x \leq 0 \\ x-1, & x > 0 \end{cases}; c = 0$

   (c) $f(x) = \frac{x+3}{x-3}: \quad c = 3$

   (d) $f(x) = \frac{x-4}{x^2-16}; \quad c = 4$

   (e) $f(x) = |\cos x|; \quad c = \frac{\pi}{2}$

   (f) $f(x) = x^3 - 5x + 1; \quad c = 2$

2. 다음 문제에서 함수 f가 연속되는 최대 집합을 찾고 불연속점이 있으면 말하여라.

   (a) $f(x) = \sec^2 x - 1$
   (b) $f(x) = \frac{x^2-4}{x-2}$
   (c) $f(x) = \frac{1}{\sqrt{4-x^2}}$
   (d) $f(x) = \frac{x-3}{x^2-9}$

3. 다음 주어진 구간에서 함수들이 연속임을 밝혀라.

   (a) $f(x) = |x|;\ [0, 1]$
   (b) $f(x) = |x|;\ [0, \frac{3}{4}]$
   (c) $f(x) = \frac{x+1}{x-1};\ (0, 2)$
   (d) $f(x) = \frac{x+1}{x-1};\ (-2, 0)$
   (e) $f(x) = \frac{x+1}{x-1};\ [0, 1]$
   (f) $f(x) = \frac{x+1}{x-1};\ [0, 1]$
   (g) $f(x) = \sec 3x;\ [0, \frac{\pi}{6}]$
   (h) $f(x) = \sec 2x;\ [0, \pi]$

4. $p(x) = x^4 - 2x^3 - 4x^2 + 4x + 4$은 0과 1사이에 근이 있는가를 조사하여라.

5. $f(x) = \begin{cases} Ax^2, & x \leq 2 \\ 3, & x > 2 \end{cases}$ 에서 연속이 되도록 A 값을 구하여라.

6. $\frac{x^3+7}{x^2+1} = 5$는 구간 $[0, 2]$에서 근을 가짐을 보여라.

제 8 장

도 함 수

8.1 도함수

모든 자연현상은 변화한다. 이러한 변화의정도를 수학적으로 표현한 것이 변화율이다. 예를 들면 물체의 낙하 속도의 변화, 달리는 차량의 속도의 변화, 평균 증식률의 변화, 전류의 세기의 변화, 통화 팽창율의 변화 등등이다. 이러한 변화율을 공부하기위해 도함수의 개념이 필요하다. 이 절에서는 도함수라는 정의를 소개하고 그것의 또 다른 해석과 간단한 응용을 다룬다. 또한 함수의 미분가능성과 연속성의 관계를 공부한다. 도함수에 대한 정의는 다음과 같다.

정의 8.1.1. c를 함수 f의 정의역에 속하는 점이라 하자. 만일

$$\lim_{x \to c} \frac{f(x) - f(c)}{x - c}$$

가 유한 확정적인 값이 존재하면 그것을 $f'(c)$라 쓰며 c에서의 **미분계수**(differential coefficient)라 한다. 또한 이 극한을 c에서의 f의 도함수라 부른다.

$f'(c)$가 존재할 때 f를 점 c에서 **미분가능**(differentiable)하다고 하며 f의 정의역의 모든 점$x \in \mathbb{R}$에서 미분가능하면 간단히 f는 미분가능하다고 말하고 정의 8.1.1를

$$f'(x) = \lim_{\Delta x \to 0} \frac{f(x + \Delta x) - f(x)}{\Delta x}$$

로 표현 한다.

예제 8.1.1. 다음 함수의 도함수를 구하여라.
(1) $f(x) = c$(상수)
(2) $f(x) = \sqrt{x}$

풀이. (1)

$$f^{'}(x) = \lim_{\Delta x \to 0} \frac{f(x+\Delta x) - f(x)}{\Delta x} = \lim_{\Delta x \to 0} \frac{c-c}{\Delta x} = 0$$

(2)

$$\begin{aligned} \lim_{\Delta x \to 0} \frac{\sqrt{x+\Delta x} - \sqrt{x}}{\Delta x} &= \lim_{\Delta x \to 0} \frac{1}{\sqrt{x+\Delta x} + \sqrt{x}} \\ &= \frac{1}{2\sqrt{x}} \end{aligned}$$

□

$f'(c)$에 대한 또 다른 표현으로는 $x - c = h$라 놓으면 $x \to c$이면 $h \to 0$이므로 이것은 정의8.1.1에 대입하면 미분계수 $f'(c)$는

$$f'(c) = \lim_{\Delta x \to 0} \frac{f(c+\Delta x) - f(c)}{\Delta x}$$

이 성립한다.

예제 8.1.2. $f(x) = \frac{2}{x+3}$일 때 $f'(2)$를 구하여라. □

정의 8.1.2. $y = f(x)$가 x_0에서 미분가능일때, 평면위의 $y = f(x)$의 그래프의에서의 접선의 방정식은

$$y - f(x_0) = f^{'}(x_0)(x - x_0)$$

로 나타내진다. 위 식의 좌변을 dy, 우변의 $x - x_0$을 dx로 나타낸다. 따라서 위의 방정식은 $dy = f^{'}(x_0)dx$로 나타내지고 이것은 x_0에서의 $y = f(x)$의 **미분**이라한다.

여기서 기호 $\dfrac{dy}{dx}$는 극한값 $\lim_{\Delta x\to 0}\frac{\Delta y}{\Delta x} = \lim_{\Delta x\to 0}\frac{f(x+\Delta x)-f(x)}{\Delta x}$를 표시하는 기호를 의미한다. 미분의 개념을 도입하면 $\dfrac{dy}{dx}$는 y의 미분 dy와 x의 미분 dx의 상으로 표시된다고 볼 수 있다.

곡선위의 한 점에서 접선이 존재한다면 그 곡선은 그 점에서 연속이다. 따라서 미분가능성과 연속의 관계는 다음의 정리를 얻는다.

정리 8.1.3. 만약 함수 f가 점 c에서 미분 가능하다면 f는 c에서 연속이다.

Proof. 함수 f가 점 $x=c$에서 연속임을 보이기 위해 $\lim_{x\to c} f(x) = f(c)$를 보이면 충분하다. $f(x)$가 $x=c$에서 미분가능하면 $f'(c)$가 존재하므로

$$\begin{aligned}\lim_{x\to c} f(x) &= \lim_{x\to c}[f(c) + \frac{f(x)-f(c)}{x-c}\cdot(x-c)]\\ &= \lim_{x\to c} f(c) + \lim_{x\to c}\frac{f(x)-f(c)}{x-c}\cdot\lim_{x\to c}(x-c)\\ &= f(c) + f'(c)\cdot 0 = f(c)\end{aligned}$$

그러므로 $f(x)$는 $x=c$에서 연속이다. □

일반적으로 정리 8.1.3의 역은 성립하지 않는다. 즉, 함수 f가 점 c에서 연속이라고 해서 $f'(c)$가 존재하는 것은 아니다. 예를 들면 함수 $f(x) = |x|$은 점 $x=0$에서 미분 불가능하지만, $\lim_{x\to 0} f(x) = \lim_{x\to 0}|x| = 0 = f(0)$이므로 점 $x=0$에서 연속이다.

그림 8.1에서 보는 것과 같이 미분 불가능한 점을 분류해 보면, 함수가 (a), (b), (c)에서와 같이 연속이지만 모서리를 갖거나, 꼬이거나 x축에 수직인 접선을 가질 경우는 미분 불가능하다.

함수 $y=f(x)$의 도함수를 나타내는 기호는 여러 형태가 있는데, y', f'가, $\frac{dy}{dx}$ 또는 $\frac{df}{dx}$로 쓴다.

예제 8.1.3. 다음 식의 도함수를 구하여라.
(a) $f(x) = 4x+3$ (b) $f(x) = \frac{\sin x}{x}$ □

미분 가능한 함수 f의 도함수 f'이 역시 미분 가능한다면 f'의 도함수를 얻을 수 있다. 이렇게 반복되는 미분은

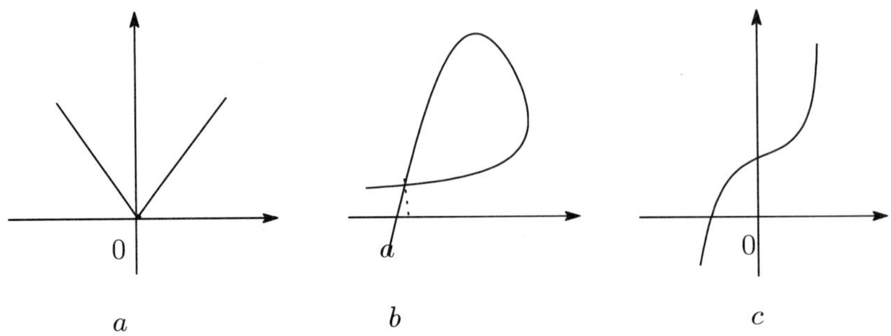

그림 8.1: 미분 불가능한 점들

만약 함수 f가 미분 가능하고 f'도 미분 가능하여

$$f''(c) = \lim_{x \to c} \frac{f'(x) - f'(c)}{x - c} = (f')'(c)$$

가 존재할때 f는 두 번 미분 가능하다고 한다. 이 때 f'의 도함수 f'' 는 f의 **2계 도함수**(second derivative)라고 한다. 한편 f'은 f의 1계 도함수(first derivative)라고 한다. $y = f(x)$의 2계 도함수에 대한 다른 기호는 다음과 같다.

$$y'', \quad \frac{d^2y}{dx^2} = \frac{d}{dx}\left(\frac{dy}{dx}\right), \quad \frac{d^2 f(x)}{dx^2}, \quad D_x^2 f(x)$$

◇ 연습 문제

1. 다음 문제에서 정의를 사용하여 주어진 함수의 도함수와 그 정의역을 구하여라.

   (a) $f(x) = \pi x + 1$

   (b) $f(x) = 3x^3 + 2x^2$

   (c) $f(x) = \frac{x}{x+1}$

   (d) $f(x) = \frac{2x+1}{3x-2}$

   (e) $f(x) = \sin x$

   (f) $f(x) = \frac{1+\sqrt{x}}{x}$

2. 다음 함수의 점 $x = 0$에서의 연속성과 미분가능성을 알아보아라.

   (a) $f(x) = \begin{cases} x \sin \frac{1}{x}, & x \neq 0 \\ 0, & x = 0 \end{cases}$

   (b) $f(x) = \begin{cases} x^2, & x\text{는 무리수} \\ 0, & x\text{는 유리수} \end{cases}$

3. 어떤 상품의 x에 대한 한계 $c(x)$가 다음과 같다. 이 때 한계 비용 $\frac{dc}{dx}$를 구하고 $x = 200$에서의 미분 계수을 구하여라.

$$c(x) = 46x - 0.002x^2$$

4. 다음 문제에서 도함수를 구하여라.

(a) $f(x) = \dfrac{1}{\sqrt{x}}$

(b) $f(x) = x^2$

(c) $f(x) = 1 - x - x^3$

(d) $f(x) = \frac{1}{x}$

(e) $f(x) = \frac{1}{\sqrt{x+2}}$

(f) $f(x) = \cos x$

8.2 미 분 법

도함수를 구하는 것을 **미분**(differentiation)한다고 한다. 하지만 앞 절에서 배운 것과 같이 정의를 사용해서 도함수를 구하려면 계산 과정이 지루하고 많은 시간이 소요된다.

이 절에서는 미분 공식을 소개함으로써 더 간단한 방법으로 미분를 한다.

정리 8.2.1. $f(x)$, $g(x)$가 미분가능한 함수이고, k가 임의의 상수일때 다음이 성립한다.

(a) $f(x) = x^n$일 때 n이 정수이면 $f'(x) = nx^{n-1}$이다

(b) $(kf)'(x) = k \cdot f'(x)$

(c) $(f \pm g)'(x) = f'(x) \pm g'(x)$

(d) $(f \cdot g)'(x) = f'(x)g(x) + f(x)g'(x)$

(e) $g(x) \neq 0$ 이면 $(\frac{f}{g})'(x) = \frac{g(x)f'(x) - f(x)g'(x)}{g(x)^2}$이다.

정리 8.2.1은 미분 공식은 함수들이 사칙 연산에 관하여 산술적으로 결합된 함수에 관한 것이었다. 이제는 **합성 함수의 미분**을 다룬다. 이 합성함수의 미분법을 **연쇄 법칙**(chain rule)이라 한다.

정리 8.2.2. (연쇄 법칙) 함수 f가 점 c에서 미분가능하고 함수 g가 점 $f(c)$에서 미분가능하면 합성함수 $g \circ f$는 점 c에서 미분가능하고 $(g \circ f)'(c) = g'(f(c)) \cdot f'(c)$이다.

위의 정리에 의해서 미분가능한 함수 $y = g(u)$와 $u = f(x)$의 합성 함수 $y = (g \circ f)(x)$의 도함수는 $\frac{d[g(f(x))]}{dx} = (\frac{dg}{dx})(f(x)) \cdot \frac{df(x)}{dx}$ 즉, $\frac{dy}{dx} = \frac{dy}{du} \cdot \frac{du}{dx}$ 임을 알 수 있다.

예제 8.2.1. 다음 함수의 도함수를 구하여라.

(a) $y = (x^3 - 1)(x^4 - x^2 + 1)$ (b) $y = \frac{3x^2}{1-2x}$

(c) $y = (\sqrt{x} + x^2 + 1)^7$ (d) $y = \sqrt[3]{\dfrac{1-x}{1+x}}$

풀이. (a) 곱셈의 미분이므로

$$\begin{aligned} y' &= 3x^2(x^4 - x^2 + 1) + (x^3 - 1)(4x^3 - 2x) \\ &= 7(x^6 - 5x^4 - 4x^3 + 3x^2 + 2x). \end{aligned}$$

(b)나눗셈의 미분으로

$$y' \frac{= 12x^3(1-2x) - 3x^4 \cdot (-2)}{(1-2x)^2}$$

$$\frac{= 6x^3(2-3x)}{(1-2x)^2.}$$

(c) $z = \sqrt{x} + x^2 + 1$이라 하면

$y = z^7$이고 $\dfrac{dz}{dx} = \dfrac{1}{2\sqrt{x}} + 2x$, $\dfrac{dz}{dy} = 7z^6$이므로 도함수

$\dfrac{dy}{dx} = \dfrac{dz}{dy} \cdot \dfrac{dz}{dx} = 7z^6(\dfrac{1}{2\sqrt{x}} + 2x) = 7(\sqrt{x} + x^2 + 1)^6(\dfrac{1}{2\sqrt{x}} + 2x).$

(d) $y = (\dfrac{1-x}{1+x})^{1/3}$이므로

$$\begin{aligned} \frac{dy}{dx} &= \frac{1}{3}(\frac{1-x}{1+x})^{-2/3} \cdot \frac{d}{dx}(\frac{1-x}{1+x}) \cdot (\frac{-2}{1+x})^2 \\ &= \frac{-2}{3}(1-x)^{2/3}(1+x)^{4/3}. \end{aligned}$$

□

예제 8.2.2. $f'(3) = -1$이고 $g(x) = 4 - x^2$일 때 $x = 1$에서 곡선 $h(x) = f(g(x))$의 접선의 기울기를 구하여라.

풀이. 접선의 기울기는

$$\frac{dh}{dx}|_{x=1} = f'(g(1)) \cdot g'(1) = f'(3) \cdot g'(1) = -g'(1)$$

이다. $g'(x) = -2x$ 이므로 $g'(-1) = -2$이다. 그러므로

$$\frac{dh}{dx}|_{x=1} = -(-2) = 2.$$

□

예제 8.2.3. 다음 함수의 $\frac{dy}{dx}$를 구하여라.
(a) $y = (3x+5)^2$ (b)$y = \sin 3x - \sec 2x$ □

이미 알고 있는 삼각 함수의 합·차의 공식과 정리8.2.1 그리고 삼삭 함수의 극한 정리를 이용하면 다음 정리를 쉽게 얻는다.

정리 8.2.3. (삼각함수의 도함수)
(a) $\frac{d}{dx}(\sin x) = \cos x$ (b) $\frac{d}{dx}(\cos x) = -\sin x$
(c)$\frac{d}{dx}(\tan x) = \sec^2 x$ (d)$\frac{d}{dx}(\cot x) = \csc^2$
(e) $\frac{d}{dx}(\sec x) = \sec x \tan x$ (f) $\frac{d}{dx}(\csc x) = -\csc x \cot x$

예제 8.2.4. $y = (\cos x)^{\cos x}$에서 $\frac{dy}{dx}$를 구하여라.

풀이. $y = (\cos x)^{\cos x}$의 양변에 대수를 취하면 $\log y = \cos x \cdot \cos x$의 양변을 x에 관하여 미분하면

$$\frac{1}{y} \cdot \frac{dy}{dx} = -\sin x \cdot \log\cos x + \cos x \cdot \frac{-\sin x}{\cos x}$$

이므로

$$\frac{dy}{dx} = -\sin x \cdot \log\cos x + \cos x \cdot \frac{-\sin x}{\cos x}(\cos x)^{\cos x}$$

이다.

□

예제 8.2.5. 다음 함수의 미분을 구하여라.
(a) x^{-10} (b) $y = (x^2 + 3x + 1)\sin x$ □

모든 함수가 $y = f(x)$꼴의 방정식으로 정의될 수 있는 것은 아니다. 예를 들면 방정식 $x^6 - x^2y^3 - y^5 = 0$은 이론적으로는 양함수를 정의하지만 y에 대한 5차 방정식을 대수적으로 풀 수는 없다. 원의 방정식 $x^2 + y^2 = 1$와 같이 두 변수의 관계로 정의될 수도 있다. f가 x의 함수로 정의되는 $y = f(x)$를 **양함수**(explicit function)라 하고, 두 변수 x와 y의 관계식 $g(x, y) = 0$에 대하여 x의 함수 f가 존재해서 $g(x, f(x)) = 0$이라면 방정식 $g(x, y) = 0$을 **음함수**(implicit function)라 한다. 이러한 음함수의 미분은 y를 x로 미분가능한 함수라고 가정하고 양변을 미분한다.

예제 8.2.6. 함수$x^2 + y^2 = 1$의 미분 $\dfrac{dy}{dx}$을 구하여라.

풀이. $\dfrac{d}{dx}(x^2 + y^2) = \frac{d}{dx}(1)$에서 우변은 0이므로

$$\text{좌변}\frac{d(x^2+y^2)}{dx} = \frac{d(x^2)}{dx} + \frac{d(y^2)}{dx} = 2x \cdot \frac{dx}{dx} + 2y \cdot \frac{dy}{dx} = 2x + 2y\frac{dy}{dx} = 0 = \text{우변}$$

그러므로 $\frac{dy}{dx} = -\frac{x}{y}$이다. □

예제 8.2.7. 함수 $x^y = y^x$의 도함수 $\frac{dy}{dx}$를 구하여라. □

5장에서 지수·로그 함수를 공부했다. 이제 **로그함수 도함수**를 자연로그 함수 $f(x) = \ln x$의 미분에 대하여 살펴보자. 도함수의 정의**??**에 의하여 $f(x) = \ln x$의 도함수는

$$\lim_{h\to0}\frac{\ln(x+h)-\ln x}{h} = \lim_{h\to0}\frac{\ln(\frac{x+h}{x})}{h} = \lim_{h\to0}\frac{\ln(1+\frac{h}{x})}{h} = \frac{1}{x}\lim_{h\to0}\frac{\ln(1+\frac{h}{x})}{h/x} = \frac{1}{x}.$$

즉,

$$\frac{d}{dx}\ln x = \frac{1}{x}\text{이고 } \ln 1 = 0 \text{ 이다.} \tag{8.1}$$

그림 5.8에서 처럼 x가 양수일 때만 $\ln x$가 의미를 가지므로 $x < 0$ 이라면

$$\int \frac{1}{x}dx = \int \frac{d(-x)}{-x} = \ln(-x) + C$$

이다. 그러므로

$$\frac{d}{dx}\ln|x| = \frac{1}{x} \tag{8.2}$$

일반적으로 만약 f가 미분가능한 함수라면 연쇄법칙을 적용해서

$$\frac{d}{dx}\ln|f(x)| = \frac{f^{'}(x)}{f(x)} \tag{8.3}$$

를 얻는다.

예제 8.2.8. $\frac{d}{dx}\ln|x^2-1|$를 계산하여라.

풀이. 식 (8.3)를 이용하면 $\frac{d}{dx}\ln|x^2-1| = \frac{2x}{x^2-1}$이다. □

이제 **지수함수 도함수**를 고려해 보자. $\exp(x)$의 가장 특이한 점은 그것의 도함수가 자신과 같다는 점이다. $y = e^x$라 놓으면 $\ln y = x$이고 양변을 미분하면 $\frac{1}{y}\cdot y^{'} = 1$, $y^{'} = y$이다. 즉,

$$\frac{d}{dx}e^x = e^x \tag{8.4}$$

이다.

예제 8.2.9. $f(x) = e^{2x}$, 여기서 2는 상수일때 $f^{'}(x) = 2e^{cx}$임을 보여라.

풀이. $h(x) = 2x$ 그리고 $g(x) = e^x$라 하면 $f = g \circ h$이다. $h^{'}(x) = 2$이고 $g^{'}(x) = e^x$ 이므로

$$f^{'}(x) = g^{'}(h(x))h^{'}(x) = (e^{h(x)})(2) = 2e^{cx}$$

이다. □

임의의 양수 a에 대해 a^x의 도함수를 구할 수 있다. 이를 위해 로그함수와 지수함수의 특성으로 부터 $2 = c$라 두면 $a^x = e^{x\ln a}$이므로 위 예제에서 $c = \ln a$로 두면

$$\frac{d}{dx}a^x = \ln a e^{x(\ln a)}$$

를 얻을 수 있다. 좀더 일반적으로 f가 임의의 미분가능한 함수일 때 연쇄법칙으로부터

$$\frac{d}{dx}e^{f(x)} = f^{'}(x)e^{f(x)} \tag{8.5}$$

이다.

역함수의 미분법을 고려하면 f는 역함수 f^{-1}를 갖는 미분가능한(연속인) 함수라고 하자. 이 때 $y = f^{-1}(x)$는 $y = f(x)$와 직선 $y = x$에 대하여 대칭인 곡선이므로 직관적으로 $f^{'}(x) \neq 0$인 점을 제외하고 f^{-1}도 미분가능한(연속인) 함수임을 알 수 있다.

정리 8.2.4. (**역함수 미분법**의 정리) f가 역함수 f^{-1}를 갖는 미분가능한 함수이라면 f^{-1}도 미분가능하며

$$\frac{d}{dx}(f^{-1}(x)) = \frac{1}{f'(f^{-1}(x))}$$

이다. 단, $f'(f^{-1}(x)) \neq 0$이다.

예제 8.2.10. $y = f(x) = x^5 + 2x + 1$일 때, $(f^{-1})'(4)$를 구하여라.

풀이. $y = 4$일 때 $x = 1$이고 $f'(x) = 5x^4 + 2$이므로,

$$(f^{-1})'(4) = \frac{1}{f'(1)} = \frac{1}{5+2} = \frac{1}{7}.$$

□

예제 8.2.11. 다음 함수의 $\frac{dy}{dx}$를 구하여라.

(a)$6x - \sqrt{2xy} + xy^3 = y^2$ (b) $x^{2/3} + y^{2/3} = 1$ □

매개변수에 의한 함수의 **매개변수 도함수**를 고려하자. x 와 y가 모두 t의 함수일 때 즉

$$x = f(t), y = g(t)$$

로 나타났을 때는 x, y가 매개변수 t의 함수로 되어 있으므로 t를 소거하면 y를 x의 함수가 된다. 그러므로

$$\frac{dy}{dx} = \frac{dy}{dt} \cdot \frac{dt}{dx} = \frac{dy/dt}{dx/dt}$$

가 되므로 $\Delta x \to 0$, $\Delta y \to 0$일 때는

$$\begin{aligned}\lim_{\Delta x \to 0} \frac{\Delta y}{\Delta x} &= \lim_{\Delta x \to 0} \frac{\Delta y}{\Delta t} \cdot \lim_{\Delta x \to 0} \frac{\Delta t}{\Delta x} \\ &= \frac{dy}{dt} \cdot \frac{dt}{dx} = \frac{dy/dt}{dx/dt}\end{aligned}$$

즉

$$\frac{dy}{dx} = \frac{dy/dt}{dx/dt} = \frac{g'(t)}{f'(t)} \tag{8.6}$$

예제 8.2.12. $x = f^2 - 2t, y = t^3 - 12t$일 때 $\frac{dy}{dx}$를 구하라.

풀이. $x = t^2 - 2t$에서 $\frac{dx}{dt} = 2t - 2$, $y = t^3 - 12t$에서 $\frac{dy}{dt} = 3^2 - 12$이다. 그러므로 $\frac{dy}{dx} = \frac{3t^2-12}{2t-2}$. □

예제 8.2.13. $x = \sqrt{1-v}$, $y = \frac{2v}{1-v^2}$일 때 $\frac{dy}{dx}$를 구하라.

풀이. $\frac{dx}{dv} = -\frac{1}{2\sqrt{1-v}}$, $\frac{dy}{dv} = \frac{2(1-v^2)-2v(-2v)}{(1-v^2)^2} = \frac{2(a+v^2)}{(1-v^2)^2}$ 그러므로

$$\frac{dy}{dx} = \frac{\frac{2(1+v^2}{(1-v^2)^2}}{-\frac{1}{2\sqrt{1-v}}} = -\frac{4(1+v^2}{(1+v)62\sqrt{(1-v)^3}}$$

□

◇ 연습 문제

1. 다음 문제에서 $\frac{dy}{dx}$를 구하여라.

   (a) $y = x^2 + x^{-2}$
   (b) $y = e^{x^3}$
   (c) $y = (2x^5 - 4x^2)(3x^{10} + x^2)$
   (d) $y = e^{-x^3}$
   (e) $y = ax(bx + c)(px + q)$
   (f) $y = e^{x+\ln x}$
   (g) $y = 2x\cot x$
   (h) $y = e^{\sec x}$
   (i) $y = \cos^2 x - 1$
   (j) $y = \frac{1}{x} - \frac{x}{\sin x}$
   (k) $xy = e^{xy}$
   (l) $\begin{cases} x = \sin t \\ y = 2\cos t \end{cases}$

2. 다음 함수의 $\frac{dy}{dx}$를 구하여라.

   (a) $y = 3x^5 - 5x - 20$
   (b) $y = \frac{x^2-1}{2x-3}$
   (c) $y = \frac{\sin x}{x}$
   (d) $y = \frac{x\sin x}{1-\cos x}$

3. $f'(x) = \sqrt{x}$이고 $y = f(x^2 + 4)$일 때, y'과 $y'(0)$을 구하여라.

4. 다음 함수의 $\frac{dy}{dx}$를 구하여라.

(a) $y = 8r^2;\ r = \sin x \cos x$

(b) $y = \frac{\tan x}{(1+\sin^2 x)^2}$

(c) $y = \cos[x + \sin(x+1)]$

(d) $y = u^3 + 1;\ u = v - 2;\ v = x^3 + 1$

5. 다음 문제에서 $\frac{dy}{dx}$를 구하여라.

(a) $x^2 - y^2 = 9$

(b) $xy = 4$

(c) $xy^2 - x + 16 = 0$

(d) $xy + \sin y = x^2$

(e) $y = \frac{2x}{1+\sqrt{x}}$

(f) $y = \sqrt{4 - x^2}$

(g) $y = \sqrt[3]{x} + \frac{1}{\sqrt[3]{x}}$

(h) $y = \sqrt[4]{3x^2 - 4x}$

(i) $y = \sqrt[4]{1 + \cos(x^2 + 2x)}$

(j) $y = \frac{1}{\sqrt[3]{x^2 \sin x}}$

8.3 도함수의 응용

먼저 함수 $y = f(x)$의 접선의 기울기를 살펴보자. 함수 $y = f(x)$의 그래프 위에 2점 P, Q를 취하고 2점의 횡좌표를 각각 x 및 $x + \Delta x$라 하면 종좌표는 각각 $f(x)$ 및 $f(x + \Delta x)$가 된다. 그러므로 P, Q의 2점에서 x 축에 수선 PM, QN을 내리고 다음에 P에서 x축에 평행한 직선을 그어 NQ와의 교점을 R이라 하면

$$PR = MN = \Delta x, \quad RQ = NQ - MP = f(x + \Delta x) - f(x) = \Delta y$$

그러므로 PR은 x의 증분을 나타내고 RQ는 y의 증분을 나타낸다.

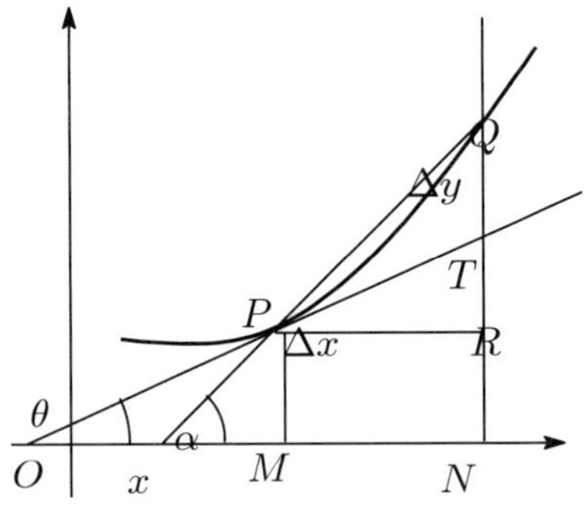

그림 8.2: 접선의 기울기

지금 PQ가 x 축과 이루는 각을 α 라 하면 $\angle QPR = \alpha$ 이므로

$$\frac{\Delta y}{\Delta x} = \frac{PQ}{PR} = \tan\alpha$$

따라서 $\frac{\Delta y}{\Delta x}$는 직선 PQ의 기울기를 나타낸다. 그리고 Δx가 한없이 작아지면 Q점은 곡선에 따라 한없이 P점에 접근하고 직선 PQ는 P점에서의 곡선의 접선 PT에 한없이 가까워진다. 그러므로 접선 PT의 기울기를 m이라 하면

$$m = \lim_{\Delta x \to 0} \frac{\Delta y}{\Delta x} = \lim_{\Delta x \to 0} \tan \alpha = \tan \theta$$

즉, $m = f'(x) = \tan \theta$ 따라서, 함수 $y = f(x)$의 도함수 $\frac{dy}{dx} = f'(x)$는 곡선 $y = f(x)$위의 점(x, y) 에서의 접선의 기울기를 표시한다. 지금 곡선 위의 점 P_1의 좌표를 (x_1, y_1)이라 하면 P_1에서의 접선의 기울기는 $f'(x_1)$과 같고 또는 그 접선은 점 $P_1(x_1, y_1)$를 지나고 기울기 $f'(x_1)$인 직선이므로 그 접선의 방정식은

$$y - y_1 = f'(x_1)(x - x_1)$$

또 $P_1(x_1, y_1)$에서의 법선의 기울기는 $-\frac{1}{f'(x_1)}$이므로 그 법선의 방정식은

$$y - y_1 = -\frac{1}{f'(x_1)}(x - x_1).$$

예제 8.3.1. 점$(2, 2)$에서 $8y = x^3 - 12x + 16$의 접선과 법선의 방정식을 구하라. 또 이 곡선 위에서 어떤 점의 접선이 그 기울기가 $\frac{9}{2}$와 같으며 어떤 점에서 x축과 평행하느냐.

풀이. $y = \frac{x^3-12x+16}{8}$이므로 $m = \frac{dy}{dx} = \frac{3x^2-12}{8}$ 따라서 $x = 0$ 일 때 접선의 기울기 $m = \frac{3 \cdot 0^2 - 12}{8} = -\frac{3}{2}$ 그러므로 구하는 접선의 방정식은 $y - 2 = -\frac{3}{2}(x - 0)$ 또는 $2y + 3x = 4$ 또 법선의방정식은 $y - 2 = \frac{2}{3}(x - 0)$, $2x - 3y + 6 = 0$ 다음에 $\frac{3x^2-12}{8} = \frac{9}{2}$에서 $x = \pm 4$ 이것을 $8y = x^3 - 12x + 16$에 대입하면 $x = -4$ 일 때 $y = 0, x = 4$ 일 때 $y = 4$ 그러므로 점$(-4, 0)$, $(4, 4)$에서 그 기울기는 $\frac{9}{2}$이다. 접선이 x축과 평행할 때에 그 기울기는 0이다. 즉, $3x^2 - 12 = 0$, 여기서 $x = \pm 2$ 이것을 $8y = x^3 - 12x + 16$에 대입하면 $x = 2$일 때 $y = 0$, $x = -2$ 일 때 $y = 4$ 그러므로 접선이 x축과 평행하는 점은 $(2, 0), (-2, 4)$이다. □

f가 c를 포함하는 열린 구간에서 정의된 함수라 할 때, 만약 $f'(c) = 0$ 또는 $f'(c)$가 존재하지 않으면, c를 f의 **임계점**(critical point) 혹은 **특이점**이라 한다. 그러므로 f의 불연속 점들은 이 점에서 미분 불가능이므로 모두 임계점이 된다.

다음 정리는 임계점이 최대·최소값을 구하는데 어떻게 이용되는가를 보여준다.

정리 8.3.1. 함수 f가 c에서 최대 또는 최소값을 갖는다면, c는 f의 정의역의 끝값 또는 임계점이다.

롤의 정리는 평균값 정리의 특별한 경우에 관한 정리인데 **롤의 정리**(Rolle's theorem)를 이용하여 쉽게 평균값 정리를 증명한다.

정리 8.3.2. (롤의 정리) f는 닫힌 구간 $[a,b]$에서 연속이고, 열린 구간 (a,b)에서 미분가능한 함수라고 하자. 이 때 $f(a) = f(b) = 0$이면, 점 $c \in (a,b)$가 적어도 하나 존재 하여 $f'(c) = 0$을 만족한다.

롤의 정리는 미분가능한 함수가 a와 b에서 함수값 0을 가지면, a와 b사이의 어떤 점에서 x축과 평행한 접선을 가진다는 것을 의미한다. 그리고 함수 f가 닫힌 구간 $[a,b]$에서 연속이고 열린 구간 (a,b)에서 미분가능하다는 조건중 어느 하나라도 만족하지 않으면 그림 8.3에서 보는 것과 같이 롤의 정리가 성립하지 않는다.

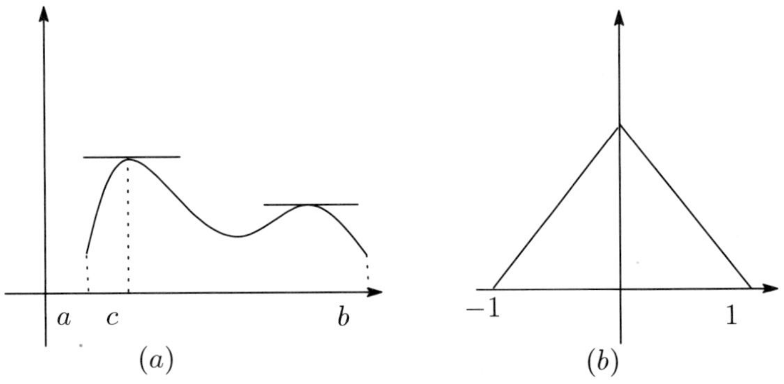

그림 8.3: 롤의 정리가 성립되는 예(a)와 그렇지 않은 예(b)

예제 8.3.2. 다음 함수 f에서 롤의 정리가 성립하지 않는다는 것을 보이고 그 이유를 설명하여라. $f(x) = 1 - |x|, \quad x \in [-1, 1]$

풀이. $f(-1) = f(1) = 0$이고 f는 $[-1,1]$에서 연속이지만, $x = 0$에서는 미분불가능이다. 따라서 f는 정의역에서 x축과 평행한 접선을 갖지 않는다. □

이 절에서 가장 중요한 **평균값 정리** (Mean Value Theorem)을 서술하고 증명한다.

정리 8.3.3. (평균값 정리) f는 닫힌 구간 $[a,b]$에서 연속이고 열린 구간 (a,b)에서 미분가능한 함수라고 하자. 이 때 점 $c \in (a,b)$가 적어도 하나 존재하여 다음 식을 만족한다.

$$f'(c) = \frac{f(b) - f(a)}{b - a}$$

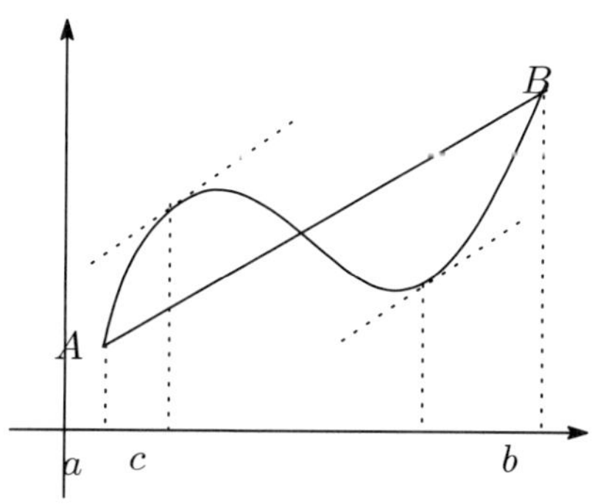

그림 8.4: 평균값 정리

평균값 정리의 기하학적 의미는 미분가능한 함수의 경우에 할선과 평행인 접선이 존재한다는 것을 의미한다.

정리 8.3.1에서 보았듯이 최대 최소값은 임계점과 정의역의 끝값에서 나타난다.

함수의 그래프는 극값을 결정하는데 도움을 많이 준다. 우선 함수의 증감 상태가 어떤 영향을 미치는지 보기로 하자. 증감 상태는 도함수와 연관되어 있으므로 극값을 1계 도함수를 이용하여 구할 수 있게 된다.

정리 8.3.4. 함수 $f(x)$가 구간 (a,b)에서 미분가능일때 이 구간에서

(a) $f'(x) > 0$이면, $f(x)$는 **증가 함수**이고,

(b) $f'(x) < 0$이면 $f(x)$는 **감소 함수**이다.

충분히 작은 양수 h에 대하여 $f(c-h) < f(c) > f(c+h)$이면 $f(x)$는 $x = c$에서 **극대**(maximal)가 된다고 하고 $f(c)$를 **극대값**(maximal value)이라고 한다. 또 $f(c-h) > f(c) < f(c+h)$이면 $f(x)$는 $x = c$에서 **극소**(minimal)가 된다고 하고 $f(c)$를 **극소값**이(maximal value)라고 한다. 극대값과 극소값을 합쳐서 **극치**라고 한다. 여기에서 c에서의 연속성은 꼭 필요하다.(그림 8.5참조)

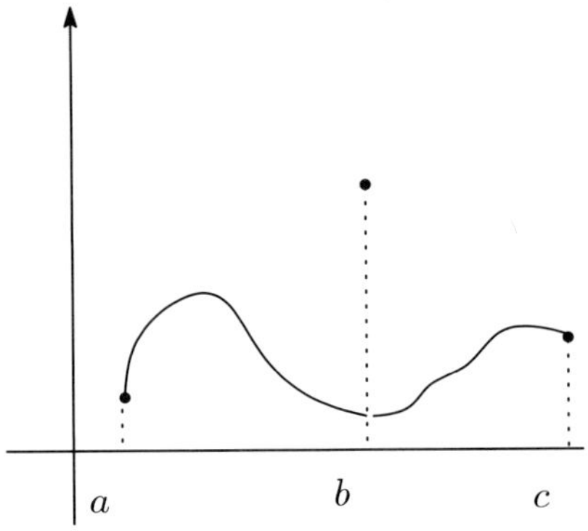

그림 8.5: 연속성이 필요한 이유

예제 8.3.3. $x > 0$일 때

$$\sin x + \cos x > 1 + x - x^2$$

을 증명하여라.

풀이. $f(x) = \sin x + \cos x - 1 - x + x^2$이라 하자. $f'(x) = \cos x - \sin x - 1 + 2x$, $f''(x) = -\sin x - \cos x + 2$에서 $f''(x) > 0$이므로 $f'(x)$는 단조 증가이고 또 $f'(0) = 0$이기 때문에 $x > 0$일 때 $f'(x) > 0$이 된다. 따라서 $x \geq 0$에서는 $f(x)$도 단조증가이고 또한 $f(0) = 0$이므로 $x > 0$일 때 $f(x) > 0$이다. 그러므로

$$\sin x + \cos x > 1 + x - x^2$$

임을 알 수 있다. □

정리 8.3.5. 미분 가능인 함수$f(x)$가 $x = c$에서 극치를 가지면 $f'(c) = 0$이다.

> **정리 8.3.6.** $f(x)$가 $x = c$에서 연속이고 $f'(x)$의 부호가 $x = c$의 전후에서
> (1) 양에서 음으로 바뀌면 는 극대값이고,
> (2) 음에서 양으로 바뀌면 는 극소값이다.

예제 8.3.4. 다음 함수의 극값과 최대·최소값를 구하여라.
(a) $f(x) = x^4$ (b) $f(x) = x^3, \quad x \in [-1, 2]$

풀이. (a) 도함수는 $f'(x) = 4x^3$이므로 $x = 0$에서만 0이다. $x < 0$일 때 $f'(x) < 0$이고, $x > 0$일 때 $f'(x) > 0$이므로 $x = 0$에서 극소값을 가진다. 그리고 $x \neq 0$이면 $f(x) > 0$이므로 극소값이 최소값이다.
(b) 도함수는 $f'(x) = 3x^2$이고 $x = 0$에서만 0이다. 그 외의 점에서는 항상 양이므로 f는 0에서 극값을 갖지 않는다. 이 함수는 증가하므로 구간 $[-1, 2]$의 왼쪽 끝점 즉 -1에서 최소값 -1을, 오른쪽 끝점 즉 2에서 최대값 8을 가진다. □

2계 도함수는 극값에 대한 또 다른 정보를 준다. 예를 들어 점 c에서 함수 f의 도함수가 0이면 f의 그래프는 수평접선을 가진다. 이 점 c를 포함하는 구간 (a, b)에서 그래프f는 극소값 혹은 극대값을 가지게 된다. 이것을 정리하면 다음과 같다.

> **정리 8.3.7.** **(2계 도함수판정)** 함수 f는 (a, b)에서 두 번 미분가능하고, 점 c에서는 $f'(c) = 0$을 만족한다. 그러면
> (a) $f''(c) < 0$이면 f는 c에서 극대값을 갖는다.
> (b) $f''(c) > 0$이면 f는 c에서 극소값을 갖는다.
> (c) $f''(c) = 0$이면 어떠한 정보도 주지 못한다.

세번째의 경우에는 2계 도함수를 이용할 수 없기 때문에 1계 도함수만을 이용하여 판정하여야 한다.

예제 8.3.5. 함수 $f(x) = x^2 e^{-x}$의 증감을 조사 하여라.

풀이. 도함수를 구하면 $f'(x) = x(2 - x)e^{-x}$ 에서 e^{-x} 이므로
(a) $x < 0$이면 $f'(x) < 0$이므로 $f(x)$는 감소상태에 있고

(b) $0 < x < 2$이면 $f'(x) > 0$이므로 $f(x)$는 증가상태에 있다, 또
(c) $x > 2$이면 $f'(x) < 0$이므로 $f(x)$는 감소상태에 있다. 그림8.6에서 보는 것과 같다. □

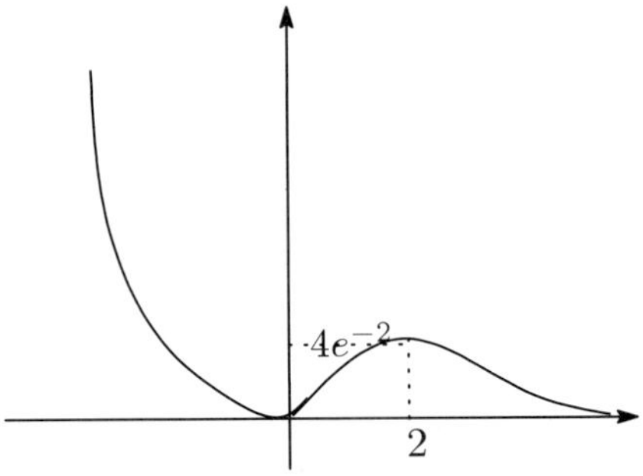

그림 8.6: $f(x) = x^2e^{-x}$의 그래프

최대·최소값에 대하여 실제적으로 많이 응용된다. 대부분의 최대·최소값 문제들은 다음과 같은 방법으로 구할 수 있다.

1. 먼저 최대·최소값을 구하려는 양을 일변수의 함수로 잘 표현하고, 이를 계산하기 쉬운 형태로 변형을 하여라.

2. 이 함수의 도함수를 구하여 임계점을 구한다.

3. 임계점과 정의역의 끝값에 대한 적절한 판정으로 문제의 해를 구한다.

예제 8.3.6. 어떤 회사는 12명이 넘지 않을 경우에는 일인당 20,000원의 비용으로 단체복을 맞추고, 12명이 넘을 경우는 초과한 인원수 당 1,000원씩을 감해준다. 즉 13명이면 19,000원이고 14명이면 18,000원에 단체복을 맞추게 된다. 그러면 단체복의 수가 얼마이면, 회사가 최대의 수입을 얻게 되겠는가?

풀이. 단체복의 수를 n이라 하자. 만약 12명을 넘게 되었을 때, 그 수입을 R 만원이라 하면,

$$\begin{aligned} R &= n(2 - 0.1(n - 12)) \\ &= 3.2n - 0.1n^2 \end{aligned}$$

이 된다. R의 정의역은 자연수이지만 0보다 큰 실수로 가정을 하자. 임계점을 구하기 위하여 도함수를 구하면,

$$R'(n) = 3.2 - 0.2n$$

이므로 $n = 16$이 임계점이다. 그리고 이 수입이 최대가 된다. 그리고 이 값은 실제 정의역의 수 즉 자연수이므로 최대값이 된다. □

예제 8.3.7. 길이가 L인 줄을 둘로 잘라서, 하나는 원을 만들고 다른 하나는 정사각형을 만들려고 한다. 어떻게 자르면 두 도형의 면적이 최대가 되겠는가? □

◇ 연습 문제

1. 다음 문제에서 함수의 극값을 구하여라.

   (a) $f(x) = 5 - x, \quad x \in [0, 3]$
   (b) $f(x) = 4 - x^2, \quad x \in [-1, 3]$
   (c) $f(x) = x^3 - x^4$
   (d) $f(x) = x^3 - 12x$
   (e) $f(x) = 2x + \frac{8}{x}$
   (f) $f(x) = x^2 - \frac{1}{x}$

2. 다음 문제를 풀어라.

   (a) $[-1, 1]$에 속하는 x에 대해서 $f(x) = \frac{1}{x^2}$의 그래프를 그려라.

   (b) $f(-1) = f(1)$임을 밝혀라.

   (c) $f'(c) = 0$을 만족하는 $(-1, 1)$에 속하는 점 c가 존재하느냐?

   (d) 이 함수는 롤의 정리를 만족하지 않음을 설명하여라.

3. 다음 문제에 대해, 주어진 구간에서 왜 평균값 정리를 사용할 수 없는지 설명하여라.

   (a) $y = x^{\frac{2}{3}}, \quad [-1, 1]$
   (b) $y = x^2/(1 - x^2), \quad [-2, 2]$
   (c) $y = \tan x, \quad [0, \pi]$
   (d) $y = \frac{1}{x}, \quad [-1, 1]$

4. 문제에서 주어진 함수의 극값과 최대·최소값을 구하여라.

(a) $f(x) = 3x + 1,\ x \in [-3, 5]$

(b) $f(x) = x^2 - 2x + 1$

(c) $f(x) = x - x^4$

(d) $f(x) = x^3 - x^6$

(e) $f(x) = x - \frac{1}{x}$

(f) $f(x) = \sin x - \cos 2x$

(g) $f(x) = \frac{x}{x^2+4}$

(h) $f(x) = \sqrt{x-1}$

(i) $f(x) = \sqrt{x^2 - 4}$

(j) $f(x) = x\sqrt{x^2 - 1}$

(k) $f(x) = \sin^2 x$

(l) $f(x) = x + \sin x$

(m) $f(x) = 1 + \frac{1}{x}, \quad x \in [-2, 0) \cup (0, 2]$

(n) $f(x) = \begin{cases} x^2 - 1 & x \le 1 \\ x - 1 & x > 1 \end{cases}$

(o) $f(x) = \begin{cases} |x - 1| & x \ne 2 \\ 3 & x = 2 \end{cases}$

제 9 장

적 분

9.1 부정 적분

9장에서는 두 변수가 어떻게 관계되어 있는가를 알고 나서 그들의 변화율을 구하는 것을 생각하였다. 즉 $y = f(x)$라는 관계에서부터 dy/dx를 구하였다. 그러나 실제로 두 변수간의 관계를 구하는 것보다는 두 변수간의 변화율을 구하는 것이 훨씬 간단할 경우가 많다. 이 절에서는 주어진 도함수를 갖는 함수를 구하는 문제를 생각해 보기로 하자.

도함수를 구하는 연산을 생각하면 그의 역연산을 생각할 수 있다. 즉 f'을 함수 f의 도함수라고 부르듯이 f를 f'의 **역도함수**(antiderivative) (또는 **원시함수**라고도 함)라고 한다.

정의 9.1.1. 함수 f와 f의 정의역에 속하는 모든 x에 대하여, 어떤 함수 g가 있어서 $f(x) = \frac{d}{dx}g(x)$를 만족하면 $g(x)$를 $f(x)$의 역도함수라 한다.

예제 9.1.1. $\int x^{3/5}\,dx = \frac{3}{5} - x^{5/3} + c$이 됨을 설명하여라.

풀이. $\frac{d}{dx}(\frac{3}{5} - x^{5/3} + c) = x^{3/5}$이므로 $\int x^{3/5}\,dx = \frac{3}{5} - x^{5/3} + c$이다. □

위의 예제9.1.1을 풀면서 느꼈듯이 하나의 함수가 여러 개의 역도함수를 갖는다는 것을 알 수 있다. 즉 g가 함수 f의 역도함수이고 C가 상수라면, $g(x) + C$역시 f의 역도함수이다. 그러므로 상수함수의 도함수는 0이다.

정리 9.1.2. 만약 함수 f가 미분가능하고 모든 $x \in \mathbb{R}$에 대하여 $f'(x) = 0$이면, f는 상수함수이다.

위의 정리 9.1.2을 일반화 하면 다음과 같은 정리를 얻을 수 있다.

정리 9.1.3. $g(x)$의 한개의 적분을 $f(x)$이라 하면 $g(x)$의 적분은 $f(x)+c$이다.

Proof. $g(x)$의 적분을 $f(x)$, $h(x)$라 하면 $f(x) = \frac{d}{dx}g(x)$이고 $h(x) = \frac{d}{dx}g(x)$이다. 따라서 $f^{'}(x) = h(x)^{'}$이다. 그러므로 $g(x) = f(x) + c$이다. □

위 정리에서 $g(x)$의 적분은 무수히 많이 있고 그 중 하나를 알면 다른것은 여기에 상수를 더하여 구할수 있다. 위의 정리9.1.3은 f의 원시함수가 F라면 f의 모든 원시함수들은 $F(x) + C$임을 의미한다. 이와 같이 원시함수들은 일반적으로 여러개 존재하는데, 이들 모두의 집합을 특별한 이름으로 부른다.

정의 9.1.4. f의 모든 원시함수들의 집합을 함수 f의 **부정 적분**(indefinite integral)이라 부르고 다음과 같이 표시한다.

$$\int f(x)\,dx \tag{9.1}$$

위의 정의 9.1.4에서 $\int$를 적분기호(integral sign)이라 하고, 식(9.1)의 함수 f를 **피적분 함수**(integrand)라 하며 변수 x를 **적분 변수**라 한다.

F가 함수 f의 원시함수라면

$$\int f(x)\,dx \quad = F(x) + C \tag{9.2}$$

라고 쓸 수 있고, 이 때 C는 임의의 실수를 의미한다.

일반적으로 도함수를 구하는 것보다 원시함수를 구하는 것이 더 어렵다. 다음 부정적분 공식은 (9.2)와 (??)의 관계에 의하여 얻어진 것이므로, 양변을 미분해 봄으로써 증명할 수 있다. 일반적으로 원시함수를 구하는 문제는 어떤 공식에 의해서 모두 해결할 수는 없다.

다음 부정적분에서 a는 상수를 나타내며, C는 적분 상수를 표시한다.

[1] $\int dx = x + C$

[2] $\int \csc^2 x\, dx = -\cot x + C$

[3] $\int af(x)\ dx = a\int f(x)\ \ dx$

[4] $\int \sec^2 x\ dx = \tan x + C$

[5] $\int \cos x\ dx = \sin x + C$

[6] $\int \sin x\ dx = -\cos x + C$

[7] $\int \csc^2 x\, dx = -\cot x + C$

[8] $\int k \cdot f(x)\, dx = k\int f(x)\, dx$

[9] $\int (f(x) + g(x))\ dx = \int f(x)dx + \int g(x)dx$

[10] $\int \csc^2 x\ dx = -\cot x + C$

[11] $\int \sec x \tan x\ dx = \sec x + C$

[12] $\int \csc x \cot x\ dx = -\csc x + C$

[13] $\int \frac{dx}{\sqrt{1-x^2}} = \arcsin x + C$

[14] $\int \frac{dx}{1+x^2} = \arctan x + C$

[15] $\int e^x\ dx = e^x + C$

[16] $\int \frac{f'(x)}{f(x)}\ dx = \ln|f(x)| + C$

[17] $\int x^n\ dx = \begin{cases} \frac{1}{n+1}x^{n+1} + C & (n \neq -1) \\ \ln|x| + C & (n = -1) \end{cases}$

부정적분 공식을 조금 일반화하면 다음과 같은 식을 얻는다. 이것 역시 양변을 미분하면 증명할 수 있다.

$$\int \cos ax\, dx = \frac{1}{a}\sin ax + C, \quad \int \sin ax\, dx = -\frac{1}{a}\cos ax + C \tag{9.3}$$

위의 공식을 이용하여 다음 예제를 풀어 보자.

예제 9.1.2. $\displaystyle\int \sin 3x\, dx$를 구하여라.

풀이. 식(9.3)에 의하여

$$\int \sin 3x\, dx = \frac{-1}{3}\cos 3x + C.$$

□

예제 9.1.3. $\int(\sqrt{x} - \cos 2x)\, dx$을 구하여라. □

◇ 연습 문제

1. 주어진 함수의 원시함수를 구하여라.

(a) $\int 8x^3\,dx$

(b) $\int 10x^4\,dx$

(c) $\int 1/x^2\,dx$

(d) $\int 1/(x+1)^3\,dx$

(e) $\int (x^3+5x^2+1)\,dx$

(f) $\int (2x+1)^{10}\,dx$

(g) $\int (x^{1/2}+x^{-1/2})\,dx$

(h) $\int (x^2+4x+3-x^{-2})\,dx$

(i) $\int \sec^2 3x\,dx$

(j) $\int \sin 2x\,dx$

(k) $\int 3\sin x\,dx$

(l) $\int (\cos x-\sin x)\,dx$

(m) $\int \cos 5x\,dx$

(n) $\int \sec 2x\tan 2x\,dx$

(o) $\int \csc^2 4x\,dx$

2. 어떤 점 (x,y)에서 곡선의 기울기가 $\dfrac{2}{3}x$이었다. 이 곡선이 원점을 지날 때, 이 곡선의 식을 구하여라.

9.2 치환 적분과 부분적분

일반적으로 원시함수를 구하는 문제는 어떤 공식에 의해서 모두 해결할 수는 없다. 그러나 이미 알고 있는 원시함수의 공식을 이용하여 적분을 구할 수 있는 경우가 있다. 이 절에서는 이러한 적분을 구하는 방법인 **치환적분법**(integration by substitution)을 소개하기로 한다. 예를 들면 적분공식

예제 9.2.1. 다음 적분을 하여라.
(a) $\int (x^2+a^2)^{3/2}x\,dx$ (b) $\int x\sqrt{1+x}\,dx$
(c) $\int \frac{dx}{e^x+e^{-x}}\,dx$

풀이. (a) $x^2 + a^2 = t$라 하면 $2xdx = dt$, $xdx = \frac{dt}{2}$ 이므로

$$\begin{aligned}\int (x^2+a^2)^{3/2} x\,dx &= \int t^{3/2}\frac{dt}{2} = \frac{1}{2}\int t^{3/2}dt \\ &= \frac{1}{5}t^{5/2} + c = \frac{1}{5}(x^2+a^2)^{5/2}.\end{aligned}$$

(b) $t = \sqrt{1+x}$라 하면 $t^2 - 1 = x$, $2tdt = dx$이므로

$$\begin{aligned}\int x\sqrt{1+x}\,dx &= \int (t^2-1)t2tdt = 2\int (t^4 - t^2)dt \\ &= \frac{2t^2}{5} - \frac{2t^3}{3} + e \\ &= \frac{2}{5}(1+x)^{2/5} - \frac{2}{5}(1+x)^{3/2} + c \\ &= \frac{2}{15}\sqrt{1+x}(3x^2 + x - 2) + c.\end{aligned}$$

(c) $e^x = t$라 하면 $x = \log t$, $dx = \frac{1}{t}dt$이므로

$$\begin{aligned}\int \frac{\frac{1}{t}}{t+\frac{1}{t}}dt &= \int \frac{1}{t^2+1}dt \\ &= \tan^{-1} t + c = \tan^{-1} e^x + c.\end{aligned}$$

□

예제 9.2.2. $\displaystyle\int \frac{\ln x}{x^{\frac{3}{2}}}\,dx$을 계산하여라. □

부분적으로 계산하는 방법으로 부분적분법이 있다. 미분 공식은 항상 부정적분 공식으로 바꾸어 해석할 수 있다. 예를 들어 합의 미분에 대한 공식으로부터 증명할 수 있다. 즉 $d(u+v) = \ du + dv$이므로

$$\int (\ du + dv) = \int d(u+v) = u + v + C = \int \ du + \int dv$$

또한 곱의 미분에 대한 법칙은 $d(u\ v) = u\ dv + v\ \ du$이다. 양변을 적분하면

$$\int d(u\ v) = \int (u\ dv + v\ \ du) = \int u\ dv + \int v\ \ du$$

이다. 이를 이항하고 오른쪽과 왼쪽을 바꾸어 다시 쓰면

$$\int u\ dv = \int d(u\ v) - \int v\ \ du = u\ v - \int v\,du \tag{9.4}$$

이다. 식(9.4)에 의하여 적분하는 방법을 **부분적분법**(integration by parts)이라고 한다.

예제 9.2.3. 적분 $\int xe^x \, dx$를 구하여라.

풀이. x를 미분하는 것으로 택하면 간단해지기 때문에 $u = x, dv = e^x \, dx$라 하면 $du = \, dx, v = e^x$이다. 따라서

$$\int xe^x \, dx = xe^x - \int e^x \, dx = xe^x - e^x + C.$$

□

예제 9.2.4. $\int x^2 \ln x \, dx$를 구하여라.

풀이. $\ln x$의 적분은 어려우므로 $u = \ln x, dv = x^2 \, dx$라 놓으면 $du = \frac{1}{x} \, dx$이고 $v = \frac{1}{3}x^3$이다. 따라서

$$\begin{aligned}\int x^2 \ln x \, dx &= \frac{1}{3}x^3 \ln x - \int \frac{1}{3}x^3 \, \frac{1}{x} \, dx \\ &= \frac{1}{3}x^3 \ln x - \frac{1}{3}\int x^2 \, dx \\ &= \frac{1}{3}x^3 \ln x - \frac{1}{9}x^3 + C.\end{aligned}$$

□

예제 9.2.5. $\int \ln x \, dx$를 구하여라.

풀이. 앞에서 $\ln x$가 피적분함수인 공식은 없었다. 그러나 부분적분법을 이용하면 구할 수 있다. $u = \ln x, dv = \, dx$라 놓으면 $du = \dfrac{1}{x} \, dx$이고 $v = x$이다. 따라서

$$\begin{aligned}\int \ln x \, dx &= x \ln x - \int x \frac{1}{x} \, dx \\ &= x \ln x - x + C\end{aligned}$$

□

예제 9.2.6. $\int x^2 e^x \, dx$을 계산하여라. □

◇ 연습 문제

1. 다음 문제을 적분하여라.

(a) $\int e^x \cos x \; dx$ (b) $\int xe^{2x} \; dx$

(c) $\int e^{3x} \cos 3x \; dx$ (d) $\int x \ln x \; dx$

(e) $\int x \arctan x \; dx$ (f) $\int x(\ln x)^2 \; dx$

(g) $\int x^3\sqrt{1-x^2} \; dx$ (h) $\int \ln(1+x^2) \; dx$

(i) $\int \sin(\ln t) dt$ (j) $\int x^2 \sin 4x \; dx$

(k) $\int x \csc^2 x \; dx$ (l) $\int x^3 \cos(x^2) \; dx$

2. 다음 문제의 적분을 구하여라.

(a) $\int x^3 e^x \; dx$ (b) $\int x^5 e^{-x^2} \; dx$

(c) $\int (\ln x)^3 \; dx$ (d) $\int x^3 e^{x^2} \; dx$

9.3 유리함수 적분과 초월함수 적분

이제 유리함수의 적분법에 대해 고려하자.
두 다항함수 f와 g의 몫 $\frac{f(x)}{g(x)}$, $(g(x) \neq 0)$으로 정의된 함수 $\frac{f}{g}$를 **유리함수**라고 한다. $f(x)$의 차수가 $g(x)$의 차수보다 높거나 같을 때 $f(x)$를 $g(x)$로 나누어 그 몫을 $s(x)$, 나머지를 $r(x)$라 할 때

$$\frac{f(x)}{g(x)} = s(x) + \frac{r(x)}{g(x)}$$

라고 쓸 수 있다. 이 때 $s(x)$는 다항함수이고 $\frac{r(x)}{g(x)}$는 $r(x)$의 차수가 $g(x)$의 차수보다 작은 **진유리함수**(proper rational function)가 된다. 임의의 n차의 다항함수는 n개의 근을 갖고, 허근은 항상 켤레근을 가지므로 다항식 $g(x)$를 실수 범위에서 인수분해를 하면 k를 양의 정수라 할 때 $(ax+b)^k$또는 $(ax^2+bx+c)^k$와 같은 인수를 갖는다. 따라서 임의의 진유리 함수 $\frac{r(x)}{g(x)}$는 $\frac{A}{(ax+b)^k}$ 또는 $\frac{Ax+B}{(ax^2+bx+c)^k}$와 같은 모양의 부분분수(partial fractions) 들의 합으로 분해된다. 여기서 A, B, a, b, c는 유리함수에 따라 결정되는 상수이다. 유리함수를 부분분수로 분해하는 방법은 3.6절 부분분수에서 자세히 공부했다.

예제 9.3.1. $\int \frac{2x+4}{x^3-2x^2} \; dx$를 구하여라.

풀이. 피적분함수는

$$\frac{2x+4}{x^3-2x^2} = \frac{2x+4}{x^2(x-2)} = \frac{A}{x} + \frac{B}{x^2} + \frac{C}{x-2}$$

로 분해되고 양변에 x^3+x^2을 곱하면

$$2x+4=Ax(x-2)+B(x-2)+Cx^2$$

이다. 수치대입법을 사용하기 위하여 $x=0,2$를 대입하면 $B=-2$, $C=2$를 얻을 수 있고, x에 대하여 미분을 하고 $x=0$을 대입하면 $A=-2$이다. 따라서

$$\begin{aligned}\int \frac{2x+4}{x^3-2x^2}\,dx &= -\int \frac{2}{x}\,dx - \int \frac{2}{x^2}\,dx + \int \frac{2}{x-2}\,dx\\ &= -2\ln|x| + \frac{2}{x} + 2\ln|x-2| + C\\ &= 2\ln\left|\frac{x-2}{x}\right| + \frac{2}{x} + C.\end{aligned}$$

□

예제 9.3.2. $\displaystyle\int \frac{x^2-2x+2}{x^3-x^2-4x+4}\,dx$를 구하여라.

풀이. 피적분 함수는

$$\frac{x^2-2x+2}{x^3-x^2-4x+4}=\frac{x^2-2x+2}{(x-1)(x-2)(x+2)}=\frac{A}{x-1}+\frac{B}{x-2}+\frac{C}{x+2}$$

로 분해된다. 여기서 상수 A, B, C를 수치대입법 또는 미정계수법으로 구하면 $A=-\frac{1}{3}$, $B=\frac{1}{2}$, $C=\frac{5}{6}$이다. 이 값을 위식에 대입하여 적분하면

$$\begin{aligned}\int \frac{x^2-2x+2}{x^3-x^2-4x+4}\,dx &= -\frac{1}{3}\int \frac{1}{x-1}\,dx + \frac{1}{2}\int \frac{1}{x-2}\,dx + \frac{5}{6}\int \frac{1}{x+2}\,dx\\ &= -\frac{1}{3}\ln|x-1| + \frac{1}{2}\ln|x-2| + \frac{5}{6}\ln|x+2| + C\\ &= \frac{1}{6}\ln\frac{|x-2|^3|x+2|^5}{(x-1)^2} + C.\end{aligned}$$

□

예제 9.3.3. $\displaystyle\int \frac{3x^4+6x^2+2x+3}{x^5+2x^3+x}\,dx$를 구하여라.

풀이. 먼저 피적분함수의 분모는 $x^5+2x^3+x=x(x^4+2x^2+1)=x(x^2+1)^2$이므로 피적분함수는

$$\frac{3x^4+6x^2+2x+3}{x^5+2x^3+x}=\frac{A}{x}+\frac{B_1x+C_1}{x^2+1}+\frac{B_2x+C_2}{(x^2+1)^2}$$

로 분해된다. 양변에 $x(x^2+1)^2$을 곱해서 계수를 구하면 $A=3$, $B_1=0$, $C_1=0$, $B_2=0$, $C_2=2$이다. 따라서

$$\begin{aligned}\int \frac{3x^4+6x^2+2x+3}{x^5+2x^3+x}\,dx &= \int (\frac{3}{x}+\frac{2}{(x^2+1)^2})\,dx \\ &= 3\int \frac{1}{x}\,dx + 2\int \frac{1}{(x^2+1)^2}\,dx \\ &= 3\ln|x| + 2\int (\sec^2\theta)^{-2}\sec^2\theta\,d\theta \\ &= 3\ln|x| + 2\int \cos^2\theta\,d\theta \\ &= 3\ln|x| + \theta + \sin\theta\cos\theta + C \\ &= 3\ln|x| + \arctan x + \frac{x}{x^2+1} + C.\end{aligned}$$

□

예제 9.3.4. $\int \frac{x+1}{x^2(x-1)^3(x^2-x+1)^2}dx$를 구하여라. □

2차 이상의 삼각함수 거듭제곱꼴이 피적분함수에 포함되어 있는 여러 형태의 적분을 구하려한다. 먼저 삼각함수의 적분의 여러가지 형태를 다루어 보자.

[1] $\int \sin^2 x\,dx, \int \cos^2 x\,dx$

[2] $\int \sin^n x\,dx, \int \cos^n x\,dx$

[3] $\int \sin mx\cos nx\,dx, \int \sin mx\sin nx\,dx, \int \cos mx\cos nx\,dx$

$\sin^2 x$과 $\cos^2 x$의 적분은 2배각 공식, 즉

$$\sin^2 x = \frac{1-\cos 2x}{2}, \quad \cos^2 x = \frac{1+\cos 2x}{2}$$

를 이용하여 적분하면 해결할 수 있다.

예제 9.3.5. $\int \cos^3 x\,dx$를 구하여라.

풀이.

$$\int \cos^3 x\,dx = \int (\cos^2 x)(\cos x)\,dx = \int (1-\sin^2 x)(\cos x)\,dx$$

$\sin x = t$라고 하면, $\cos x\,dx = dt$이므로

$$\int (1-t^2)\,dt = t - \frac{1}{3}t^3 + C = \sin x - \frac{1}{3}\sin^3 x + C$$

□

예제 9.3.6. $\int \sin 2x \cos 3x \; dx$를 구하여라.

풀이. 삼각함수에 대한 곱의 공식을 이용하면

$$\begin{aligned} \int \sin 2x \cos 3x \; dx &= \int \frac{\sin 5x + \sin(-x)}{2} \; dx \\ &= -\frac{1}{10} \cos 5x + \frac{1}{2} \cos x + C. \end{aligned}$$

□

예제 9.3.7. $\int \sin^3 x \; dx$를 구하여라. □

9.2절에서 지수 로그함수의 미분법을 살펴 보았는데 이제 적분법을 살펴보자. 식(8.2)로 부터 다음과 같은 부정적분을 얻을 수 있다.

$$\int \frac{1}{u} du = \ln |u| + C \tag{9.5}$$

다음의 예제에서 식(9.5)를 이용하여 구해 보자.

예제 9.3.8. 다음 적분을 구하여라.
(a) $\int \frac{1}{x+3} \, dx$ (b) $\int \tan x \, dx$

풀이. (a) $u = x + 3$이라 놓으면 $du = dx$이므로,

$$\begin{aligned} \int \frac{1}{x+3} dx &= \int \tfrac{1}{u} du = \ln |u| + C \\ &= \ln |x+3| + C. \end{aligned}$$

(b) $u = \cos x$, $du = -\sin x dx$라 놓으면,

$$\begin{aligned} \int \tan x dx &= \int \tfrac{\sin x}{\cos x} \, dx = -\int \tfrac{1}{u} du \\ &= -\ln |u| + C = -\ln |\cos x| + C \\ &= \ln |\tfrac{1}{\cos x}| + C = \ln |\sec x| + C. \end{aligned}$$

□

예제 9.3.9. $\int \frac{1}{x \ln x} dx$를 구하여라. □

예제9.3.8에서 보듯이 식(9.5)과 치환적분을 이용하면 다음과 같은 부정적분 공식을 얻는다. f는 미분가능한 함수이고 0이 아니라면,

$$\int \frac{f'(x)}{f(x)}dx = \ln|f(x)| + C. \tag{9.6}$$

식(8.4)로 부터 e^x의 역도함수를 구하면

$$\int e^u du = e^u + C \tag{9.7}$$

이다. 이를 이용하여 예제를 풀어보자.

예제 9.3.10. 다음 적분을 구하여라.
(a) $\displaystyle\int e^{3x}\,dx$ (b) $\displaystyle\int_0^1 xe^{1-x^2}\,dx$

풀이. (a) $u = 3x$라 놓으면 $du = 3dx$이므로,

$$\begin{aligned}\int e^{3x}dx &= \textstyle\int e^u(\frac{1}{3})du = \frac{1}{3}\int e^u du \\ &= \textstyle\frac{1}{3}e^u + C = \frac{1}{3}e^{3x} + C.\end{aligned}$$

(b) $u = 1 - x^2$라 놓으면 $du = -2xdx$이므로,

$$\begin{aligned}\int_0^1 xe^{1-x^2}\,dx &= \textstyle\int_0^1 e^u(-\frac{1}{2})du = \frac{1}{2}\int_0^1 e^u\,du \\ &= \textstyle\frac{1}{2}e^u\Big|_0^1 = \frac{1}{2}(e-1).\end{aligned}$$

□

예제 9.3.11. $\displaystyle\int \frac{e^x}{1+e^x}\,dx$를 구하여라. □

◇ 연습 문제

1. 다음 문제의 적분을 구하여라.

(a) $\displaystyle\int \frac{x^2+2x-2}{x^3-4x}\,dx$

(b) $\displaystyle\int \frac{x^3+2x-2}{x(x^2+1)^2}\,dx$

(c) $\displaystyle\int \frac{x^3+x^2+x-1}{x^2+2x-2}\,dx$

(d) $\displaystyle\int \frac{x^3-4x-1}{x(x-1)^3}\,dx$

(e) $\int \frac{5x^3 - 3x^2 + 2x - 1}{x^4 + x^2}\,dx$

(f) $\int \frac{x^2}{x+1}\,dx$

(g) $\int \frac{x^3}{x^2 + x - 6}\,dx$

(h) $\int \frac{dx}{x^3 + 4x}$

(i) $\int \frac{dx}{(x+1)(x^2+1)}$

(j) $\int \frac{dx}{(x^2+1)(x^2+4)}$

(k) $\int \frac{2x^3 - 1}{x^2 + 1}\,dx$

(l) $\int \frac{x+1}{x^3 - x^2}\,dx$

(m) $\int \frac{2x^2 + 3}{x^4 - 2x^2 + 1}\,dx$

(n) $\int \frac{x^2 + x}{(x^2 - 4)(x + 4)}\,dx$

(o) $\int \frac{x^2 + 1}{x^3 + x^2 + x}\,dx$

(p) $\int \frac{x^2 + 2}{(x^2 + 1)^2}\,dx$

v $\int \frac{dx}{x^6 - 1}$

(q) $\int \frac{e^x}{e^{2x} + 4}\,dx$

2. 다음 문제의 적분을 구하여라.

(a) $\int \sin^3 x \cos^2 x\ dx$

(b) $\int \cos^5 x\ dx$

(c) $\int \sin^2 x \cos^2 x\ dx$

(d) $\int \cos^4 3x\ dx$

(e) $\int \sin^4 x\ dx$

(f) $\int \frac{\sin x}{\cos^3 x}\ dx$

(g) $\int \frac{\sin^3 x}{\sqrt{\cos x}}\ dx$

(h) $\int \sin^3 3x \cos^4 3x\ dx$

(i) $\int \sin^{\frac{3}{2}} x \cos^3 x\ dx$

(j) $\int \cot^3 x \csc^3 x\ dx$

(k) $\int \frac{\cot^3 x}{\csc^2 x}\ dx$

(l) $\int \frac{\cot x + \csc x}{\sin x}\ dx$

(m) $\int \sin 2x \sin 4x\ dx$

(n) $\int \tan^3 x \sec^3 x\ dx$

(o) $\int \frac{\cos^2 x}{1 - \sin x}\ dx$

(p) $\int \frac{\sin^2 x}{1 + \cos x}\ dx$

9.4 정적분

이제 $[a, b]$에서 연속이고 음이 아닌 함수 f에 대하여 이 함수의 그래프와 직선 $x = a$, $x = b$ 및 x축으로 둘러싸인 영역을 R이라고 할 때 직사각형을 내접시키고 이 직사각형들의 넓이의 합에 대한 극한을 구하여 영역 R의 넓이를 구하는 방법을 생각해 보기로 하자.

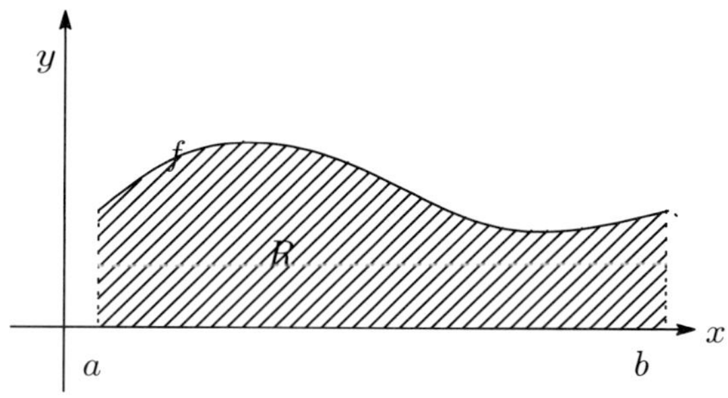

그림 9.1: 그래프 아래의 영역

정의 9.4.1. 임의의 양의 정수 n에 대하여

$$a = x_0 \leq x_1 \leq x_2 \leq \cdots \leq x_n = b$$

를 만족하는 유한 개의 점 $x_0, x_1, \ldots, x_n$로 $[a, b]$를 **분할**(partition)한다고 한다. $[a, b]$를 분할하는 방법은 매우 많다.

$[a, b]$의 분할은 길이가 각각

$$x_1 - x_0, x_2 - x_1, \cdots, x_n - x_{n-1}$$

인 n개의 부분구간

$$[x_{i-1}, x_i] \ (i = 1, 2, 3, \cdots, n)$$

으로 나눈다. 이제 k번째 부분구간 $[x_{k-1}, x_k]$의 길이를 Δx_k로 나타내면,

$$\Delta x_k = x_k - x_{k-1}$$

이다. 이 때 $[a, b]$의 길이는 다음과 같이 나타낼 수 있다.

$$\begin{aligned} b - a &= (x_1 - x_0) + (x_2 - x_1) + \cdots + (x_n - x_{n-1}) \\ &= \Delta x_1 + \Delta x_2 + \cdots + \Delta x_n \end{aligned}$$

정적분을 정의하는 방법은 몇가지가 있으나 여기에서는 다음의 방법을 사용하겠다. f가 $[a, b]$에서 연속이라면 최대·최소값 정리에 의하여 k번째 부분구

간 $[x_{k-1}, x_k]$에서 f의 최대값 M_k와 최소값 m_k가 존재한다. 이 m_k를 $[x_{k-1}, x_k]$에서 직사각형 R_k의 높이로 택하면, R_k는 R에 내접하는 직사각형이 된다. $k = 1, \cdots, n$에 대하여 직사각형의 넓이의 합

$$m_1\Delta x_1 + m_2\Delta x_2 + \cdots + m_n\Delta x_n$$

은 영역 R의 넓이보다 크지 않다(그림 9.2참조). 이 값을 $[a, b]$의 분할에 대한 가장 작은 면적이 되는데 이를 f의 **하합**(lower sum)이라 하고, L_f로 표시하자.

$$L_f = m_1\Delta x_1 + m_2\Delta x_2 + \cdots + m_n\Delta x_n \tag{9.8}$$

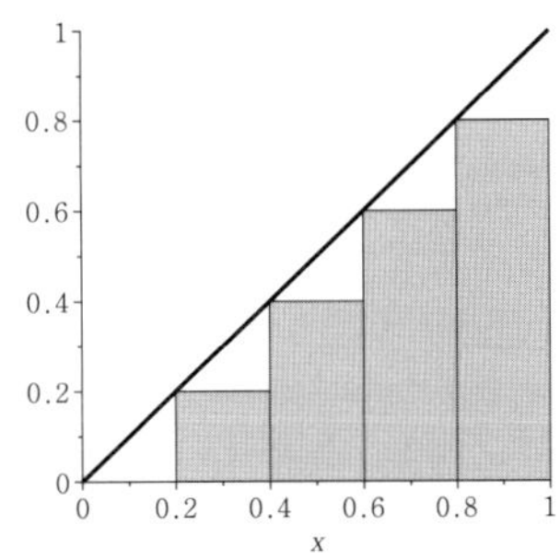

그림 9.2: 그래프 아래에 내접된 직사각형

k번째 부분구간 $[x_{k-1}, x_k]$에서 f의 최대값 M_k를 높이로 하는 직사각형 R_k를 생각하면 (그림 9.3), R_k는 R에 외접하는 직사각형이 된다. 따라서

$$M_1\Delta x_1 + M_2\Delta x_2 + \cdots + M_n\Delta x_n$$

은 영역R의 넓이보다 작지 않음을 알 수 있다. 이 값을 $[a, b]$의 분할 대한 가장 큰 면적이 되는데 이를 f의**상합** (upper sum)이라 하고 U_f로 나타낸다.

$$U_f = M_1\Delta x_1 + M_2\Delta x_2 + \cdots + M_n\Delta x_n \tag{9.9}$$

앞에서 정의한 L_f와 U_f는 분할을 어떻게 선택하여도 R의 넓이는 L_f와 U_f사이의 값이 될 것이다. 즉

$$L_f \le R \le U_f \tag{9.10}$$

물론, 임의의 구간을 분할 할때 분할을 여러가지로 만들수 있다.

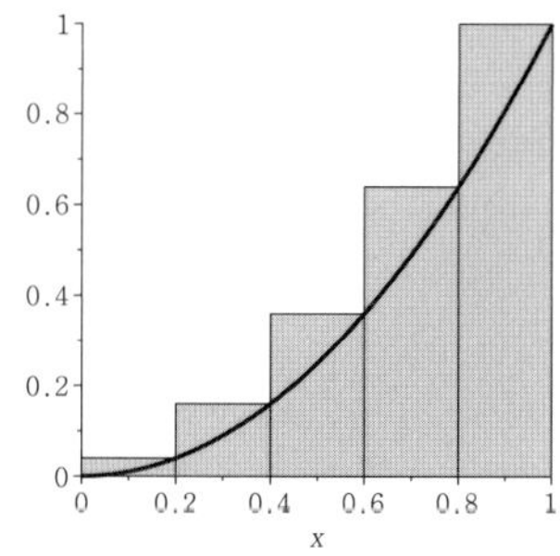

그림 9.3: 그래프에 외접된 직사각형

정의 9.4.2. f가 $[a,b]$에서 연속이라 하자. 그러면 $[a,b]$의 모든 분할에 대하여

$$L_f \leq I \leq U_f$$

를 만족하는 유일한 실수 I가 존재한다. 그때 I를 a에서 b까지 f의 **정적분**(definite integral)이라 하고

$$\int_a^b f(x)dx$$

로 표시한다.

그리고 위의 정의에서 정적분 $\int_a^b f(x)dx$는 f, a, b에 의존하므로 변수 x를 다른 문자로 바꾸어도 값은 같다. 즉

$$\int_a^b f(x)dx = \int_a^b f(t)dt = \int_a^b f(u)du$$

이다.

정의 9.4.3. f가 $[a,b]$에서 연속이고, $x \in [a,b]$에 대하여 $f(x) \geq 0$이라 하자. 그리고 R를 x축 $x = a, x = b, f$의 그래프로 둘러싸인 영역이라 하자.이때 R을 $[a,b]$상에서 **f의 그래프와 x축 사이의 영역** (the region between the graph of f and the x-axis)이라 부르고 R의 넓이는 $\int_a^b f(x)dx$로 정의한다.

예제 9.4.1. $\int_a^b f(x)dx = \frac{1}{2}(b^2 - a^2)$임을 보여라.

풀이. $[a, b]$의 어떤 분할하는 점들의 집합을 $\{x_0, x_1, x_2, \cdots, x_n\}$ 이라 하면 $1 \leq k \leq n$에 대하여

$$m_k = x_{k-1},\ M_k = x_k$$

이다. 그리고 $x_{k-1} < \frac{1}{2}(x_k + x_{k-1}) < x_k$ 이다 (그림 9.4참조). 이를 이용하면

$$\begin{aligned}
L_f &= m_1\Delta x_1 + m_2\Delta x_2 + \cdots + m_n\Delta x_n \\
&= x_0(x_1 - x_0) + x_1(x_2 - x_1) + \cdots + x_{n-1}(x_n - x_{n-1}) \\
&< \frac{1}{2}(x_1 + x_0)(x_1 - x_0) + \frac{1}{2}(x_2 + x_1)(x_2 - x_1) \\
&+ \cdots + \frac{1}{2}(x_n + x_{n-1})(x_n - x_{n-1}) \\
&= \frac{1}{2}(x_1^2 - x_0^2) + \frac{1}{2}(x_2^2 - x_1^2) + \cdots + \frac{1}{2}(x_n^2 - x_{n-1}^2) \\
&= \frac{1}{2}(x_n^2 - x_0^2) = \frac{1}{2}(b^2 - a^2)
\end{aligned}$$

이다. 그리고

$$\begin{aligned}
U_f &= M_1\Delta x_1 + M_2\Delta x_2 + \cdots + M_n\Delta x_n \\
&= x_1(x_1 - x_0) + x_2(x_2 - x_1) + \cdots + x_n(x_n - x_{n-1}) \\
&> \frac{1}{2}(x_1 + x_0)(x_1 - x_0) + \frac{1}{2}(x_2 + x_1)(x_2 - x_1) \\
&+ \cdots + \frac{1}{2}(x_n + x_{n-1})(x_n - x_{n-1}) \\
&= \frac{1}{2}(x_1^2 - x_0^2) + \frac{1}{2}(x_2^2 - x_1^2) + \cdots + \frac{1}{2}(x_n^2 - x_{n-1}^2) \\
&= \frac{1}{2}(x_n^2 - x_0^2) = \frac{1}{2}(b^2 - a^2)
\end{aligned}$$

이므로 $[a, b]$의 임의의 분할에 대하여

$$L_f \leq \frac{1}{2}(b^2 - a^2) \leq U_f$$

이다. 따라서 정의9.4.1에 의하여

$$\int_a^b f(x)dx = \frac{1}{2}(b^2 - a^2)$$

□

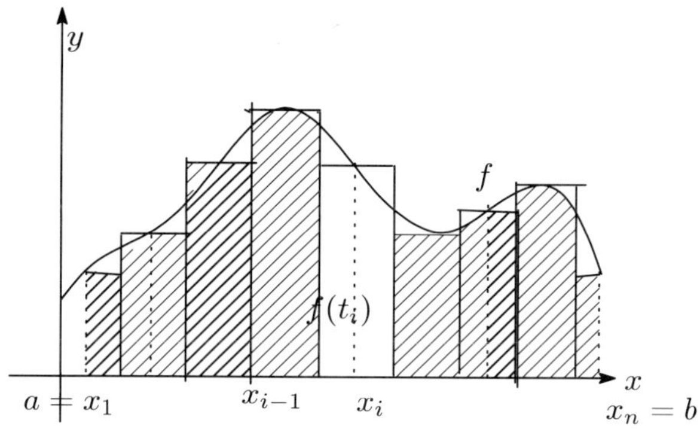

그림 9.4: 높이가 $f(t_i)$인 직사각형

9.5 정적분의 성질

정적분은 여러가지 유용한 성질을 갖는다.

정의 9.5.1. 함수 f가 a에서 정의되어 있으면

$$\int_a^a f(x)dx = 0 \tag{9.11}$$

이라 하고, 만약 $a < b$ 이고 $\int_a^b f(x)dx$가 존재하면

$$\int_b^a f(x)dx = -\int_a^b f(x)dx \tag{9.12}$$

라 정의한다.

정적분을 넓이로 해석하면 $\int_a^a f(x)dx = 0$이라는 사실은 선분의 넓이가 0임을 의미한다. 식 (9.12)은 "적분 방향이 바뀌면 부호도 바뀜"을 의미한다.

예제 9.5.1. $\int_4^2 xdx$를 구하시오

풀이. 위 정의에 의하여 $\int_4^2 x^2dx = -\int_2^4 x^2dx$이다. 따라서

$$\int_2^4 x^2dx = \frac{1}{3}(4^3 - 2^3) = \frac{56}{3}$$

이므로 $\int_2^4 x^2dx = -\frac{56}{3}$ 이다. □

정리 9.5.2. (a) f가 구간 $[a, b]$에서 적분가능하고, 임의의 실수 k에 대해 $\int_a^b kf(x)dx = k\int_a^b f(x)dx$이다.
(b) 실수 c를 포함하는 구간 $[a, b]$에서 f가 연속이면
$\int_a^b f(x)dx = \int_a^c f(x)dx + \int_c^b f(x)dx$이다.
(c) 함수 f, g가 구간 $[a, b]$에서 적분가능하면 함수 $f + g$도 $[a, b]$에서 적분가능하고 다음 등식이 성립한다.

$$\int_a^b [f(x) + g(x)]dx = \int_a^b f(x)dx + \int_a^b g(x)dx$$

그림9.5에서 처럼 정적분이 넓이로 해석되면 의미가 있다. 증명은 생략한다.

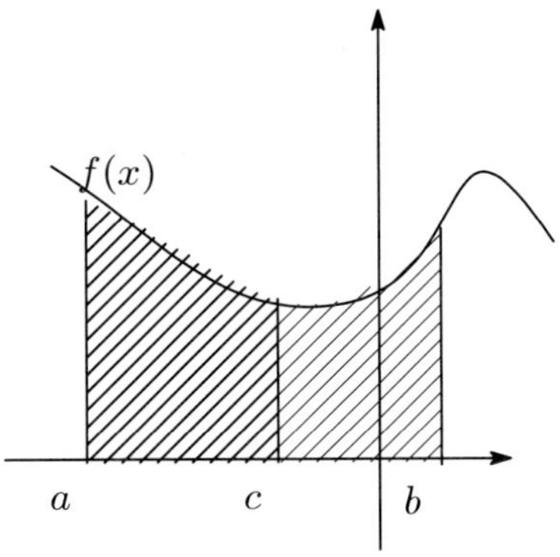

그림 9.5: $\int_a^b f(x)dx = \int_a^c f(x)dx + \int_c^b f(x)dx$

예제 9.5.2. 적분을 넓이로 해석하여 다음 등식이 성립함을 보여라.

$$\int_0^1 x^2 dx + \int_1^2 x^2 dx = \int_0^2 x^2 dx$$

□

정리 9.5.3. (a) 함수 f, g가 $[a,b]$대하여 연속 함수이고, $f(x) \le g(x)$이면 다음 부등식이 성립한다.

$$\int_a^b f(x)dx \le \int_a^b g(x)dx$$

(b)(비교성질) 만약 함수 f가 $[a,b]$에서 연속이고, 모든 $x \in [a,b]$에 대하여 $m \le f(x) \le M$ 이라고 하면 다음 부등식이 성립한다.

$$m(b-a) \le \int_a^b f(x)dx \le M(b-a)$$

위의 비교 성질은 기하학적으로 어떤 영역의 넓이는 적어도 내접 사각형의 넓이보다는 작지 않고 외접 사각형의 넓이보다는 크지 않음을 의미한다(그림9.6참조).

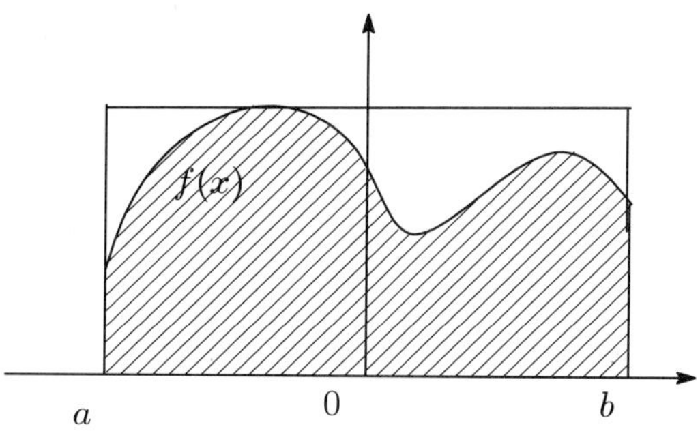

그림 9.6: $m(b-a) \le \int_a^b f(x)dx \le M(b-a)$

정리 9.5.4. (적분에 관한 평균값의 정리) 함수 f가 $[a,b]$에서 연속이면 점 $c \in [a,b]$가 존재하여 다음 등식이 성립한다.

$$\int_a^b f(x)dx = f(c)(b-a).$$

예제 9.5.3. 구간 $[0,1]$에서 정의된 함수 $f(x) = x^2$에 대하여, 적분에 관한 평균값의 정리를 만족하는 $c \in [0,1]$를 구하여라.

풀이. $a=0$, $b=1$일 때, 다음 등식이 성립한다.

$$\int_0^1 x^2 dx = f(c)\cdot(1-0) = c^2, \quad c \in [0,1].$$

따라서 $c = \frac{1}{\sqrt{3}}$을 얻는다. □

다음 정리는 삼각 부등식의 적분 표현이다.

정리 9.5.5. 함수 f가 $[a,b]$에서 적분가능하면 함수 $|f|$도 $[a,b]$에서 적분가능하고 다음 부등식이 성립한다.

$$\left|\int_a^b f(x)dx\right| \le \int_a^b |f(x)|dx.$$

◇ 연습 문제

1. L_f와 U_f를 계산하여 $\int_a^b f(x)dx$의 근사값을 구하여라.
   (a) $\int_{-1}^3 2xdx; \{-1,0,1,2,3\}$
   (b) $\int_{-\frac{\pi}{4}}^{\frac{\pi}{4}} 2\sin xdx; \{-\frac{\pi}{4}, 0, \frac{\pi}{4}\}$
2. 구간 $[0,1]$에서 정의된 직선 $f(x)=2x$에 대하여 다음을 구하여라.
   (a) 구간 $[0,1]$를 4 등분한 분할점 x_0, x_1, x_2, x_3, x_4를 구하여라.
   (b) 각 소구간 $[x_{i-1}, x_i]$에서 함수 f가 최소값과 최대값을 갖는 점 m_i M_i $(i=1,2,3,4)$를 각각 구하여라
   (c) 직선 $f(x)=2x$와 x축 및 y축으로 둘러 싸인 영역의 넓이 A를 구하여라.
3. 다음에서 적분에 관한 평균값의 정리를 만족하는 z를 구하여라. 만약 그러한 z가 존재하지 않으면 그 이유를 말하여라.
   (a) $\int_1^3 (x+1)dx$
   (b) $\int_0^1 \sqrt{1-x^2}dx$
   (c) $\int_0^3 |x|dx$
   (d) $\int_{-1}^2 |x|dx$

4. f가 우함수이면 기하학적으로 다음 등식이 성립함을 보여라.

$$\int_{-b}^{b} f(x)dx = 2\int_{0}^{b} f(x)dx.$$

찾아보기

참고 문헌

[1] 미적분학교재출판위원회, 미적분학, 경문사, 2002.

[2] James Stewart, Lothar Redlin, Saleem Wastson, Precalculus Mathematcs for Calculus(5th), Thomson ad Brooks/Cole, 2007.

기초부터 시작하는 수학

기초수학

인쇄 | 2010년 1월 25일
발행 | 2010년 1월 30일

저자 | 오춘영
발행 | 김윤수
발행처 | 전남대학교출판부

등록 | 1981. 5. 21. 제53호
주소 | 500-757 광주광역시 북구 용봉로 77
전화 | (062) 530-0571~3
팩스 | (062) 530-0579
홈페이지 | http://altair.chonnam.ac.kr/~cnup

값 13,000원

ISBN 978-89-7598-785-4 (93410)

이 도서의 국립중앙도서관 출판시도서목록(CIP)은 e-CIP홈페이지 (http://www.nl.go.kr/ecip)에서 이용하실 수 있습니다.
(CIP제어번호: CIP2010000341)